# Conoce todo sobre Revit MEP 2018

## Curso Práctico

*Luis Carlos De la Peña Arribas*

# Conoce todo sobre Revit MEP 2018

## Curso Práctico

*Luis Carlos De la Peña Arribas*

**Ra-Ma**®

Conoce todo sobre Revit MEP 2018. Curso Práctico
© Luis Carlos De la Peña Arribas
© De la edición: Ra-Ma 2017
© De la edición: ABG Colecciones 2020

Editado por:
RA-MA Editorial
Madrid, España
Clave para acceder al contenido adicional en línea: 978-84-9964-714-2

Colección American Book Group - Ingeniería y Tecnología - Volumen 3.
ISBN No. 978-168-165-709-7
Biblioteca del Congreso de los Estados Unidos de América: Número de control 2019935029
www.americanbookgroup.com/publishing.php

Maquetación: Antonio García Tomé
Diseño de portada: Antonio García Tomé
Arte: Kjpargeter / Freepik

*A todos los maestros que he encontrado en el camino*
*y a los que me quedan por encontrar.*

# ÍNDICE

# PRÓLOGO

Este libro ha sido enfocado para adquirir una serie de conocimientos básicos acerca del software Autodesk Revit (MEP), para el modelado de las diferentes instalaciones que se pueden encontrar dentro de un proyecto de construcción.

En el interior de este manual podremos encontrar diferentes ejercicios simples, que aportarán los conocimientos mínimos requeridos para poder afrontar el modelado de instalaciones más complejas.

Con el seguimiento de los diferentes capítulos se completará el modelado de gran parte de las instalaciones de un proyecto de una vivienda unifamiliar, además de otros ejemplos complementarios.

Los diferentes cálculos para el diseño de las instalaciones han sido realizados fuera del entorno de Revit MEP.

Para el seguimiento correcto del libro se presuponen unos conocimientos medios del software, así como de la metodología BIM.

El autor

## SOBRE EL AUTOR

Luis Carlos de la Peña, arquitecto técnico experto en el manejo e implantación de softwares BIM (Autodesk REVIT, NAVISWORK, DYNAMO, CYPE…) en ingenierías y estudios de arquitectura. Colaborador y gestor en múltiples proyectos de construcción e industria desarrollados con el uso de la metodología BIM. Miembro de comisión BIM, docente en la Universidad de Burgos. CEO y autor de cursos BIM en **www.solucionesbim.com**.

# 1

## INTRODUCCIÓN

### 1.1 ACERCA DE REVIT MEP

Autodesk® Revit® MEP dispone de las herramientas necesarias para poder modelar cualquier tipo de instalación.

MEP son las siglas en inglés de *Mechanical, Electrical and Plumbing* correspondientes a las diferentes subdisciplinas dentro de la disciplina de Instalaciones.

En la actualidad Revit dispone dentro del mismo software de las tres disciplinas principales de modelado, para proyectar en un entorno BIM, siendo estas Arquitectura, Estructura e Instalaciones. Presentes en las tres primeras pestañas de las fichas.

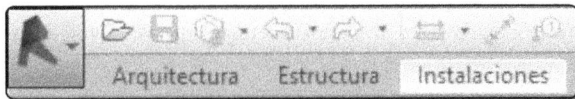

# 2

## 2.1 NAVEGACIÓN POR EL INTERFAZ DE USUARIO

Para comenzar abriremos la aplicación Autodesk Revit desde el icono de acceso rápido del escritorio haciendo doble clic sobre él.

Para el seguimiento de este libro se recomienda la versión 2018 ya que se explicarán funciones exclusivas de dicha versión, que no podremos encontrar en anteriores, si no se dispone de ella no será un gran inconveniente ya que el interfaz a partir de la versión 2013 es sumamente similar.

Una vez abierto el programa crearemos un nuevo proyecto utilizando la plantilla por defecto *Mecánica*.

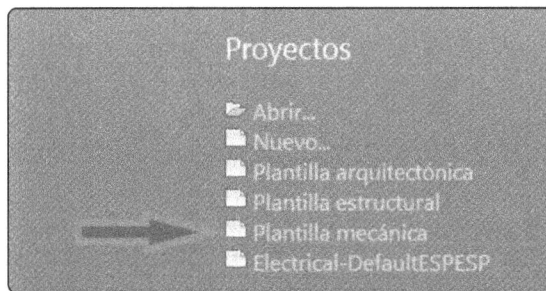

Una vez abierto un proyecto, podremos observar que el interfaz no varía un ápice de cuando se modela en la disciplina de estructura o arquitectura.

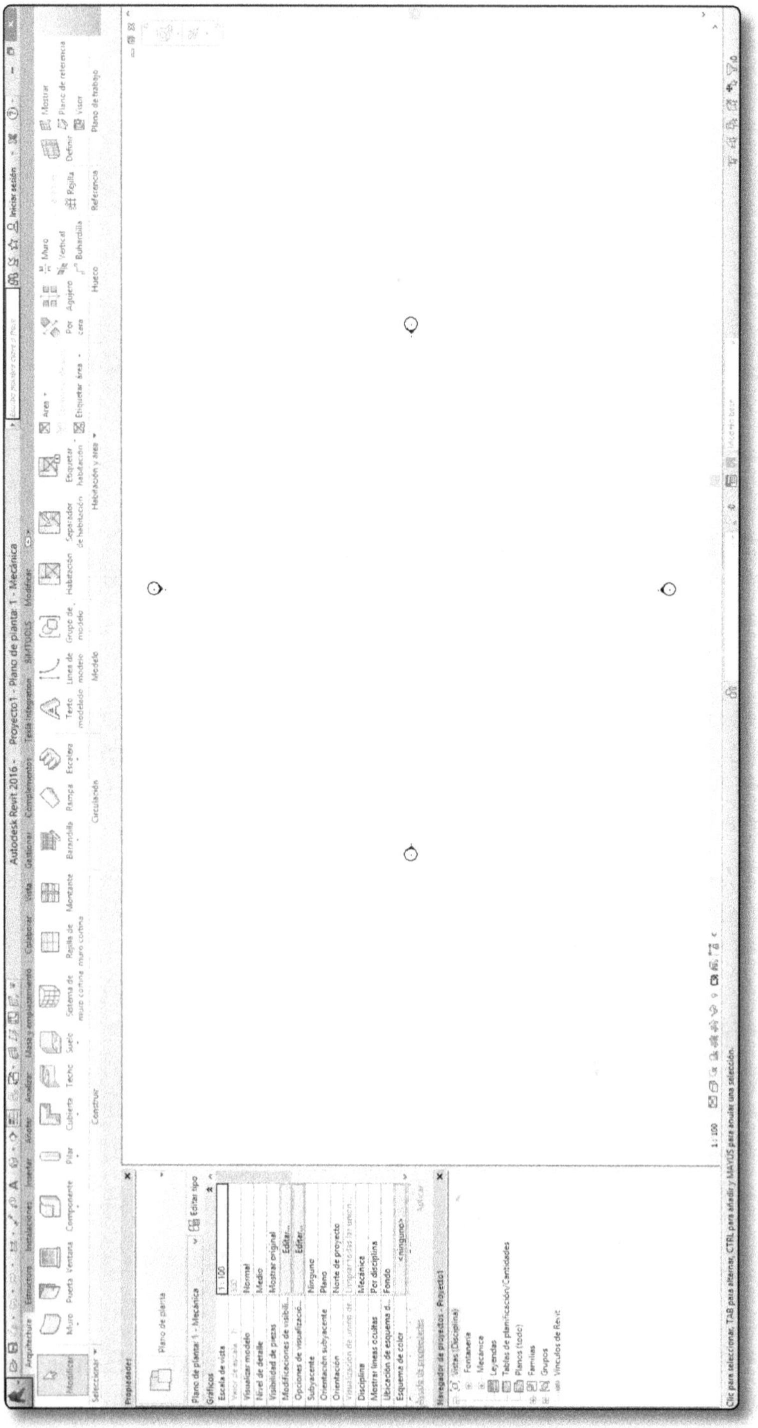

Dentro de las diferentes fichas de las que disponemos, iremos en primer lugar a la denominada como *Instalaciones*.

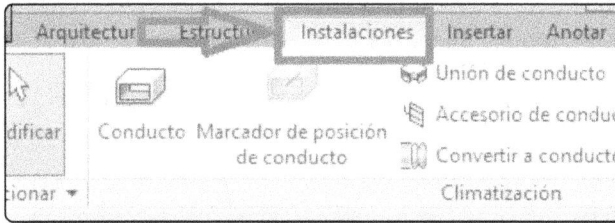

Al presionar dicha ficha accederemos a diferentes grupos con sus correspondientes herramientas.

Los grupos que encontraremos hacen referencia a las diferentes subdisciplinas de instalaciones que podremos modelar dentro de Revit.

## Climatización

Este grupo concentra diferentes herramientas para desarrollar el modelado de las instalaciones de climatización, siendo algunas de estas tales como: conductos, accesorios de conductos, uniones de conducto, terminales de aire etc.

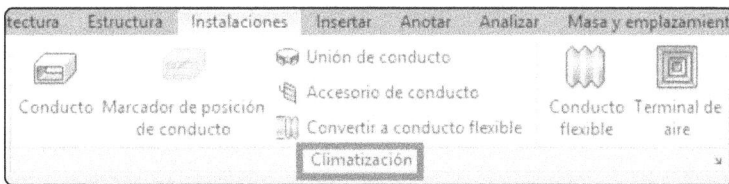

## Pieza de fabricación

Este es un nuevo grupo disponible desde la versión 2016 de Revit.

La herramienta *Piezas de fabricación* en Revit, consiste en reemplazar modelos genéricos de conductos o tuberías por elementos de fabricación real, con la posibilidad de añadir, tanto soportes, como uniones, codos, tes, etc. Además, nos ofrece la posibilidad de elegir entre diferentes soluciones de conexión controlando incluso el tipo y la cantidad de piezas de unión que necesitamos.

Para hacernos una idea podemos ver una imagen de varias piezas de fabricación que podemos utilizar dentro del modelo.

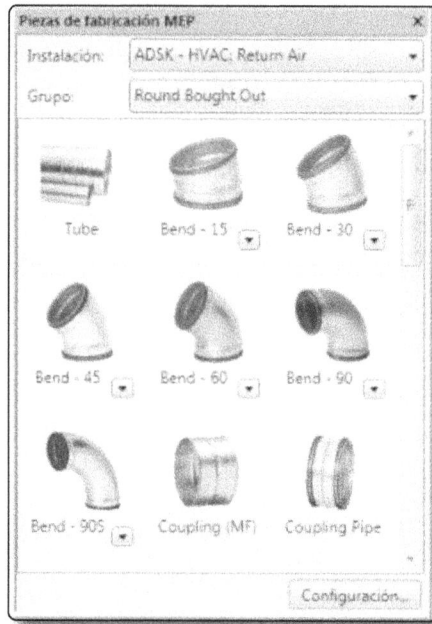

## Mecánica

Desde este grupo podremos insertar familias tales como *Bombas de circulación*, *Sistemas de control de Aire*, *Radiadores*, *Calderas*… y, en definitiva, cualquier familia que tenga por categoría asignada *Equipos Mecánicos*.

## Fontanería y tuberías

Este grupo permite acceder a diferentes herramientas para el modelado de sistemas hidráulicos, tales como tuberías, válvulas, familias de aparatos sanitarios, rociadores, etc.

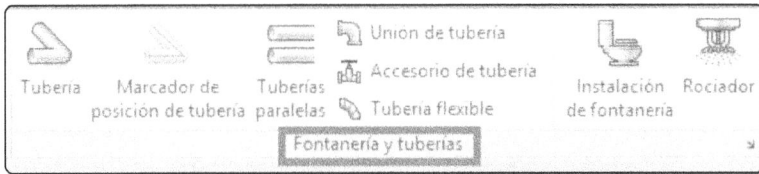

## Electricidad

Este grupo permite acceder a herramientas para el modelado de aparatos eléctricos, así como elementos de soporte cables y tubos.

También encontraremos herramientas para introducir equipos y dispositivos de seguridad, datos, controladores contraincendios y cualquier aparato que necesite de una fuente de corriente.

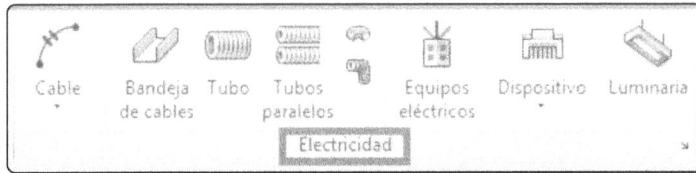

## Modelo y Plano de trabajo

Estos últimos grupos no son exclusivos de la Ficha Instalaciones ya que podemos encontrarlos también en Arquitectura y Estructura. Como su propio nombre indican, uno es utilizado para cargar familias sea cual sea la categoría asignada a ellas y el de plano de trabajo sirve para definir y activar planos para el posterior modelado de elementos in situ, o colocación de diferentes elementos usándolos como anfitriones.

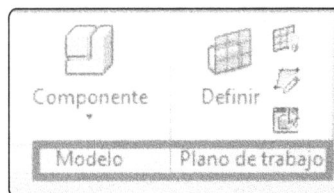

La otra ficha interesante, dentro del campo de las instalaciones, es la denominada *Analizar*.

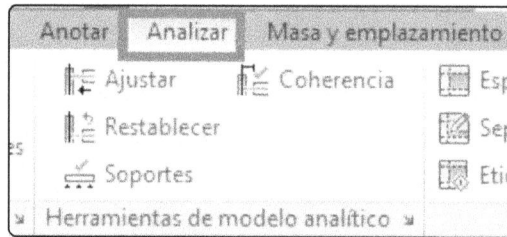

Desde esta ficha podemos acceder a múltiples herramientas de cálculo tanto de instalaciones como de estructura. Los grupos correspondientes al campo de las instalaciones son: Espacios y Zonas, Informes y tablas de planificación, Comprobar Sistemas, Relleno de color y Análisis Energético.

En este libro no se tratarán en profundidad los métodos de cálculo utilizados por el programa, ya que nos centraremos especialmente en la forma de modelar las diferentes disciplinas dentro de las instalaciones, pero sí veremos a continuación, de una forma somera, qué herramientas existen en este grupo y qué información se puede obtener de ellas.

**Espacios y Zonas**

En este grupo encontraremos herramientas para otorgar valores y obtener diferentes parámetros de cálculo; en este apartado es importante diferenciar entre el concepto de zona y espacio.

Las zonas y los espacios son componentes independientes que se utilizan para conseguir un resultado común.

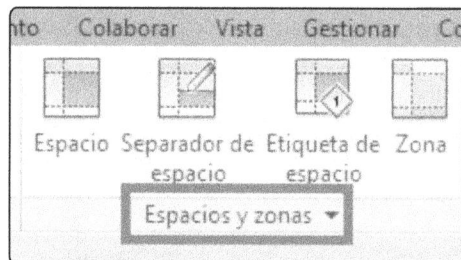

*Espacios*

Los espacios son áreas del modelo de construcción que almacenan valores utilizados para realizar análisis de cargas de calefacción y refrigeración a partir del modelo de construcción.

Es indispensable colocar espacios si queremos realizar u obtener cualquier tipo de cálculo o informe de calefacción y refrigeración.

Se insertan en el modelo de la misma forma que lo haríamos con una habitación en la disciplina de arquitectura.

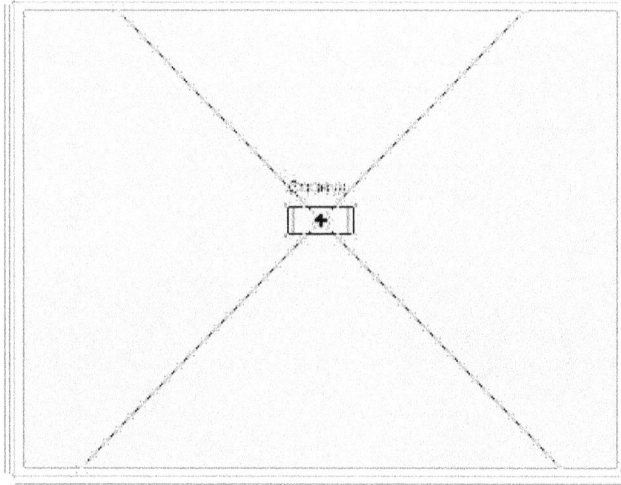

Es importante tener en cuenta que los espacios son elementos volumétricos, por lo tanto, para que los cálculos sean precisos tendremos que controlar la altura de los mismos. Esto puede hacerse seleccionándolos desde el modelo y cambiando su altura desde la tabla Propiedades.

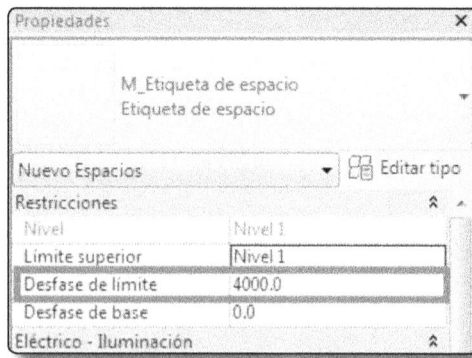

*Zonas*

Se componen de uno o más espacios que se controlan mediante un equipo o aparato que mantiene un entorno común (temperatura, humedad, etc.). Es posible agregar espacios de áreas desocupadas como plénums a las zonas, también los espacios que se encuentran en diferentes niveles se pueden añadir a la misma zona. Podremos crear tablas de planificación de zonas y utilizarlas para realizar modificaciones en ellas.

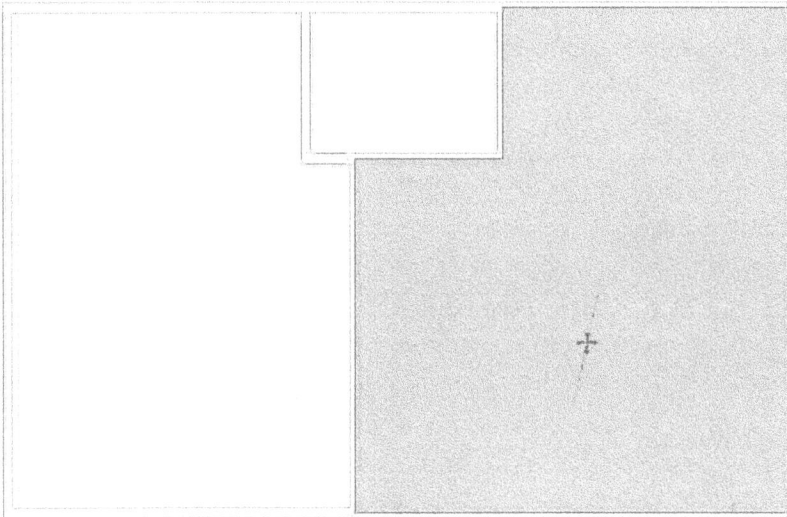

En este caso se ha creado una zona formada por dos espacios diferenciados por un separador de espacios, pero se unen en la misma zona por compartir parámetros similares.

Al seleccionar la zona podremos observar las diferentes propiedades que contiene.

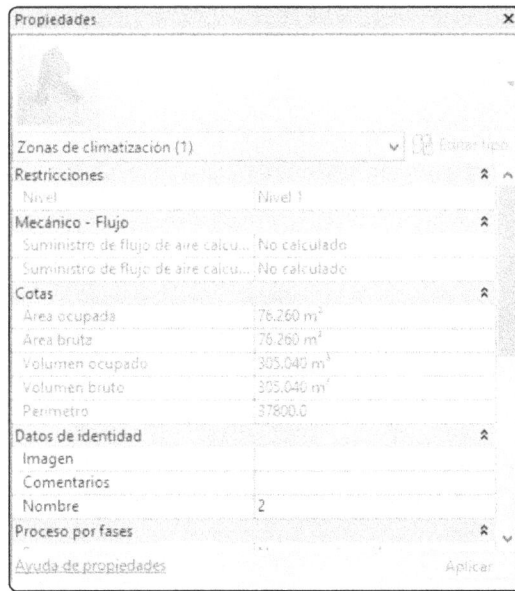

### Informes y tablas de planificación

En este grupo encontraremos varias herramientas para obtener los diferentes cálculos, recuentos e informes generados a partir de los parámetros introducidos en el modelo.

### Comprobar sistemas

Este grupo está enfocado a la revisión de las conexiones de los diferentes tipos de sistemas que se hayan modelado.

Por un lado, si hay errores que impiden el cálculo de diferentes parámetros, podremos encontrarlos haciendo uso de estas herramientas y, por otro, podremos ver las diferentes desconexiones que puede haber en el modelo.

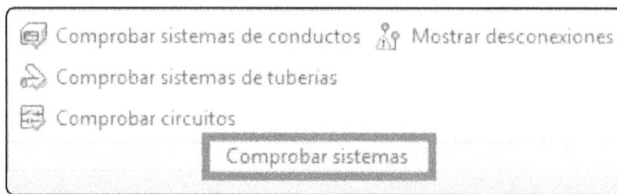

Ejemplo de error en comprobación de sistemas de tuberías.

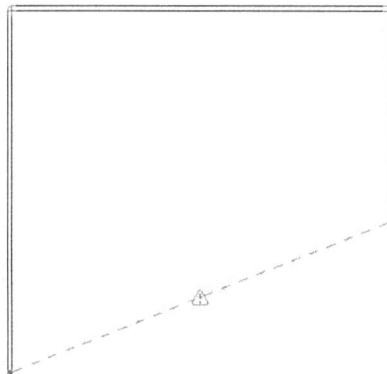

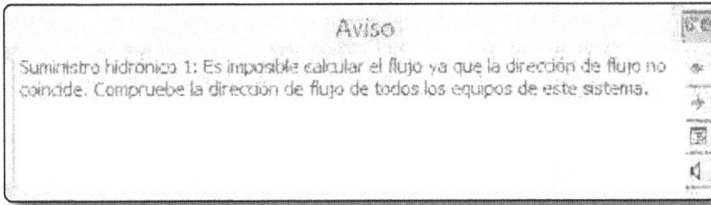

Para tener acceso al aviso únicamente deberemos clicar sobre la alerta que se genera en el sistema.

**Ejemplo de Mostrar desconexiones**

Cuando pulsamos en la herramienta *Mostrar desconexiones*, se abre una ventana en la que nos permite marcar que tipo de instalación queremos que sea señalada. Para este caso se ha escogido *Tubería*.

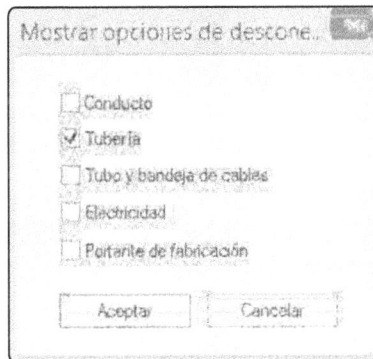

Al pulsar en aceptar se resaltan los puntos desconectados y podemos acceder al aviso pulsando sobre la alerta.

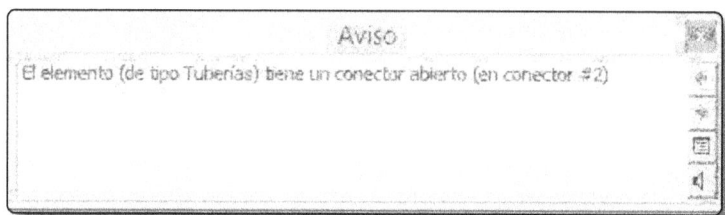

**Relleno de color**

Este grupo contiene las herramientas necesarias para otorgar colores a conductos y tuberías en función de los parámetros que estimemos más oportunos, como pueden ser: Tamaño, material, flujo, etc.

A continuación veremos un ejemplo sencillo de cómo gestionar dichos rellenos para un sistema de tuberías.

Partiremos de tres tramos de tuberías modeladas con la herramienta correspondiente.

Pulsaremos sobre la herramienta Leyenda de tubería.

A continuación saldrá una leyenda siguiendo al cursor, la cual reza un texto similar al siguiente.

Haremos un clic con el botón izquierdo del ratón en una zona en blanco y automáticamente se abrirá la siguiente ventana.

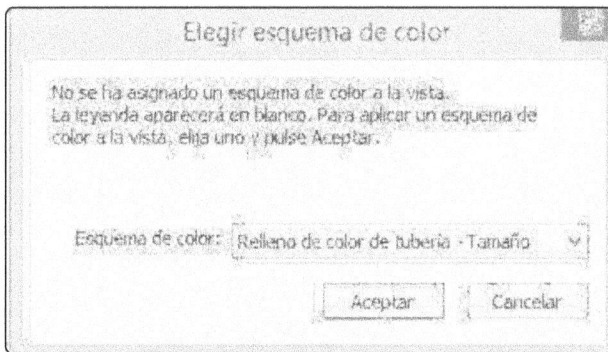

Esta ventana nos informa sobre cuál será el esquema de color elegido y que al no haber ninguno asignado colocará el que tiene por defecto el programa con el parámetro Tamaño.

Pulsaremos en Aceptar y obtendremos algo similar a lo que se muestra a continuación.

Para editar el esquema de color bastará con pulsar sobre la leyenda creada.

Después pulsaremos en la herramienta Editar esquema.

Desde la nueva ventana que se abrirá, se podrán crear nuevos tipos de leyendas con los parámetros y colores que estimemos oportunos.

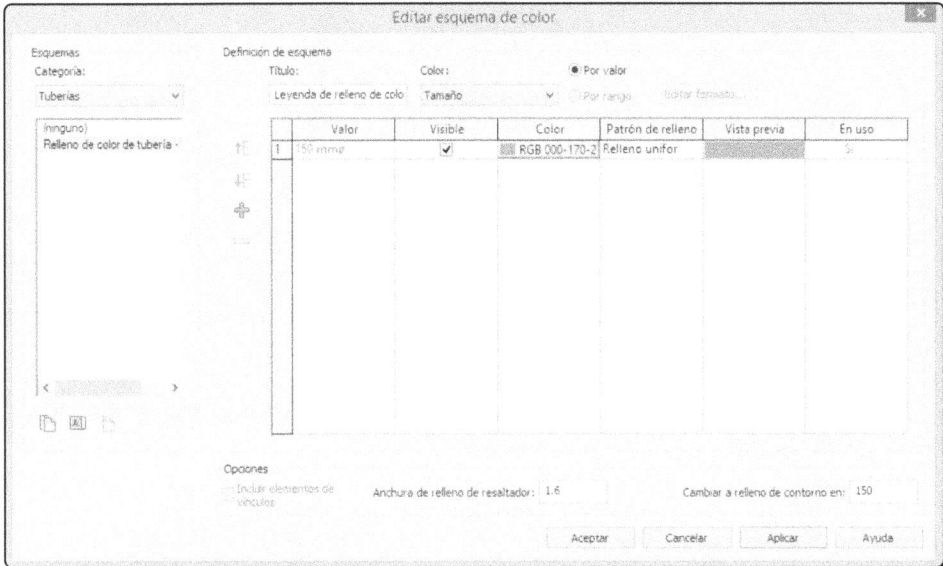

## Análisis energético

Este grupo está enfocado mayormente al uso del modelo analítico de energía. Se compone por varias herramientas las cuales por un lado permiten configurar el modelo analítico energético y por otro lado usar el motor de cálculo de Autodesk Green Building Studio para después obtener los resultados.

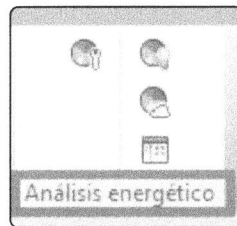

En último lugar la ficha que utilizaremos en el desarrollo de un proyecto de instalaciones será la de *Vista*.

Desde ella podremos acceder al navegador de Sistemas, imprescindible para comprobar el correcto funcionamiento de una instalación.

En el grupo Interfaz de usuario, al desplegarlo veremos la posibilidad de activar el navegador que se comentó anteriormente.

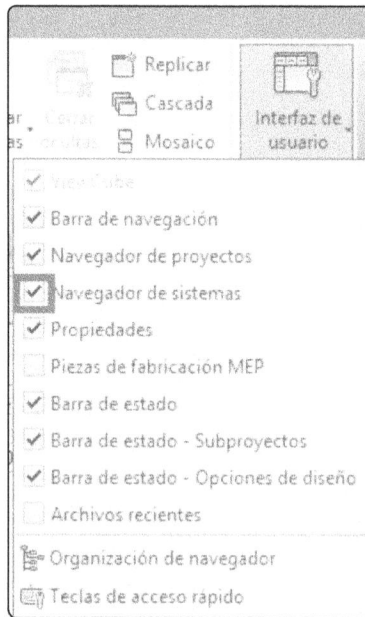

# 3

## GESTIÓN DE UNA PLANTILLA PARA INSTALACIONES

### 3.1 CONFIGURACIÓN DEL NAVEGADOR DE PROYECTOS

Una de las claves para optimizar los flujos de trabajo dentro de Revit y ser competitivo en tiempo y calidad a la hora de desarrollar un proyecto, es la buena gestión y creación de plantillas personalizadas en función del tipo de proyectos que desarrollemos.

Por defecto Revit aporta varias plantillas para facilitar el modelado de las diferentes disciplinas.

Si nos fijamos la única plantilla por defecto referente a instalaciones es la plantilla mecánica.

Al abrir un proyecto nuevo, usando dicha plantilla, podremos observar a primera vista que el navegador de proyectos dispone de desplegables diferentes a cuando utilizamos una arquitectónica o estructural.

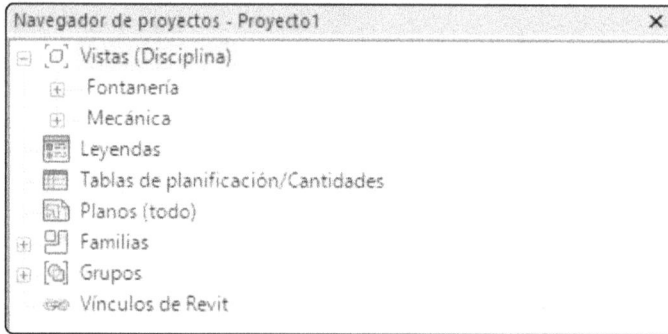

Las vistas están ordenadas y categorizadas por Disciplinas y por defecto vienen creadas dos, siendo estas las de Fontanería y Mecánica.

Al desplegar dos veces cualquiera de las dos, por ejemplo, la de Fontanería, aparecen las diferentes vistas a las que tendremos acceso, pudiendo crear nuevas en el caso que sea necesario, así como secciones, nuevos planos de planta, etc.

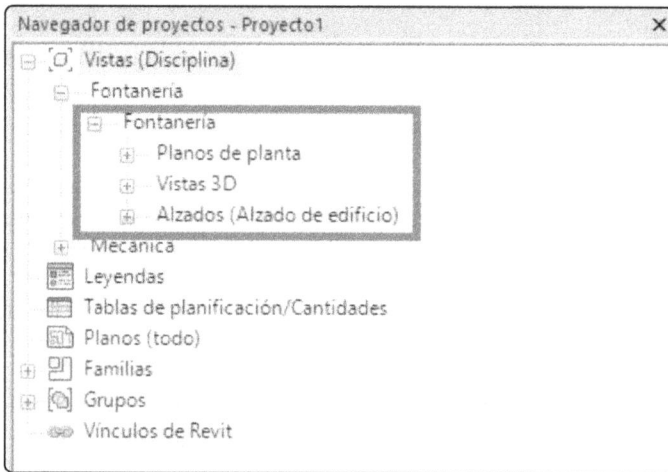

A continuación, aprenderemos a ordenar y modificar el Navegador de Proyectos y la interconexión que tiene con las propiedades de las vistas.

Para acceder a la configuración del Navegador de Proyectos pulsaremos con botón derecho del ratón sobre *Vistas (Disciplina)*.

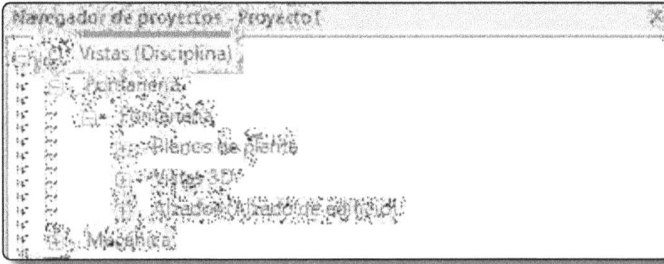

Se abrirá un menú en el cual seleccionaremos la opción *Organización de navegador*.

A continuación se abrirá una ventana la cual muestra las diferentes formas por defecto de organizar el navegador.

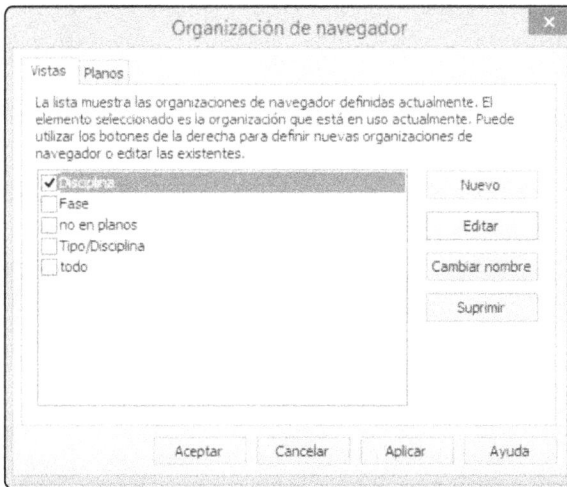

Si activamos las diferentes casillas y pulsamos sobre Aceptar podremos observar cómo cambia la estructura del Navegador.

Como no existe una única forma de organizar un proyecto y sería imposible explicarlas todas, lo que haremos será explicar un método con el cual podremos trabajar las diferentes disciplinas de instalaciones desde una misma plantilla. Esto sería creando las vistas necesarias en sus apartados correspondientes.

Partiendo de la organización por defecto que tenía el Navegador de Proyectos en un principio, procederemos a crear desplegables nuevos para las diferentes disciplinas.

1. Expandiremos el árbol correspondiente a la disciplina Mecánica tantas veces como sea necesario hasta visualizar algo como la siguiente imagen.

2. Con la vista 1 – Mecánica abierta acudiremos a la tabla de Propiedades y desde allí accederemos a los parámetros que definen en que disciplina y subdisciplina se incluye cada vista.

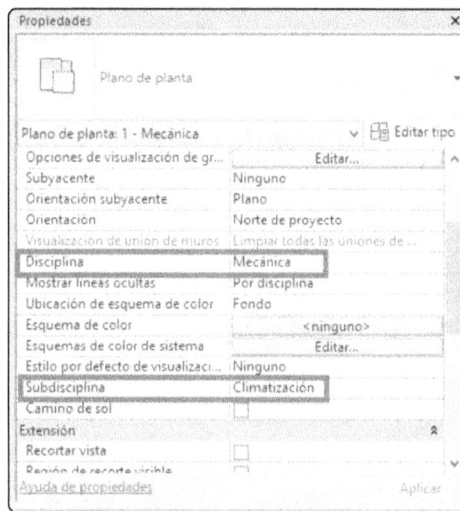

3. Pulsaremos con botón derecho sobre 1 – Mecánica y duplicaremos la vista, la renombraremos como 1 – Iluminación.

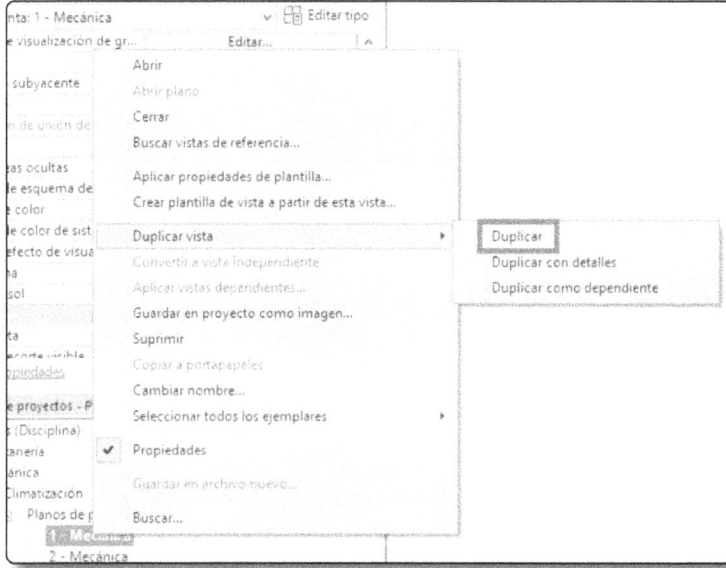

Para renombrar una vista basta con pulsar con botón derecho sobre el nombre de la vista recién creada y seleccionar la opción *Cambiar nombre...*

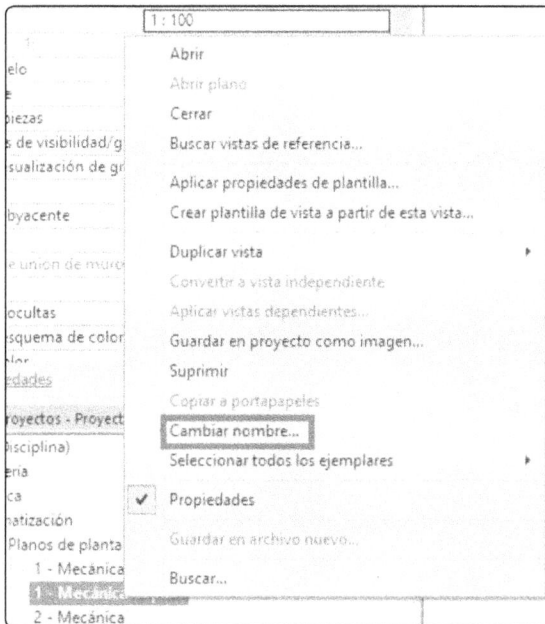

Obtendremos algo como lo que se muestra a continuación.

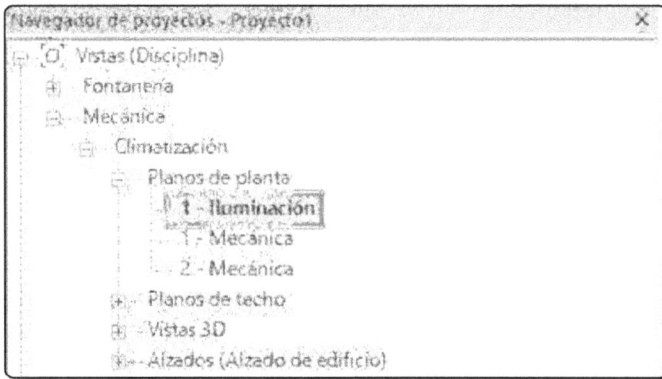

En este momento, aunque tengamos creada una nueva vista con el nombre de otra disciplina, las propiedades intrínsecas de ella, son exactamente iguales a las de la copia. Para cambiar estas propiedades tendremos que abrir la vista 1 – Iluminación y acceder a la tabla de propiedades y sustituir los parámetros que se muestran a continuación.

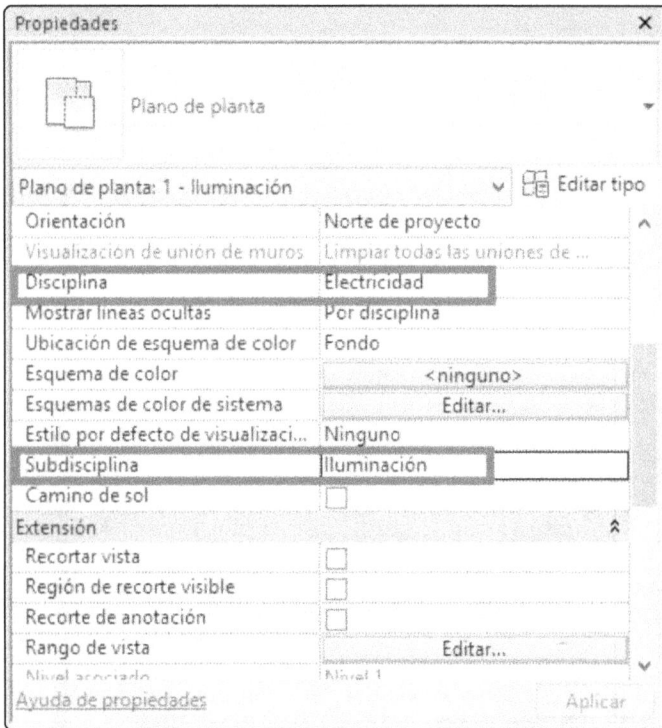

En el momento que los parámetros descritos anteriormente sean modificados, el Navegador de proyectos, cambiará a una configuración como muestra la siguiente imagen.

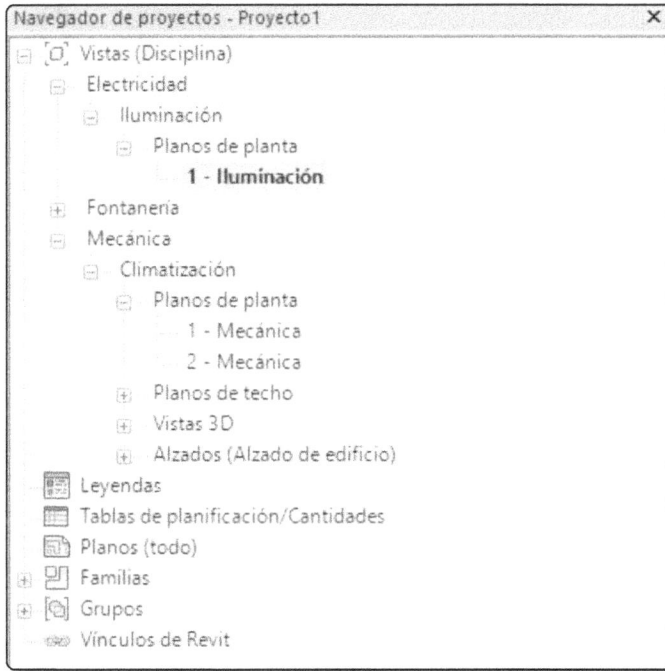

De la misma manera se podrán crear tantas subdisciplinas como creamos necesarias, incluso aunque no se encuentren por defecto en el selector de la tabla de propiedades. A continuación, realizaremos un ejemplo para crear una subdisciplina de saneamiento.

Para este caso duplicaremos una vista del desplegable de Fontanería y designaremos a la vista como 1 – Saneamiento.

Mantendremos la disciplina en Fontanería (ya que es la que mejor encaja dentro de todas las posibles y estas no pueden ser alteradas) y en la subdisciplina escribiremos de forma manual la palabra **Saneamiento.**

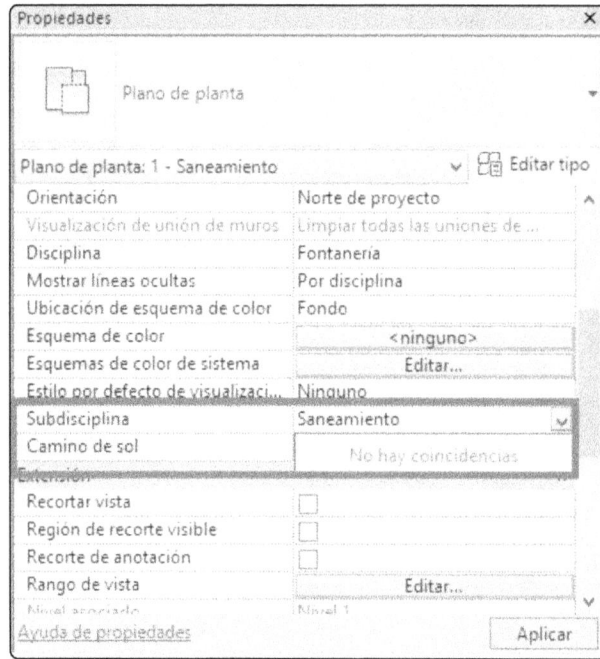

Al pulsar sobre aplicar serán visibles las modificaciones en el Navegador de Proyectos.

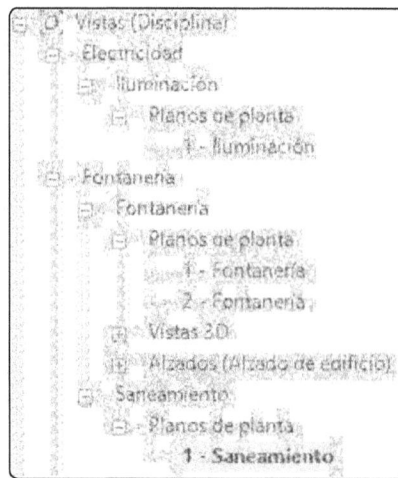

---

(i) **NOTA**

El resto de vistas tanto Alzados, Planos de techo, Secciones, 3D, etc., se crean y modifican de la misma manera.

Por último, es recomendable, aunque no imprescindible, crear una vista de Coordinación, ya que en este tipo de proyectos en los que se trabaja con varios tipos de disciplinas de forma simultánea, suele ser conveniente tener acceso a una visualización global de todas ellas, al menos desde una vista 3D.

Para ello basta con duplicar una vista 3D y desde el navegador de proyectos asignar a la disciplina el valor de Coordinación.

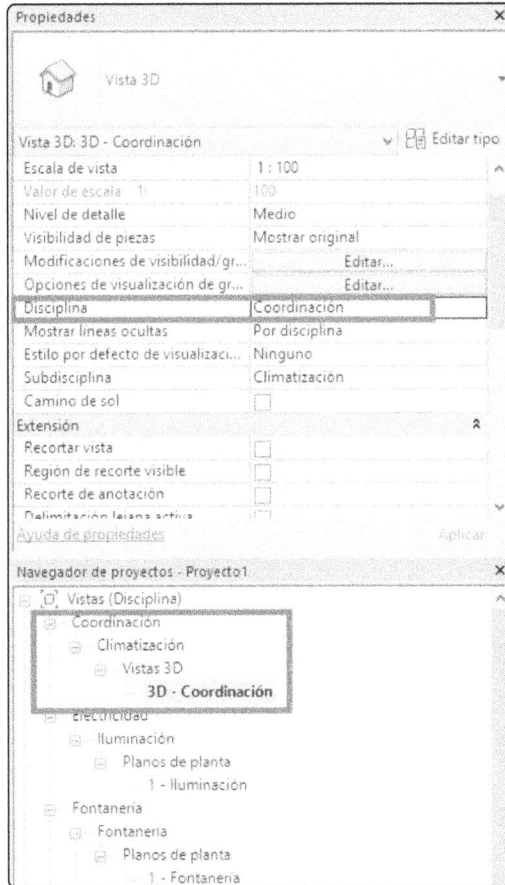

## 3.2  CONFIGURACIÓN DE DISCIPLINAS MEP

Una parte fundamental de una buena plantilla de instalaciones es la configuración de los diferentes parámetros para el posterior modelado.

Existen dos formas para acceder a esta configuración.

1. Desde la Ficha Instalaciones cada grupo dispone del icono de una flecha que al pulsarla accederemos a las ventanas de configuración propias de cada subdisciplina.

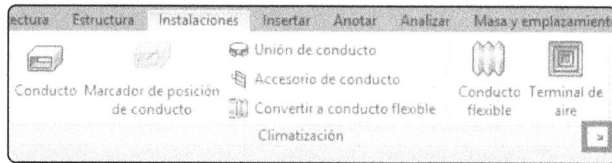

2. Desde la Ficha Gestionar, Grupo Configuración, Herramienta Configuración MEP.

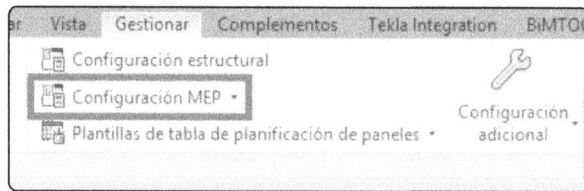

Al activar el desplegable se puede acceder a las mismas ventanas de configuración que se explicó en el apartado anterior.

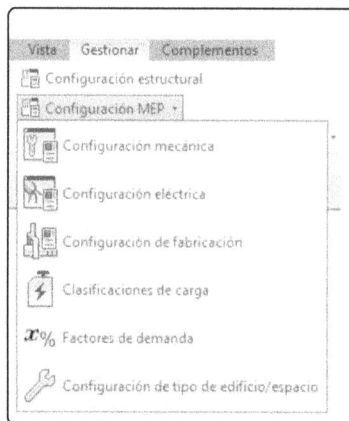

A continuación veremos unos cuantos apartados de todos los posibles que ofrece Revit para configurar las diferentes disciplinas de MEP. Se explicarán los más utilizados y necesarios para modelar de una forma correcta.

## 3.2.1 CONFIGURACIÓN MECÁNICA

Desde la Ficha Gestionar, Grupo Configuración, Herramienta Configuración MEP, pulsaremos en el icono de *Configuración mecánica*.

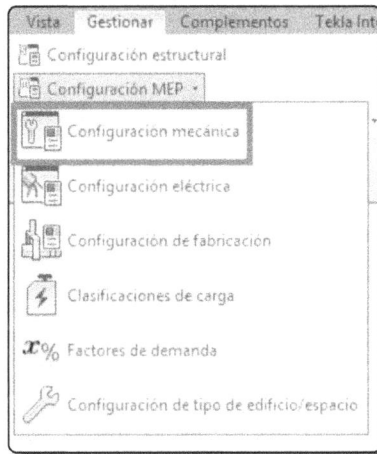

Se abrirá la siguiente ventana.

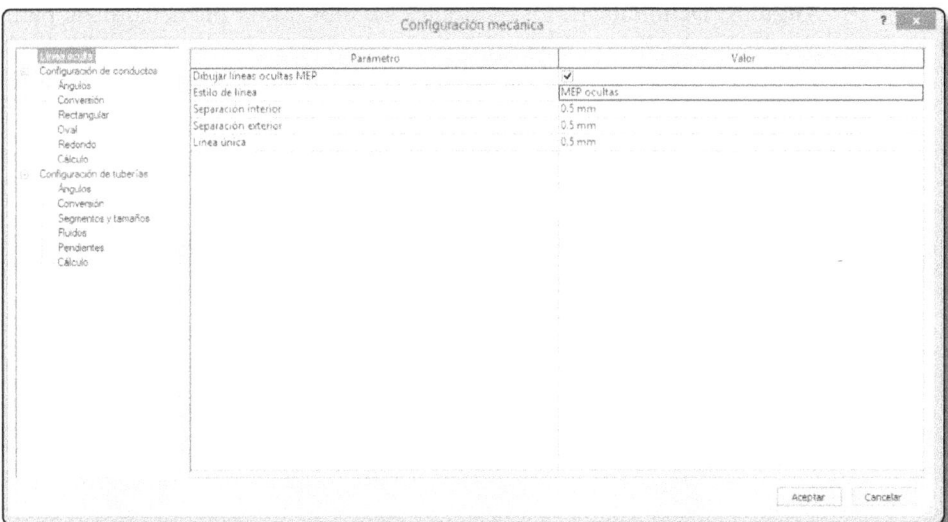

Si nos fijamos desde la misma ventana se puede acceder a la configuración de conductos y de tuberías, primeramente examinaremos la de conductos.

▼ **Configuración de conductos**: Este primer punto está destinado a una configuración gráfica salvo las densidades y viscosidad del aire (datos no muy relevantes si no usamos Revit como software de cálculo).

▼ **Ángulos**: Definición de los diferentes ángulos que se pueden utilizar para giros y quiebros de conductos.

▶ **Conversión**: Desde esta pestaña podremos escoger dentro de los diferentes Sistemas mecánicos que características se otorgan a los conductos cuando vayan a ser modelados de una forma automática por el propio software. Siendo estos parámetros, por un lado, los correspondientes a los tramos principales, pudiendo definir tanto el tipo de conducto, como la altura de desfase desde el suelo y, por otro lado, las ramificaciones, desde este apartado también se podrán definir los parámetros correspondientes a los conductos flexibles en el caso que se vayan a introducir en el proyecto.

▶ **Rectangular, Oval y Redondo**: Estas tres pestañas están enfocadas a la creación y definición de los diferentes tamaños de conducto, para cada una de las diferentes formas de secciones que podamos tener.

▼ **Cálculo**: Apartado destinado a la selección del tipo de fórmula empleada para el método de cálculo de pérdida de carga de segmentos rectos de conducto.

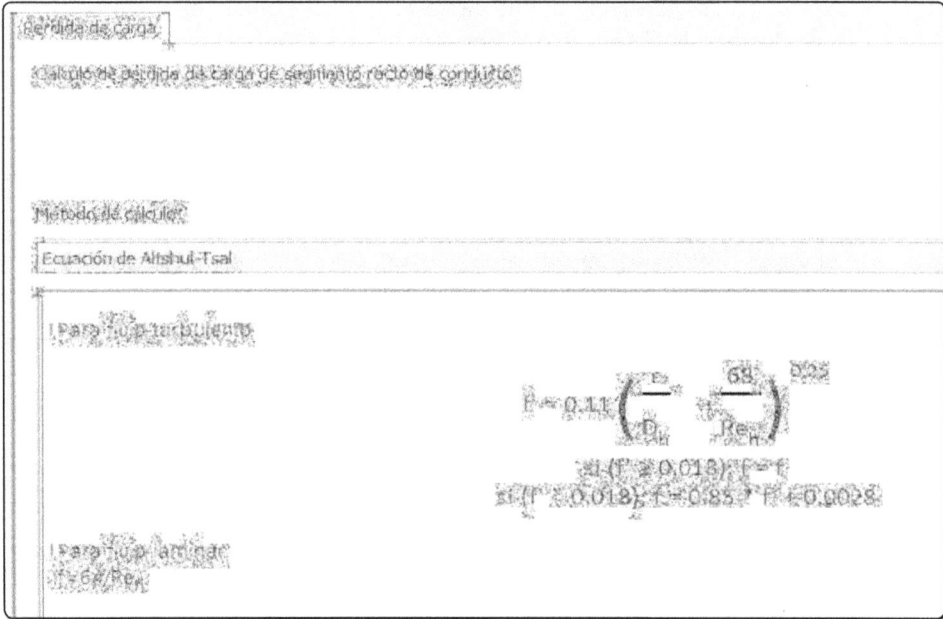

El desplegable permite elegir entre tres fórmulas.

- **Ecuación de Altschul-Tsal**:

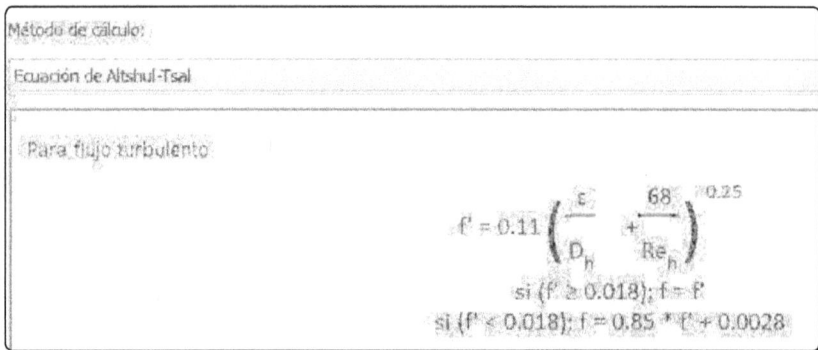

- **Ecuación de Colebrook**:

Método de cálculo:

Ecuación de Colebrook

Para flujo transicional y turbulento

$$\frac{1}{\sqrt{f}} = -2\log_{10}\left(\frac{\varepsilon}{3.7D_h} + \frac{2.51}{Re_h \cdot \sqrt{f}}\right)$$

- **Ecuación de Haaland**:

Método de cálculo:

Ecuación de Haaland

Para flujo transicional y turbulento

$$\frac{1}{\sqrt{f}} = -1.8\log_{10}\left[\left(\frac{\varepsilon}{3.71D_e}\right)^{1.11} + \frac{6.9}{Re_e}\right]$$

▼ **Configuración de tuberías**: En este segundo apartado, dispuesto conjuntamente con la configuración de conductos, podremos adaptar parámetros de forma similar a lo explicado anteriormente pero también crear nuestras propias tuberías definiendo parámetros tales como material, tipos de uniones, codos, dimensiones y secciones, etc.

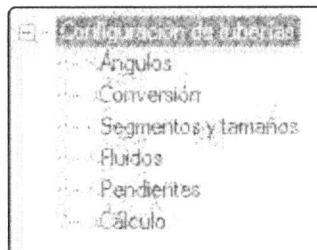

Configuración de tuberías
- Ángulos
- Conversión
- Segmentos y tamaños
- Fluidos
- Pendientes
- Cálculo

Dado que muchos de los apartados son sumamente similares a los anteriormente descritos, con la configuración de tuberías saltaremos directamente a la creación de un tipo de tubería de PVC para saneamientos.

1. Seleccionaremos la pestaña Segmentos y tamaños.

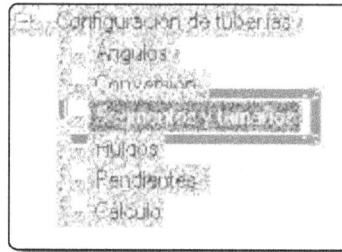

Una vez seleccionado este campo, a la derecha veremos varios parámetros desde los cuales personalizaremos el tipo de tubo.

| Nominal | DI | DE | Utilizado en listas de tamaño | Utilizado en cambio de tamaño |
|---|---|---|---|---|
| 6.000 mm | 8.509 mm | 10.287 mm | ✔ | ✔ |
| 8.000 mm | 11.227 mm | 13.716 mm | ✔ | ✔ |
| 10.000 mm | 14.656 mm | 17.145 mm | ✔ | ✔ |
| 15.000 mm | 18.034 mm | 21.336 mm | ✔ | ✔ |
| 20.000 mm | 23.368 mm | 26.670 mm | ✔ | ✔ |
| 25.000 mm | 30.099 mm | 33.401 mm | ✔ | ✔ |
| 32.000 mm | 38.862 mm | 42.164 mm | ✔ | ✔ |
| 40.000 mm | 44.958 mm | 48.260 mm | ✔ | ✔ |
| 50.000 mm | 57.023 mm | 60.325 mm | ✔ | ✔ |
| 65.000 mm | 68.809 mm | 73.025 mm | ✔ | ✔ |
| 80.000 mm | 84.684 mm | 88.900 mm | ✔ | ✔ |
| 90.000 mm | 97.384 mm | 101.600 mm | ✔ | ✔ |
| 100.000 mm | 110.084 mm | 114.300 mm | ✔ | ✔ |

2. Seleccionaremos en Segmento el material o tipo de tubo que queramos.

   Por defecto viene una lista con varios materiales.

En este caso seleccionaremos Cloruro de polivinilo.

**(i) NOTA**

Si no encontraramos el material en la lista por defecto podríamos crear uno nuevo pulsando sobre el icono.

Al pulsar sobre él, se abrirá una ventana como la que se muestra a continuación, desde la cual podremos tomar como referencia segmentos existentes o crear nuevos a partir de materiales creados por nosotros, desde el *Gestor de materiales*.

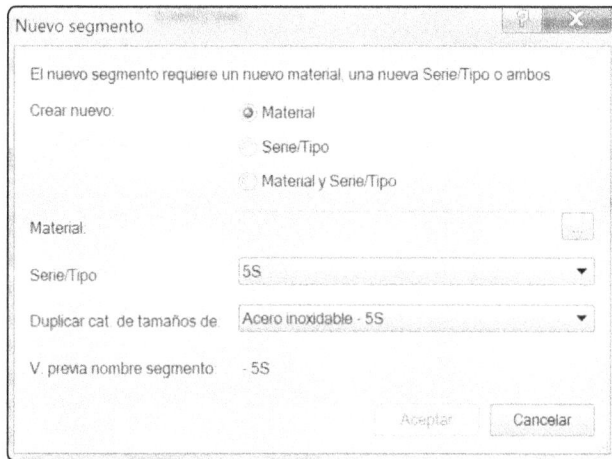

La opción más habitual suele ser seleccionar Material y Serie/Tipo lo cual es totalmente personalizable.

Una vez seleccionado el segmento, los dos siguientes parámetros, podremos mantenerlos, o dar el valor correspondiente en el caso que sea conocido.

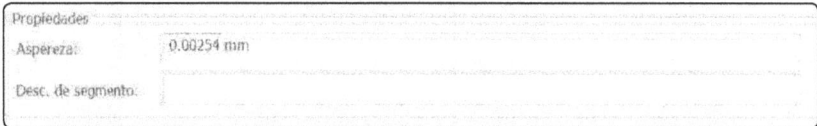

3. Por último, se creará un tamaño nuevo, siendo este el de 110 mm muy utilizado a la hora de modelar saneamientos.

Para ello en este caso los valores se obtendrán por extrapolación, siendo: DI: 112,486 mm DE: 125,73 mm

Para crear este nuevo tamaño únicamente deberemos seleccionar un tamaño y pulsar sobre el icono de tamaño nuevo.

Catálogo de tamaños

| Nominal | DI | DE | Utilizado en listas de tamaño | Utilizado en cambio de |
|---|---|---|---|---|
| 20.000 mm | 20.930 mm | 26.670 mm | ☑ | ☑ |
| 25.000 mm | 26.645 mm | 33.401 mm | ☑ | ☑ |
| 32.000 mm | 35.052 mm | 42.164 mm | ☑ | ☑ |
| 40.000 mm | 40.894 mm | 48.260 mm | ☑ | ☑ |
| 50.000 mm | 52.502 mm | 60.325 mm | ☑ | ☑ |
| 65.000 mm | 62.713 mm | 73.025 mm | ☑ | ☑ |
| 80.000 mm | 77.927 mm | 88.900 mm | ☑ | ☑ |
| 90.000 mm | 90.120 mm | 101.600 mm | ☑ | ☑ |
| 100.000 mm | 102.260 mm | 114.300 mm | ☑ | ☑ |
| 125.000 mm | 128.194 mm | 141.300 mm | ☑ | ☑ |

Se abrirá una ventana en la que introduciremos los valores anteriormente calculados.

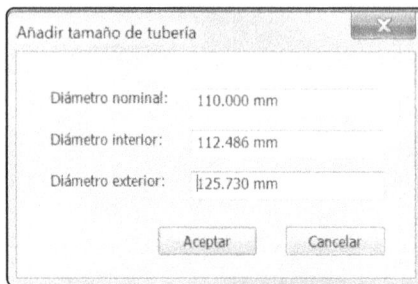

Añadir tamaño de tubería

Diámetro nominal: 110.000 mm
Diámetro interior: 112.486 mm
Diámetro exterior: 125.730 mm

Pulsaremos tantas veces en aceptar como sea necesario hasta que se cierren las diferentes ventanas.

4. El siguiente paso será crear el tipo de tubería partiendo de una familia genérica.

Para ello lo más sencillo es ir a la Ficha Instalaciones, Grupo Fontanería y tuberías, Herramienta Tubería.

Una vez seleccionada la herramienta si observamos la tabla Propiedades podremos ver que la tubería que se modelará es una por defecto.

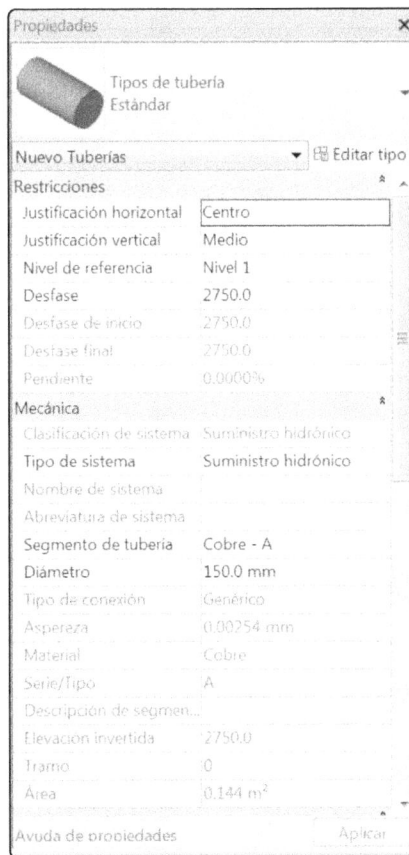

Para poder utilizar otro tipo de tubería Editaremos el tipo y duplicaremos la familia dándola el nombre de PVC.

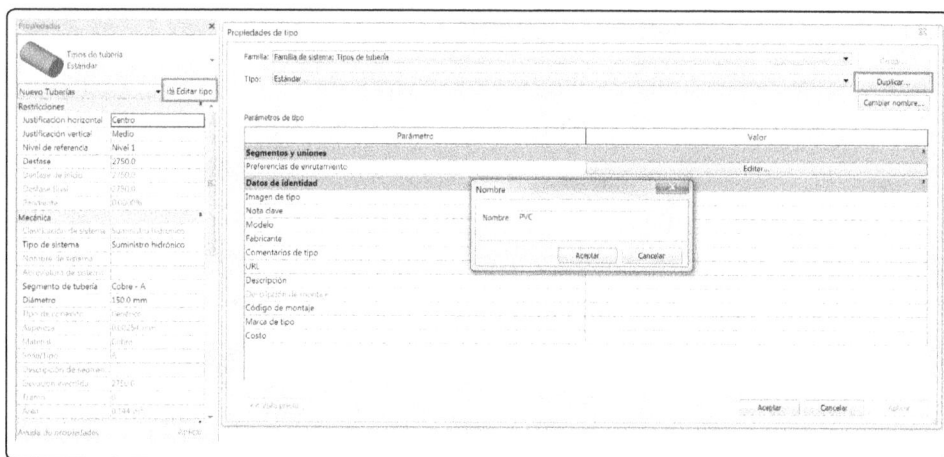

Pulsaremos en Editar en el parámetro Preferencias de enrutamiento.

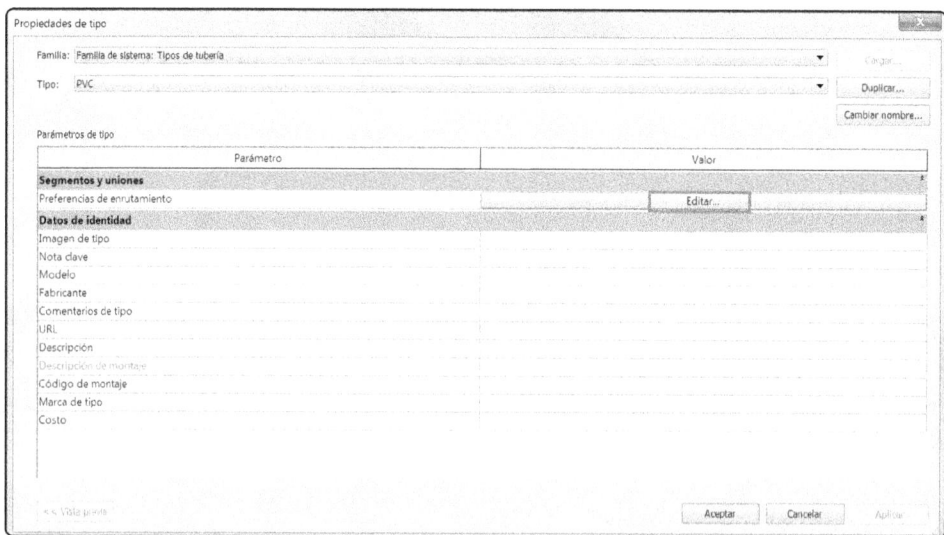

Se abrirá la siguiente ventana:

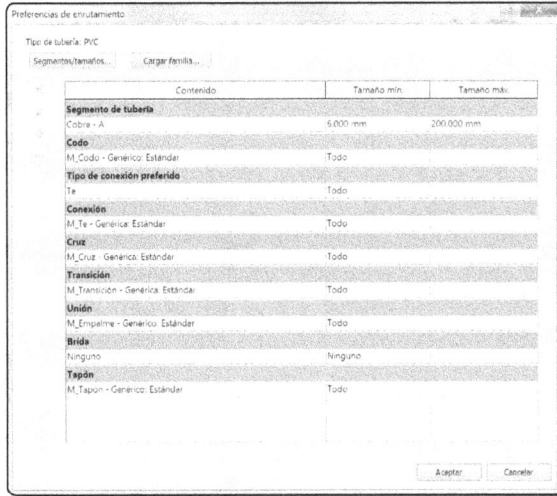

Desde aquí se seleccionará el Segmento de tubería en el cual incorporamos el diámetro de 110 mm.

Para definir el tipo de conexiones específicas de este tipo de tubería deberemos cargar las familias pertinentes desde la biblioteca de Revit.

Para ello pulsaremos en Cargar familia.

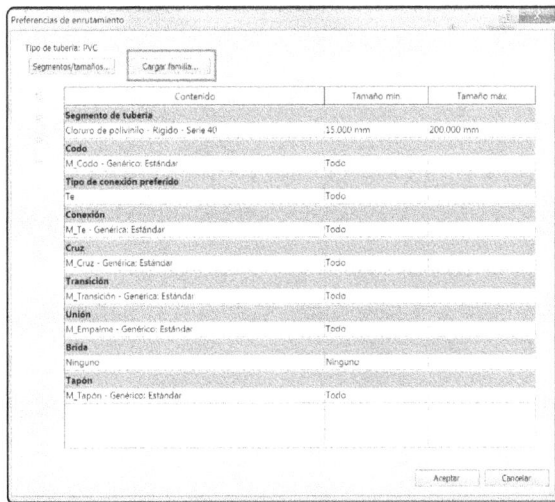

Seguiremos la siguiente ruta.

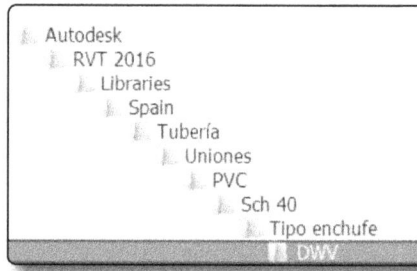

Cargaremos las siguientes familias.

Una vez se haya pulsado en abrir ya estarán cargadas en la plantilla o el proyecto, pero ahora debemos seleccionarlas en su ubicación correcta desde las diferentes pestañas. Para que las tuberías se dibujen automáticamente con las uniones correctas deberá presentar la ventana de preferencias de enrutamiento esta disposición.

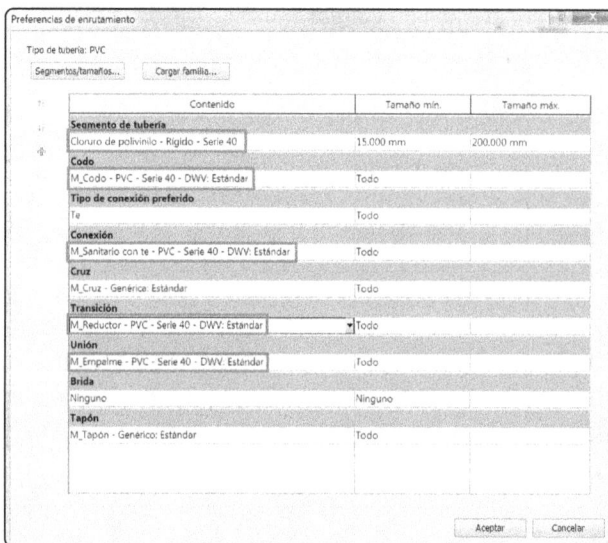

Trazaremos un segmento de tubería para comprobar que el proceso ha sido realizado de forma correcta.

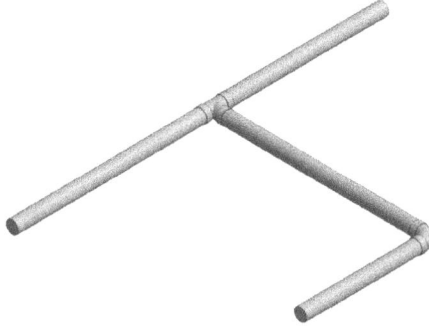

## 3.2.2  CONFIGURACIÓN ELÉCTRICA

En este apartado se tratará de una forma genérica los diferentes campos y configuraciones que ofrece el software, centrándonos especialmente en la configuración de las bandejas de cables que son los elementos más aparatosos y conflictivos (a la hora de realizar la gestión de interferencias con otras instalaciones) en el modelado de las instalaciones de electricidad.

Desde la Ficha Gestionar, Grupo Configuración, Herramienta Configuración MEP, pulsaremos en el icono de *Configuración eléctrica*.

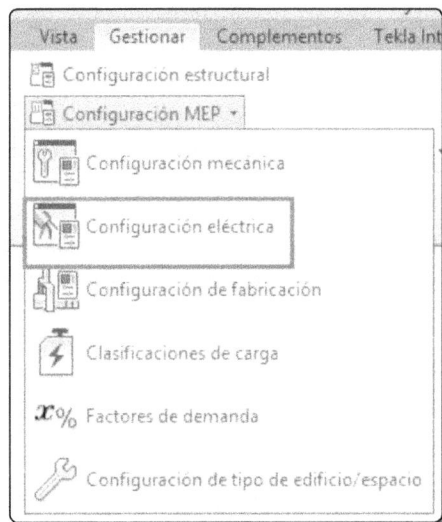

Al pulsar sobre el icono se abrirá la siguiente ventana, la cual, al igual que en la configuración mecánica, ofrece varios campos de configuración.

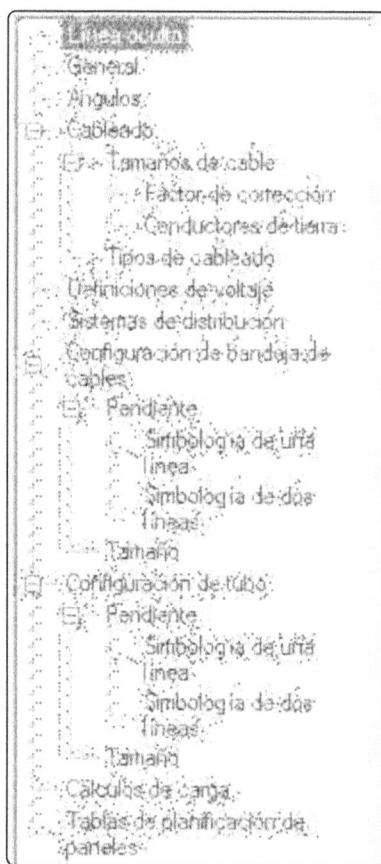

Revit permite definir infinidad de parámetros dentro de la configuración eléctrica, ya que puede llegar a realizar diferentes cálculos.

El problema reside en la dificultad de adaptar los diferentes parámetros a la normativa española y crear una plantilla específica para nuestro territorio.

Por otro lado, hasta en la versión 2017 Revit no permite el modelado tridimensional de cable, por lo que se complica su representación y posterior medición.

En este libro aprenderemos del capítulo de electricidad la introducción de familias como tomas de corriente, luminarias, interruptores y bandeja de cables, pero no la realización de ningún tipo de cálculo.

Aunque no se expliquen los diferentes campos uno por uno, sí es interesante ver las posibilidades y configuraciones posibles dentro del software, por lo que se recomienda al lector examinar cada uno de ellos.

## 3.3 VISIBILIDAD DE ELEMENTOS Y RANGOS DE VISTA

Cada una de las diferentes vistas generadas en el navegador de proyectos tienen aparejadas sus propias características de visibilidad, incluyendo qué familias pueden ser visibles y cuáles no.

Para realizar conscientemente este filtrado de visibilidad podremos acceder a la ventana de visibilidad gráficos pulsando las teclas "vv".

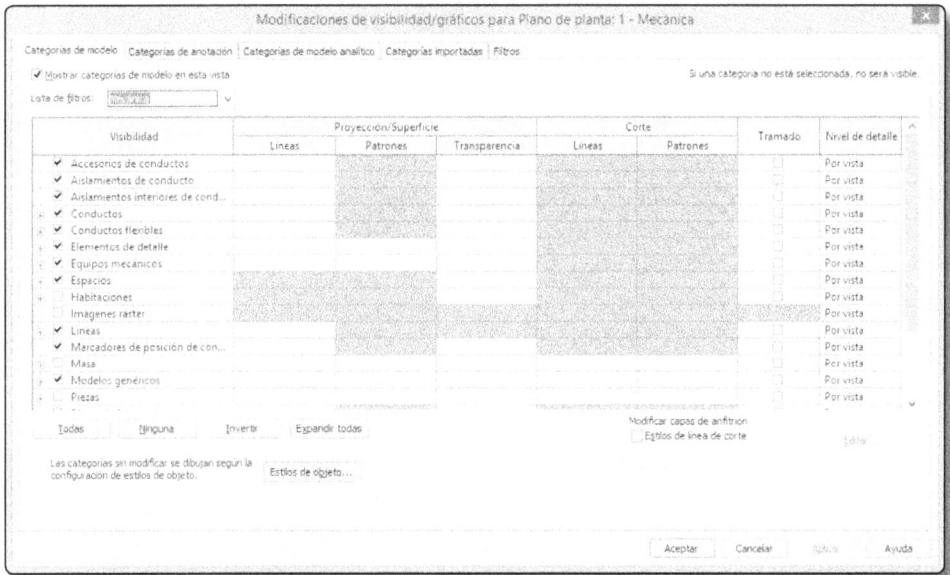

Esta ventana dispone de una lista de filtros desde la cual se puede ir seleccionando la visibilidad de las familias de cada disciplina.

Con los tics de la izquierda se otorga la posibilidad de visualizar o no una familia en esa vista.

Este es un apartado importante ya que por ejemplo en una vista de fontanería lo más probable es que no quieran ser vistas las tomas de corriente y una de las formas más sencillas de gestionarlo es de esta manera.

Los rangos de vista también son parámetros independientes para cada vista, será fundamental definir de forma correcta cada uno de ellos ya que de no hacerlo es posible que muchos elementos no puedan verse. Por ejemplo si el plano de corte está delimitado a una altura de 1,2 metros y el desfase de la parte superior es 0, si tenemos modelada alguna tubería en ese nivel a una altura superior a 1,2 m no podremos visualizarla en dicha vista.

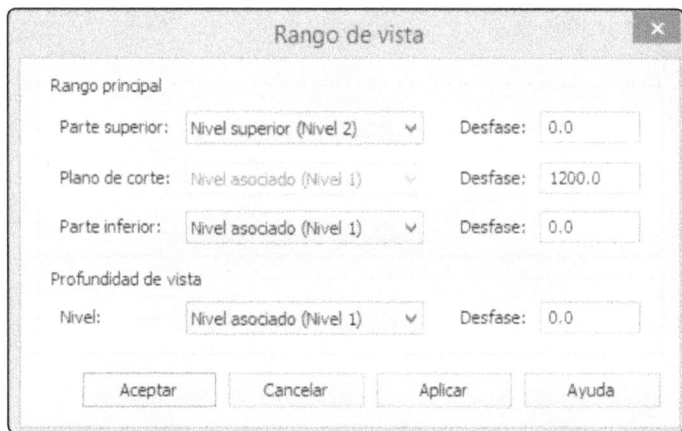

## 3.4  FILTROS DE VISTA

Los Filtros de Revit son una herramienta imprescindible cuando hablamos de configuración visual de un proyecto.

Aunque pueden ser utilizados en cualquier momento, se suele recurrir a ellos con mayor asiduidad cuando nos encontramos documentando un proyecto, creando vistas o configurando planos y en concreto son de vital importancia en la disciplina de MEP.

Los filtros permiten cambiar el grafismo de cualquier familia dentro de una vista de Revit (pero recordemos que únicamente en la vista en la que se aplique dicho filtro y no en todo el proyecto). Pueden otorgarse diferentes colores a determinadas familias, ocultar elementos de una forma muy rápida, dar determinado grado de transparencia a elementos, etc.

Para demostrar lo comentado anteriormente veremos un ejemplo en el que aprenderemos a crear nuestros propios filtros y aplicarlos en unas situaciones habituales.

Cuando trabajamos con redes de tuberías puede ser habitual que estén aisladas y dicho aislamiento suele ser muy complicado de seleccionar y aún más de ocultar en determinadas vistas y para determinados tubos.

Para afrontar este problema lo primero que haremos será crear un filtro personalizado.

Pulsando las teclas VV o desde la *Ficha > Vista > Herramienta: Visibilidad/ Gráficos* se abrirá la siguiente ventana, en la que acudiremos a la pestaña de filtros.

Pulsaremos sobre *Añadir* y veremos los filtros que existen por defecto en Revit.

Como en este caso lo que queremos es ocultar el aislamiento de todas las tuberías, lo que haremos será crear nuestro propio filtro, para ello pulsaremos en *Editar/ Nuevo* y se abrirá la siguiente ventana y pulsaremos sobre el icono Crear nuevo.

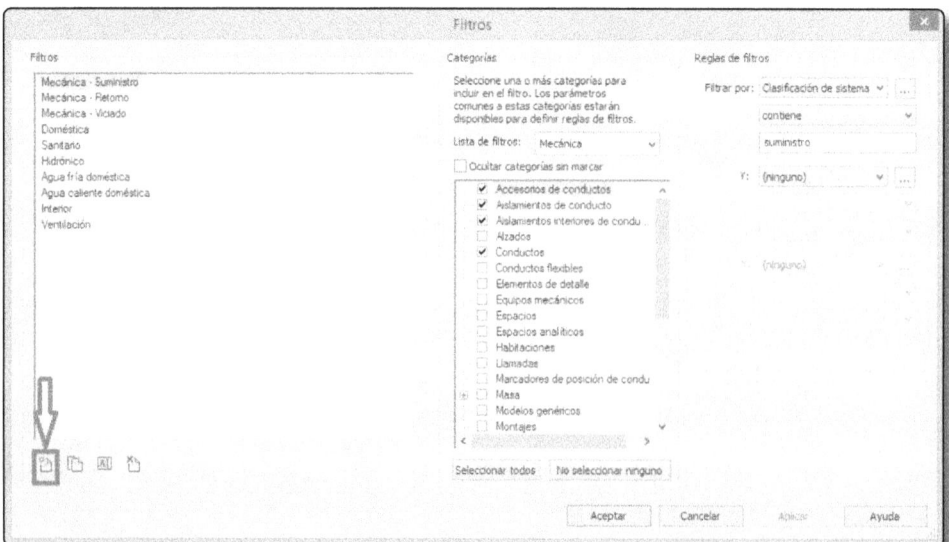

Nombraremos el nuevo filtro tal y como se muestra a continuación y pulsaremos en Aceptar.

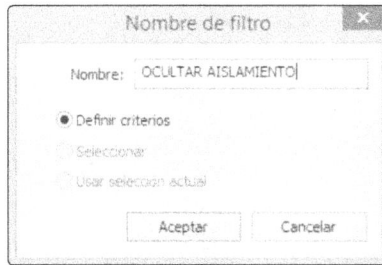

Desde la lista de filtros seleccionaremos todas las categorías.

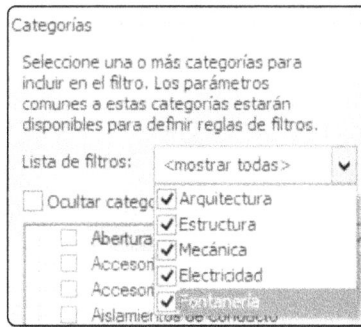

Seguidamente quitaremos la selección de todos los elementos pulsando en el botón *No Seleccionar ninguno* y el único que seleccionaremos será la categoría *Aislamientos de tubería*.

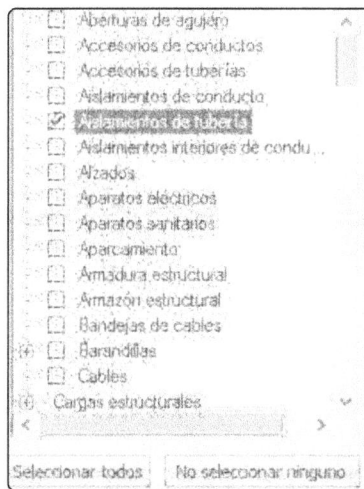

Aceptaremos todas las ventanas hasta que aparezca la primera ventana que teníamos nada más pulsar VV.

Desde aquí volveremos a pulsar en *Añadir* y ahora seleccionaremos el filtro recién creado

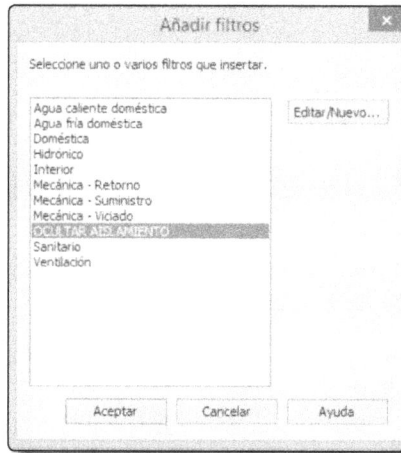

Desde la ventana de gestión de filtros podremos ocultar el aislamiento quitando la selección de la casilla de *Visibilidad*.

Podremos inspeccionar el resto de opciones tales como: Líneas, patrones, transparencia, tanto en sección como en proyección, así como la opción de tramado. (para poder observar todos los cambios es importante que trabajemos con cualquier opción de visualización del modelo menos con la realista o trazado y rayos.

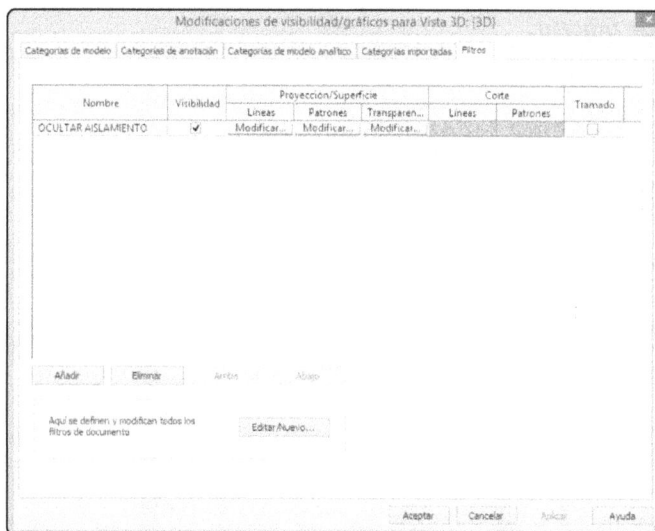

Para aclarar la teoría veremos un ejemplo de uso práctico.

Si tenemos por ejemplo dos sistemas de tuberías con aislamiento, uno de saneamiento y otro de ACS y únicamente queremos ocultar el aislamiento de uno de los sistemas.

*Fotografía todo aislado*

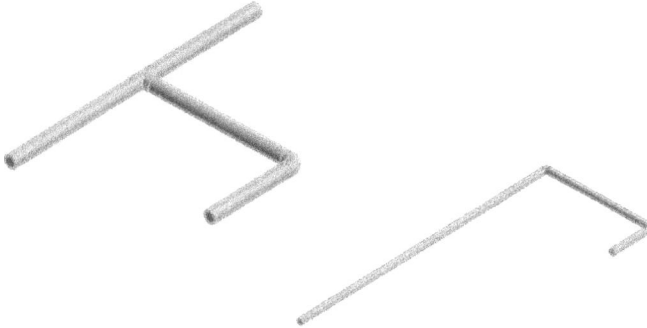

Si aplicamos el filtro creado y desactivamos la casilla con el tic de visibilidad veremos que desaparecen de la vista todos los aislamientos.

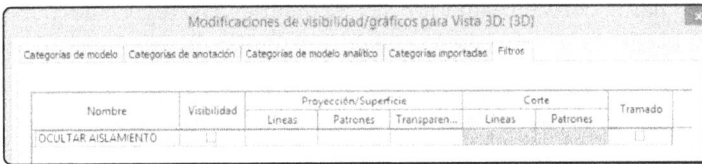

*Fotografía nada aislado*

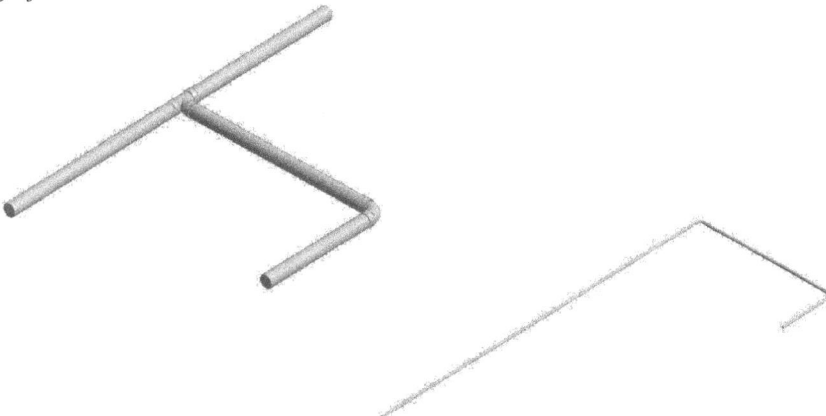

Si, por ejemplo, queremos ocultar únicamente el aislamiento del saneamiento deberemos acceder a la configuración del filtro pulsando VV y en la pestaña de filtros seleccionar Editar/nuevo y seleccionar el que hemos creado.

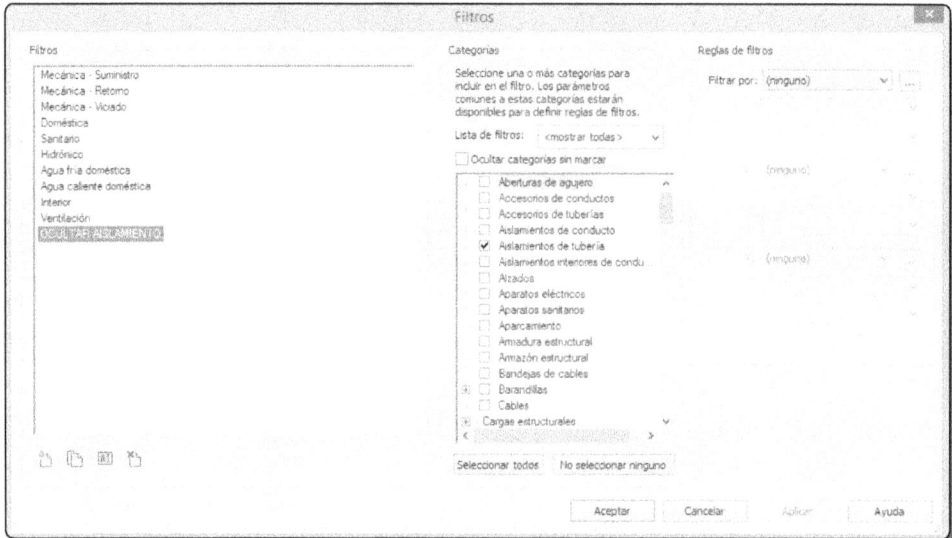

En la parte derecha superior se encuentran las reglas de filtros que nos servirán para clasificar a que sistema se le debe ocultar el aislamiento.

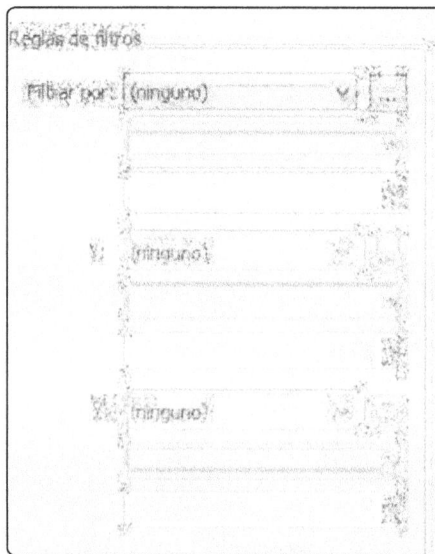

En este caso otorgaremos los siguientes parámetros buscándolos desde el desplegable.

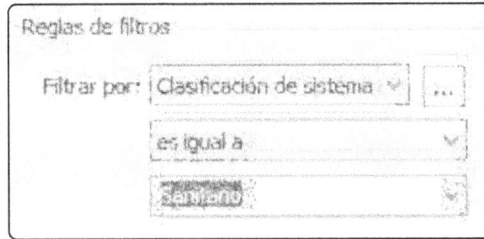

Aceptaremos todas las ventanas y podremos ver la diferencia.

*Fotografía aislado solo ACS*

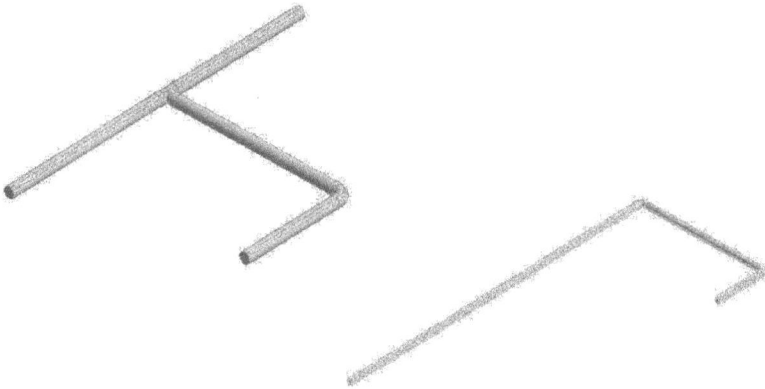

ARCH3_FILTROS DE VISTA

## 3.5 GESTIÓN GRÁFICA DE FAMILIAS DE SISTEMA MEP

Cuando diseñamos diferentes redes de tuberías y conductos asociados a sistemas predeterminados por Revit se asocia un grafismo por defecto, es decir, cuando hemos trazado las tuberías de saneamiento otorgando ese parámetro en la tabla de propiedades las tuberías aparecen de color verde, de igual forma ocurre con las de ACS, etc.

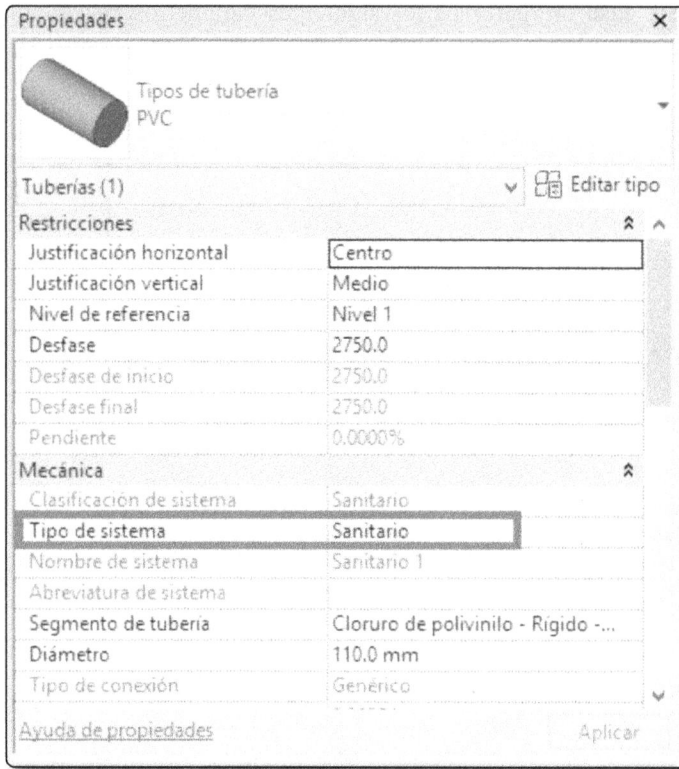

A continuación aprenderemos como cambiar esos valores por defecto y como crear nuevos sistemas con su configuración gráfica correspondiente.

Para acceder a esa configuración tendremos que ir al navegador de proyecto en el apartado familias y abrir ese desplegable.

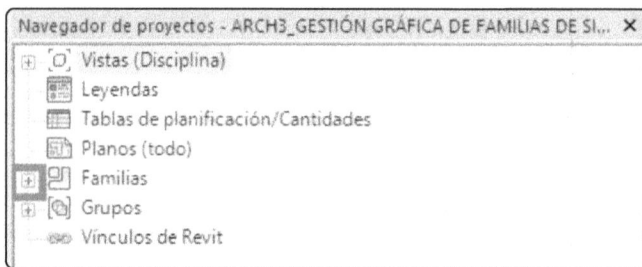

Al desplegarlo tendremos que buscar *Sistemas de tuberías* y volver a desplegar.

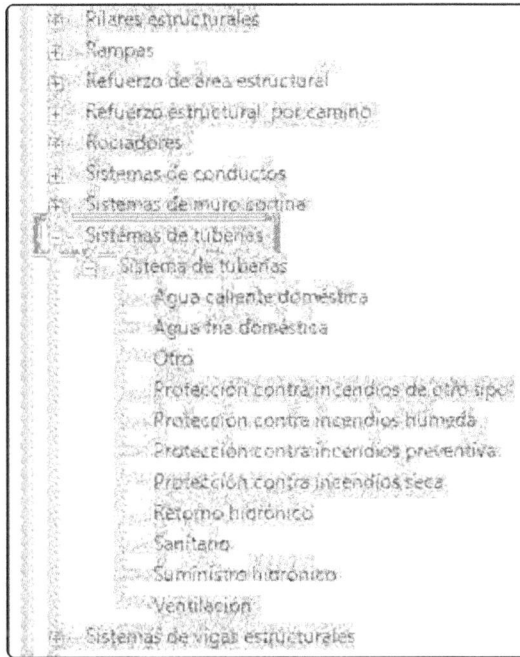

Si seleccionamos, por ejemplo, *Sanitario* y pulsamos con botón derecho del ratón aparecerá una ventana como la de la imagen.

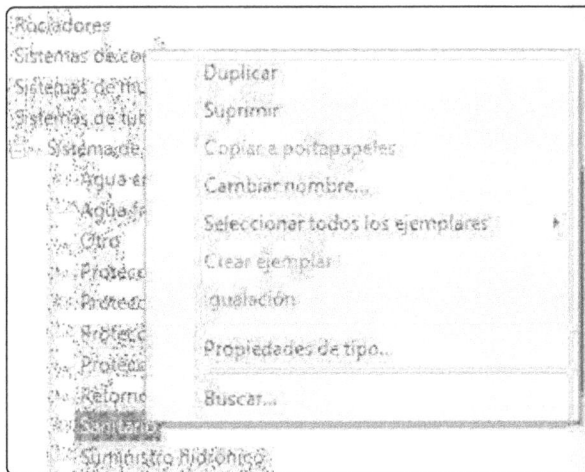

Pulsaremos sobre *Propiedades de tipo…* y se abrirá la siguiente ventana.

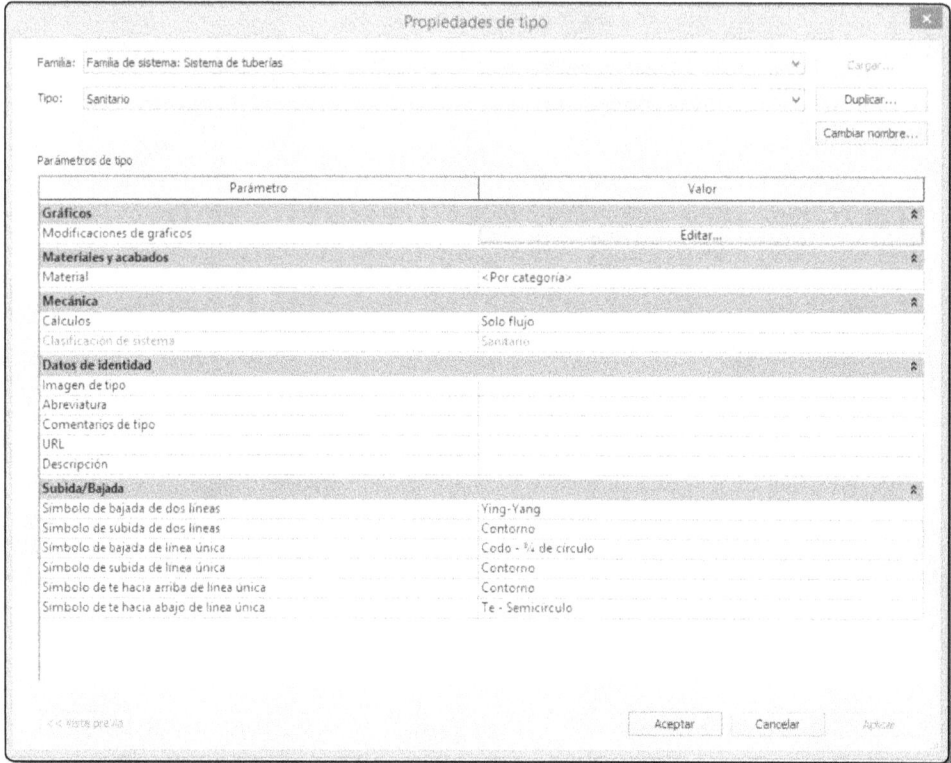

Desde esta ventana podremos duplicar el sistema para usarle de base para uno nuevo que no venga por defecto o cambiar las propiedades de los existentes.

En primer lugar cambiaremos el grosor de línea del sistema sanitario, Agua caliente doméstica y Agua fría doméstica.

Para ello acudiremos al apartado *Modificaciones de gráficos* y pulsaremos en *Editar...*

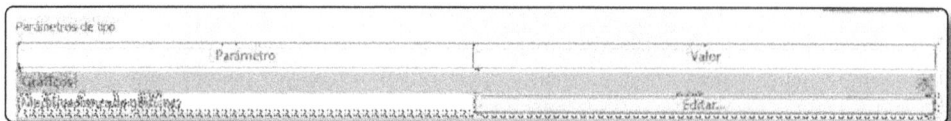

Se abrirá una ventana como la siguiente.

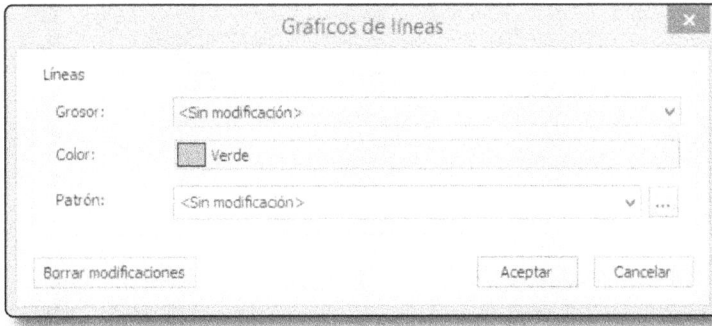

En grosor otorgaremos el valor de 1 y aceptaremos y sin la herramienta de líneas finas activada veremos la diferencia con la tubería de ACS.

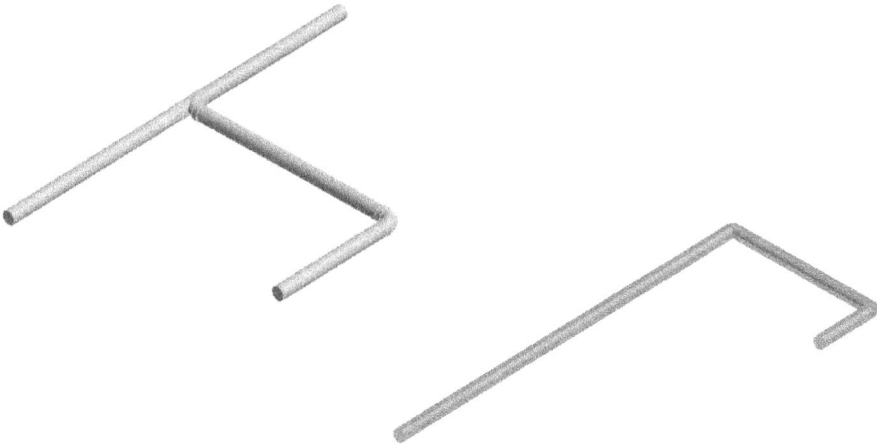

Desde la ventana anterior también se puede modificar además del grosor el color y el patrón de línea.

Para crear un nuevo sistema únicamente deberemos elegir la opción duplicar desde el navegador de proyectos con el sistema *Otro* seleccionado.

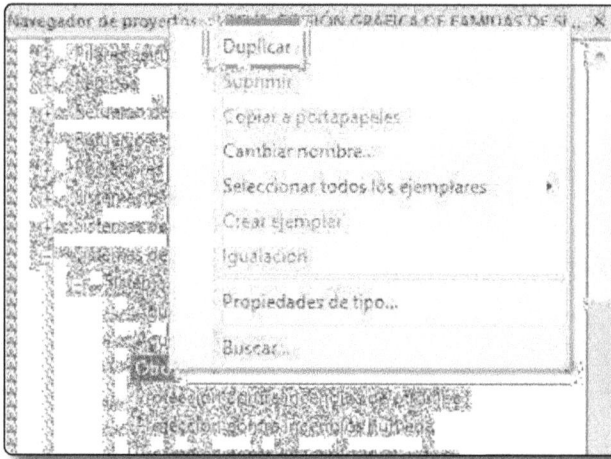

Se creará un sistema nuevo designado como *Otro 2*.

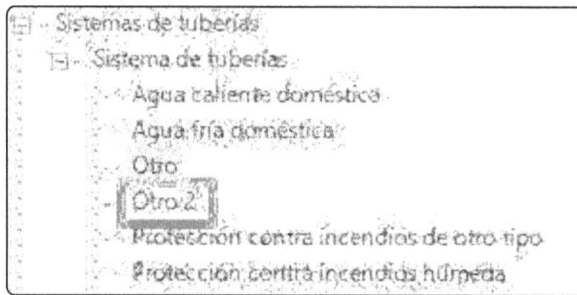

Para cambiar el nombre pulsaremos sobre *Otro 2* con botón derecho y seleccionaremos la opción cambiar nombre, escribiremos el nombre *Gas*.

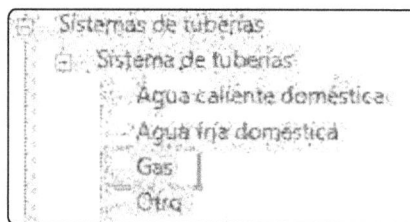

De la misma forma que vimos anteriormente modificaremos los gráficos del sistema como muestra la siguiente imagen.

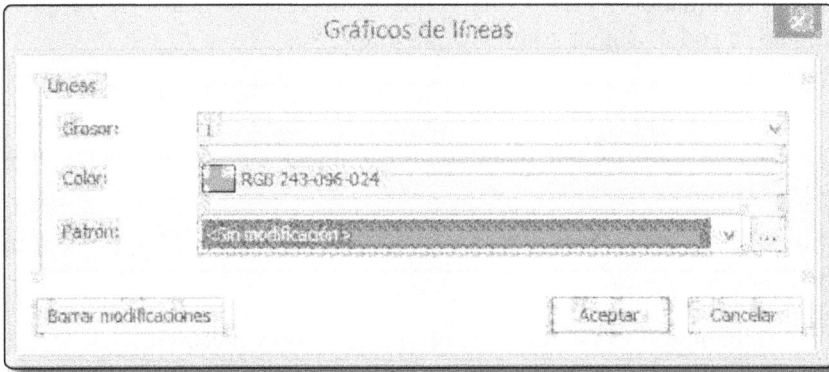

Este sistema ya podrá ser elegido desde la tabla de propiedades cuando vayamos a trazar una tubería.

ARCH4_GESTIÓN GRÁFICA DE FAMILIAS DE SISTEMA MEP

## 3.6 GUARDADO DE PLANTILLA PERSONALIZADA

Cuando se comienza un proyecto desde la pantalla inicial de Revit podemos escoger diversas plantillas en función de la disciplina que se vaya a modelar, pero todas ellas son las que trae por defecto el programa con sus respectivas configuraciones.

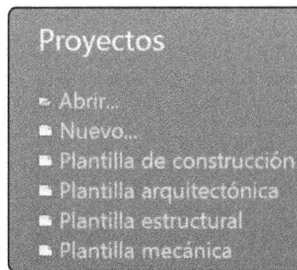

Una de las formas más sencillas para crear una buena plantilla de trabajo es elaborando un proyecto tipo (puede ser cualquiera que sepamos que se va a repetir su metodología de trabajo en otros) con sus respectivas vistas, configuraciones de visibilidad, tablas de planificación con los campos óptimos y configuración necesaria, filtros de vistas para trabajar, familias de sistemas de tuberías, conductos, etc. Una vez terminado se procederá a guardar con el nombre que queramos para la plantilla y borrar todos los elementos modelados.

Este guardado es indispensable que se haga en formato .rte ya que de lo contrario no se podrá asignar como una plantilla.

## FONTANERÍA+MECÁNICA+ELECTRICIDAD

Para poder agregar una plantilla propia al menú de inicio deberemos seguir unos sencillos pasos.

Primeramente abriremos un proyecto nuevo usando cualquier plantilla por ejemplo la arquitectónica.

Acudiremos al icono del menú de la aplicación y pulsaremos en opciones.

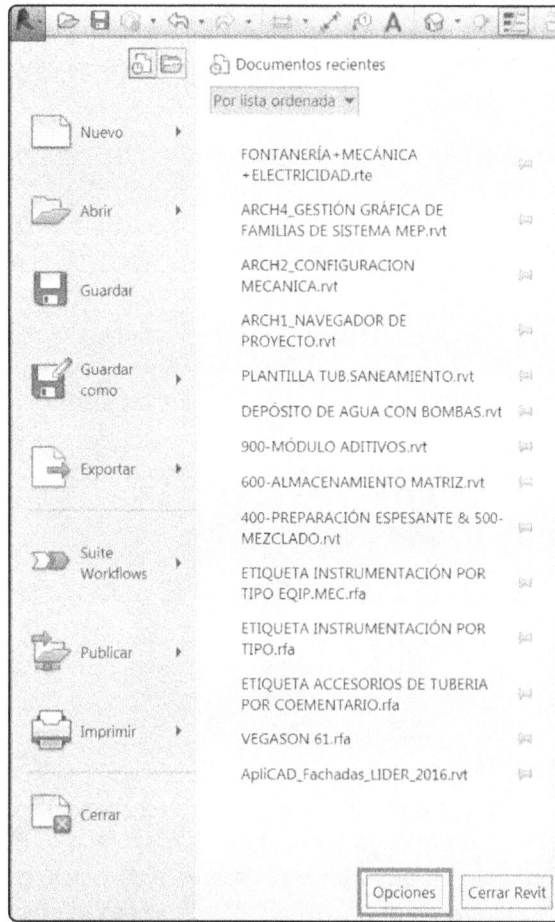

Se abrirá la siguiente ventana y acudiremos a la pestaña ubicación de archivos.

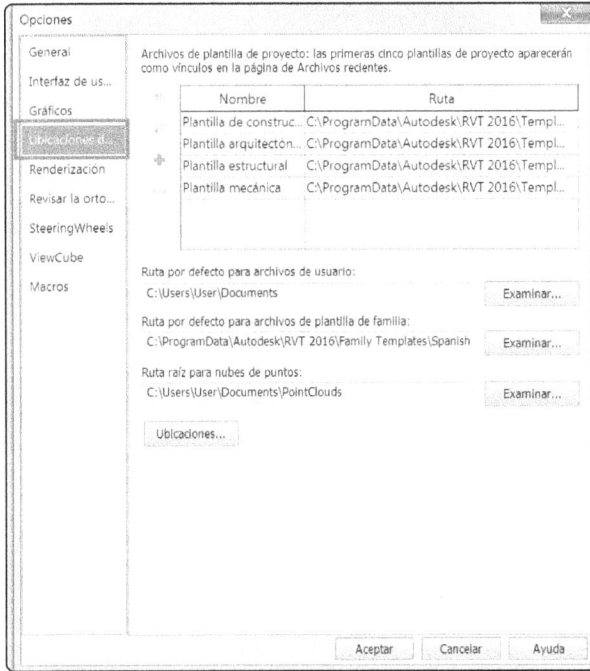

Para añadir un nuevo archivo de plantilla de proyecto pulsaremos sobre el
mas de color verde y podremos buscar la ubicación del archivo.

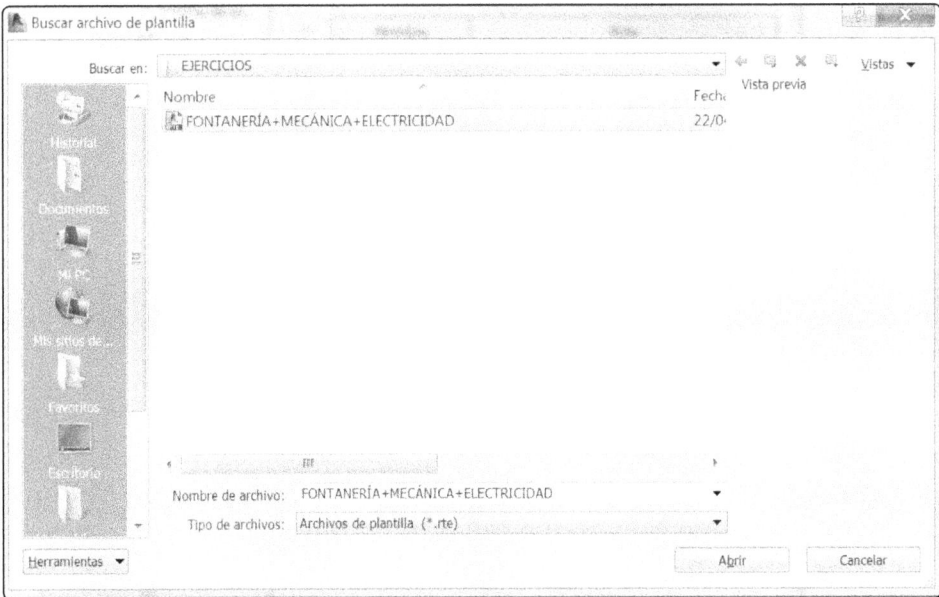

Pulsaremos en **Abrir** aceptaremos la siguiente ventana y cerraremos el proyecto.

Si observamos la pantalla de inicio de Revit debería haberse añadido la nueva plantilla personalizada.

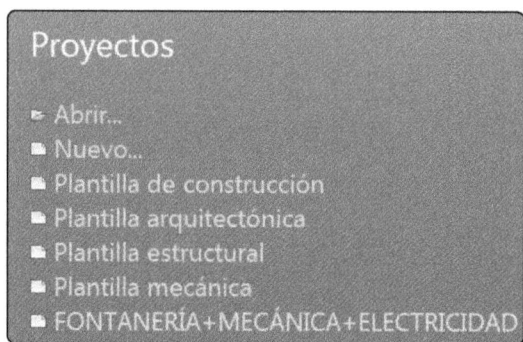

Proyectos

- Abrir...
- Nuevo...
- Plantilla de construcción
- Plantilla arquitectónica
- Plantilla estructural
- Plantilla mecánica
- FONTANERÍA+MECÁNICA+ELECTRICIDAD

# 4

## VINCULACIÓN DE PROYECTO ARQUITECTÓNICO Y ESTRUCTURAL

### 4.1 COLABORACIÓN EN PROYECTOS

Uno de los grandes puntos a favor que tiene la metodología BIM es la facilidad que aporta a la hora de transmitir información y geometría entre los diferentes agentes que intervienen en la realización de un proyecto.

Existen múltiples formas de colaborar y transmitir información cuando trabajamos en un proyecto usando BIM.

Algunos de los escenarios posibles que se pueden plantear en un proyecto son los siguientes:

1. **Proyectos sencillos** en los cuales una única persona puede desarrollar el proyecto completo el mismo, por ejemplo una vivienda unifamiliar simple, una reforma de una vivienda o local, etc.

2. **Proyectos de complejidad media** pero con un volumen de modelado mayor que el anterior, por ejemplo un proyecto de un bloque de viviendas que se desarrolla todo el proyecto en el mismo estudio de ingeniería o arquitectura, pero cada disciplina es modelada por una persona diferente o incluso cada instalación tiene su propio modelador.

    En este caso lo más habitual es usar modelos vinculados que se irán revisando en función de diferentes hitos marcados antes de comenzar el proyecto, para posibles detecciones de interferencias.

Cada disciplina permanece constantemente actualizada con los otros modelos vinculados en cada proyecto.

Para entenderlo mejor lo explicaremos con un ejemplo, en el caso de un proyecto de un bloque de viviendas imaginemos que hay tres modeladores diferentes, uno encargado de la arquitectura y urbanización, otro al cargo de las estructuras y un tercero responsable de las instalaciones.

Normalmente comenzará la primera fase de modelado y cálculo el encargado de las estructuras y al unísono el modelado conceptual de la arquitectura. Como el modelo estructural será el primero en crearse la persona encargada de modelar la arquitectura deberá vincular dicho modelo al iniciar el suyo en un proyecto de Revit.

De igual forma en cuanto se comience el modelado arquitectónico el modelo estructural deberá contar con él para que no se produzcan incoherencias.

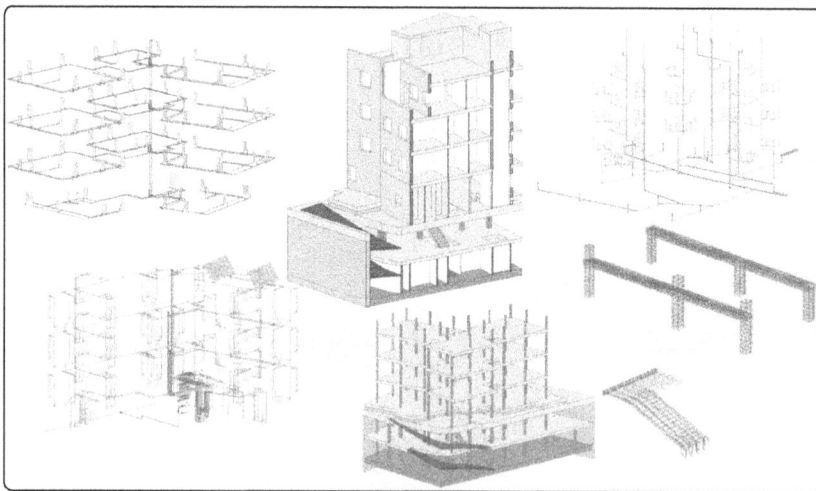

Cuando estas dos disciplinas queden relativamente finalizadas, pendientes de pequeñas modificaciones, se comenzará el modelado de las instalaciones en un proyecto que tendrá vinculado el archivo arquitectónico y estructural. Es importante tener en cuenta que lo normal es que las instalaciones se adecuen y adapten a la geometría proyectada, por lo que cualquier colisión o conflicto tendrá que ser resuelto desde el modelo de instalaciones.

3. **Grandes proyectos con múltiples y complejos elementos** estos proyectos de una gran magnitud requieren de expertos en diferentes áreas y campos. Al intervenir un gran número de personas para cada disciplina, suele ser necesario crear un modelo central con sus correspondientes subproyectos, es decir, el modelo central se convierte en un gran contenedor de información al cual se le va vertiendo el modelado de las diferentes disciplinas o subdisciplinas divididas y organizadas en diferentes subproyectos cada uno de ellos con su responsable de modelado.

Es importante tener en cuenta que los modelos centrales tienen su acceso restringido y en un principio no serán manipulados salvo por el coordinador general del proyecto en las circunstancias que lo requieran.

## 4.2 TIPOS DE ARCHIVOS DE INTERCAMBIO

Cuando realizamos un proyecto en BIM no significa que todos los intervinientes utilicen el mismo software de modelado, es más, lo habitual es que sean diferentes.

Por lo tanto, para poder comunicarse entre un software y otro existe un formato estándar de intercambio de información tanto a nivel de datos como gráfico, llamado IFC.

El formato de archivo Industry Foundation Classes (IFC) es un modo estándar de intercambio de objetos en la industria de la construcción para evitar la pérdida de información al transferir archivos entre diferentes aplicaciones.

### 4.2.1 Ventajas del uso de formatos IFC

Comunicación entre los diferentes agentes que intervienen en el proceso constructivo.

Los datos relativos al modelo constructivo son definidos solamente una vez por cada agente responsable.

1. Aumento de la calidad.
2. Reducción de los costes.
3. Consistencia en la información.

Si los diferentes agentes intervinientes en el proyecto usan el mismo software de modelado no existe ninguna complicación para intercambiar y vincular los modelos, de esta forma no se pierde nada de información con cada exportación a otro formato.

## 4.3 VINCULACIÓN DEL MODELO ARQUITECTÓNICO Y ESTRUCTURAL

### 4.3.1 Vinculación de archivos IFC

En este caso veremos la posibilidad de vincular archivos IFC dentro de un proyecto.

En el ejemplo que nos ocupa, la arquitectura y la estructura de la edificación han sido modelados por la misma persona y en el mismo archivo.

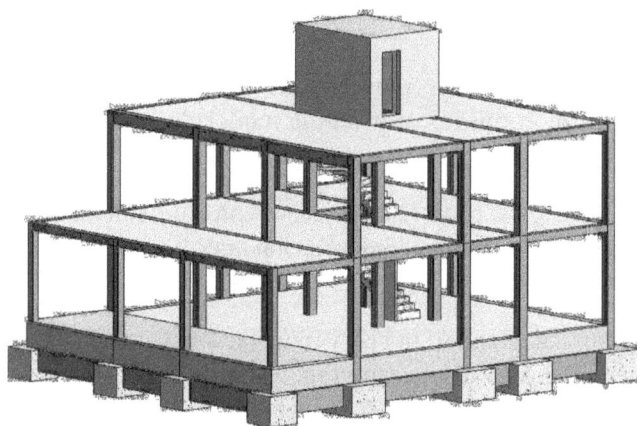

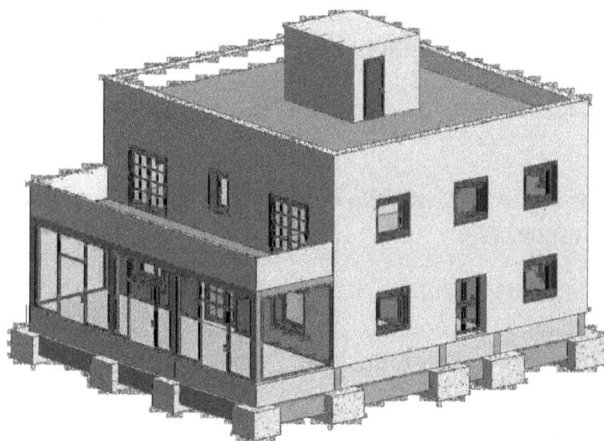

El primer paso a seguir será tener abierto un proyecto nuevo con una plantilla configurada de instalaciones, en el ejemplo se le ha designado como VIV. UNIFAMILIAR INSTALACIONES.

Para vincular un archivo IFC iremos a la Ficha Insertar, Grupo Vincular, Herramienta Vincular IFC.

Al pulsar sobre el icono se abrirá una ventana desde la cual podremos seleccionar el archivo con la extensión .ifc y al pulsar en abrir este se vinculará.

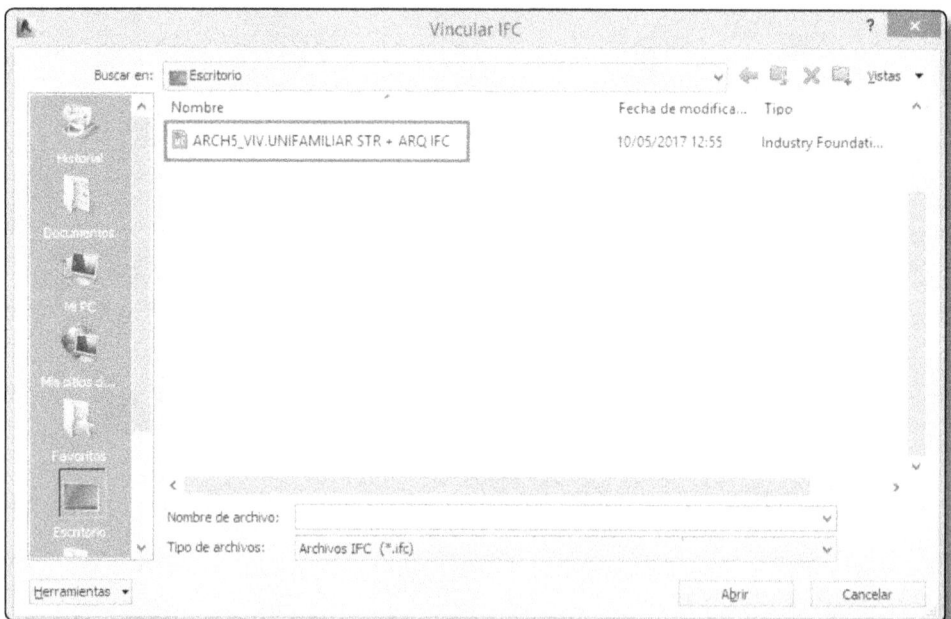

Al cargar el archivo podemos ver que dependiendo de la forma con la que se haya creado el IFC la calidad del mismo puede variar.

También tenemos que tener en cuenta que un archivo IFC nunca aportará tanta calidad visual como uno nativo, en la siguiente imagen podemos verlo.

## 4.3.2 Vinculación de archivos nativos de Revit (.rvt)

En el caso de que todos los agentes que intervienen en el modelado del proyecto utilicen el mismo software, en este caso Autodesk Revit, no existirá ningún problema de compatibilidad entre ficheros de diferentes disciplinas.

Existen grandes ventajas al utilizar modelos vinculados, una de ellas es que cada vez que se efectúen modificaciones en el archivo a vincular y en el que este vinculado se recargue, tendremos los nuevos datos de información y geométricos actualizados de forma instantánea.

Otra ventaja de utilizar modelos vinculados es que el peso de los archivos se reduce considerablemente, ya que modelar en el mismo archivo todas las disciplinas de un proyecto puede hacer que el peso de este lo convierta en algo ingobernable.

Para vincular un archivo de Revit iremos a la Ficha Insertar, Grupo Vincular, Herramienta Vincular Revit.

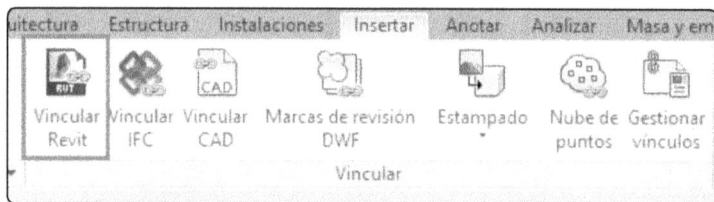

Al pulsar sobre la herramienta se abrirá la siguiente ventana, desde la cual escogeremos el archivo ARCH6_VIV.UNIFAMILIAR STR + ARQ

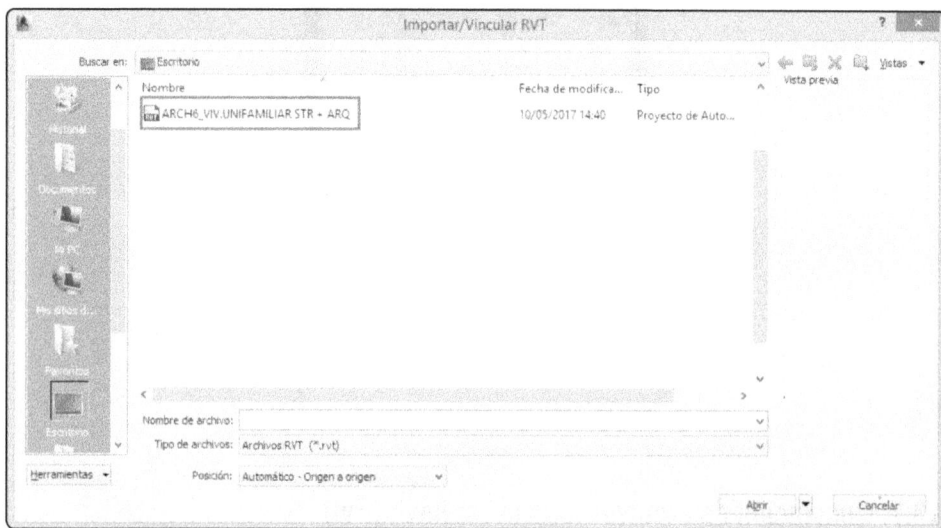

Antes de cargarlo nos fijaremos en la posición en la que queremos que se vincule.

En este caso lo dejaremos en **Automático-Origen a origen** y pulsaremos en abrir. Obtendremos algo similar a lo que muestra la imagen si abrimos un 3D.

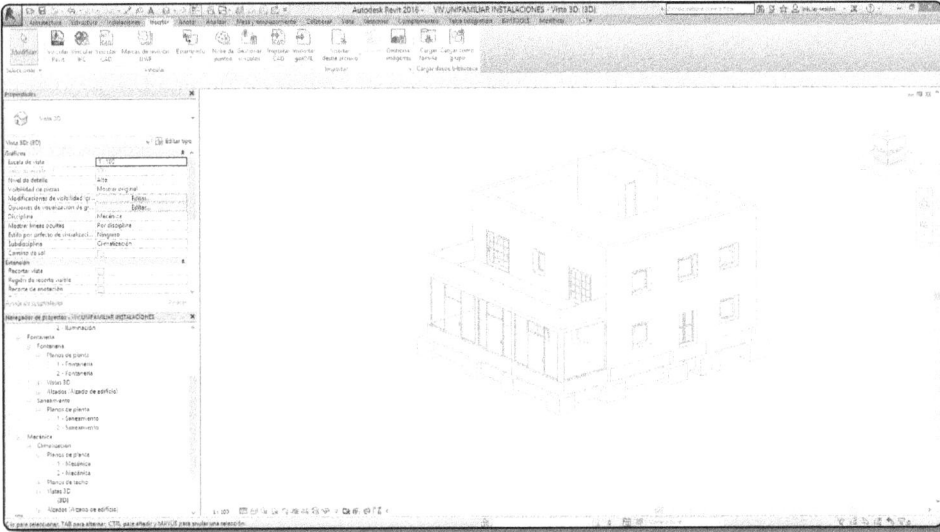

Existen otras posibilidades para posicionar el archivo a la hora de vincularlo, que veremos a continuación

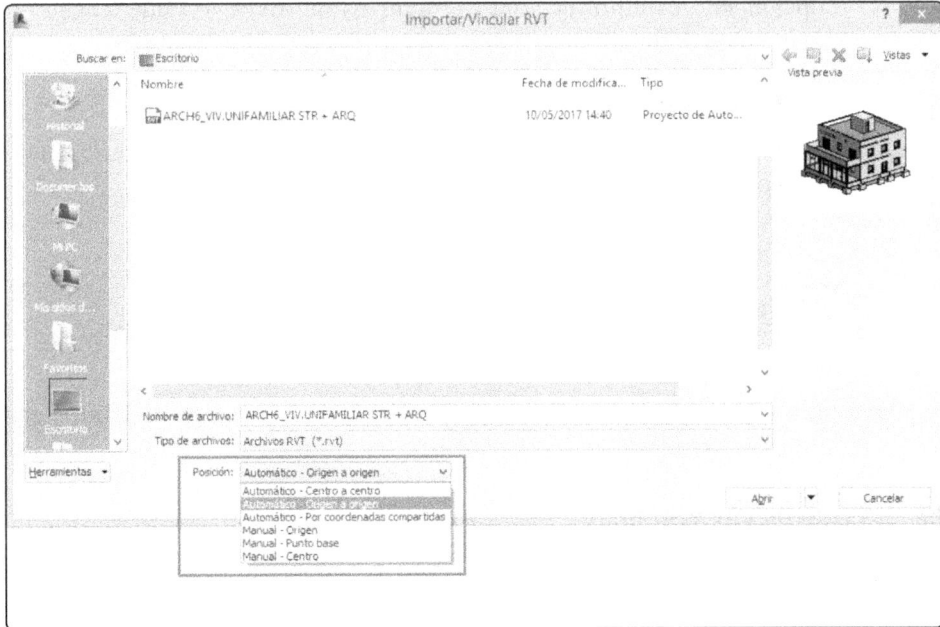

**▼ Automático - Centro a centro**

Revit coloca el centro de la importación en el centro del modelo. El centro de un modelo de Revit se calcula con el centro de un cuadro alrededor del modelo.

**▼ Automático - Origen a origen**

Revit coloca el origen universal de la importación en el origen interno del proyecto de Revit.

**▼ Automático - Por coordenadas compartidas**

Revit coloca la geometría importada según su posición con respecto a las coordenadas compartidas entre dos archivos.

(Esta opción solo está disponible para archivos de Revit).

**▼ Manual - Origen**

El origen del documento importado está centrado en el cursor.

**▼ Manual - Punto base**

El punto base del documento importado está centrado en el cursor. Esta opción solo es utilizada para los archivos de AutoCAD que tengan un punto base definido.

**▼ Manual - Centro**

Define el cursor en el centro de la geometría importada. Puede arrastrarse la geometría importada a su posición.

---

(i) **NOTA**

Es importante una vez realizado el vínculo Boquearle para que no se desplace por error.

---

## 4.4 GESTIÓN DE LOS VÍNCULOS

Una vez vinculado un modelo dentro de Revit es importante conocer cómo podemos controlar dicho vínculo.

## 4.4.1 Acceso a la gestión de vínculos

Para tener acceso a la gestión de un vínculo acudiremos a la Ficha Gestionar, Grupo Gestionar proyecto, Herramienta Gestionar vínculos.

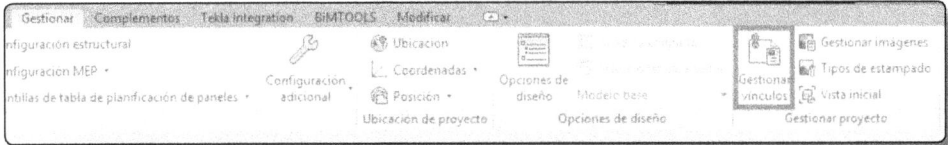

Al pulsar sobre la herramienta se abrirá la siguiente ventana.

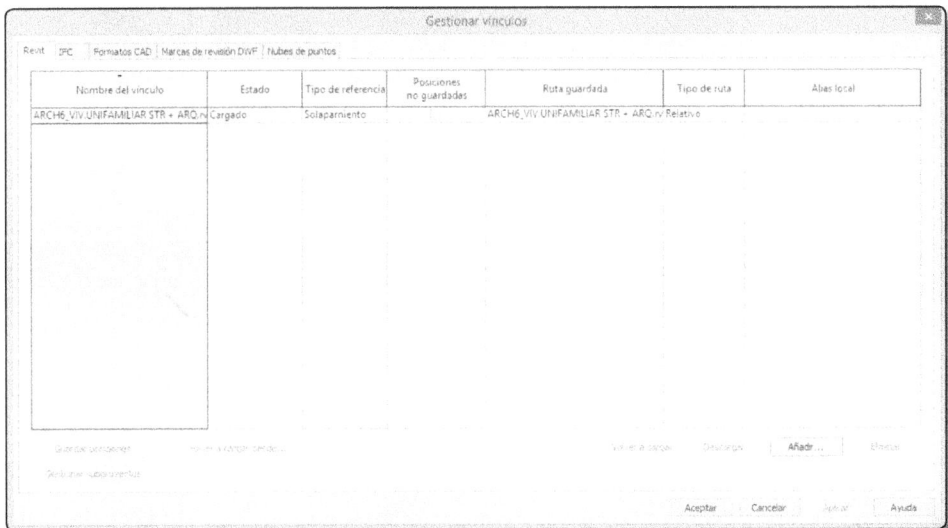

Desde esta ventana se podrá gestionar cualquier tipo de vínculo que tengamos en el proyecto, siendo los diferentes formatos los que aparecen en las pestañas superiores.

En el caso que se cambie la ubicación del archivo vinculado podrá recargarse desde el siguiente icono, teniendo siempre el vínculo seleccionado en está ventana.

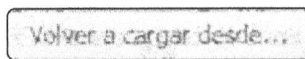

Desde los diferentes iconos de la parte inferior de la ventana también se podrán realizar las siguientes acciones.

Guardar posiciones, gestionar subproyectos, volver a cargar, descargar, añadir o eliminar.

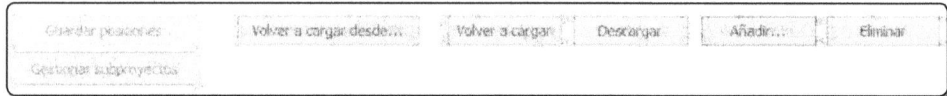

## 4.4.2 Acceso a la visibilidad de los vínculos

Los vínculos al tratarse de proyectos incluidos en otros, no funciona su control de visibilidad de los diferentes elementos que los componen, de la misma forma que si fueran modelados directamente en el proyecto.

En ocasiones es posible que queramos que algunos elementos modelados en una vista permanezcan ocultos o con un tipo de grafismo en particular, mientras que otros de la misma categoría pero pertenecientes al vínculo tengan otro tipo.

Para ello la forma más sencilla es recurrir a la ventana de visibilidad/gráficos y acudir a la pestaña de *Vínculos de Revit*.

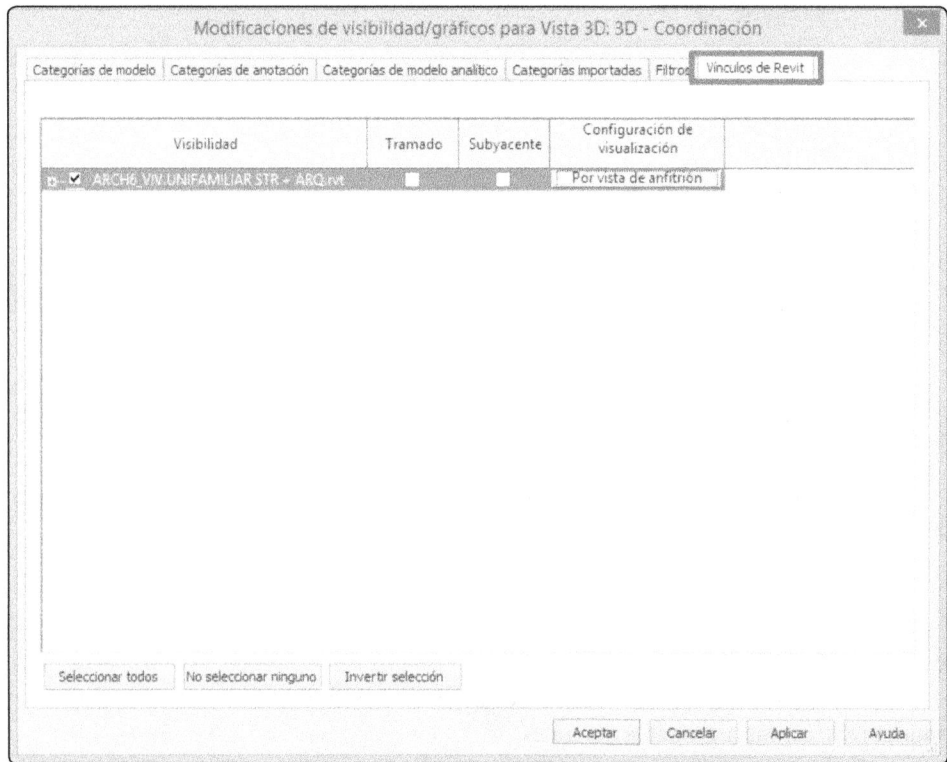

Si queremos que la visibilidad de diferentes categorías de Revit difieran de la otorgada por la vista del anfitrión lo primero que haremos será clicar sobre *Por vista de anfitrión*.

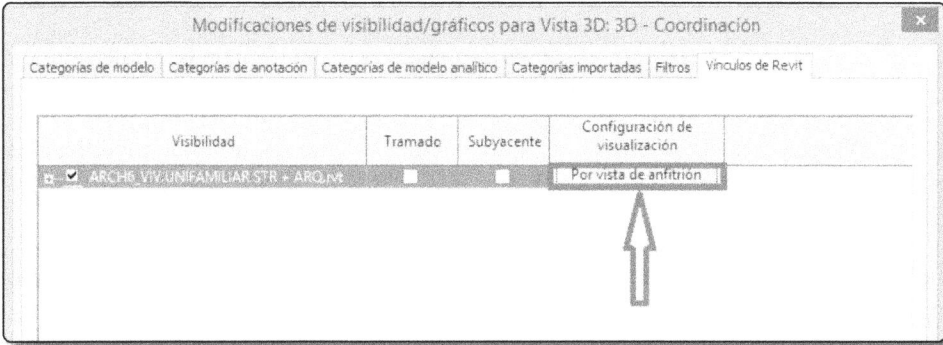

Al pulsar se abrirá la ventana de configuración de visualización de vínculos RVT.

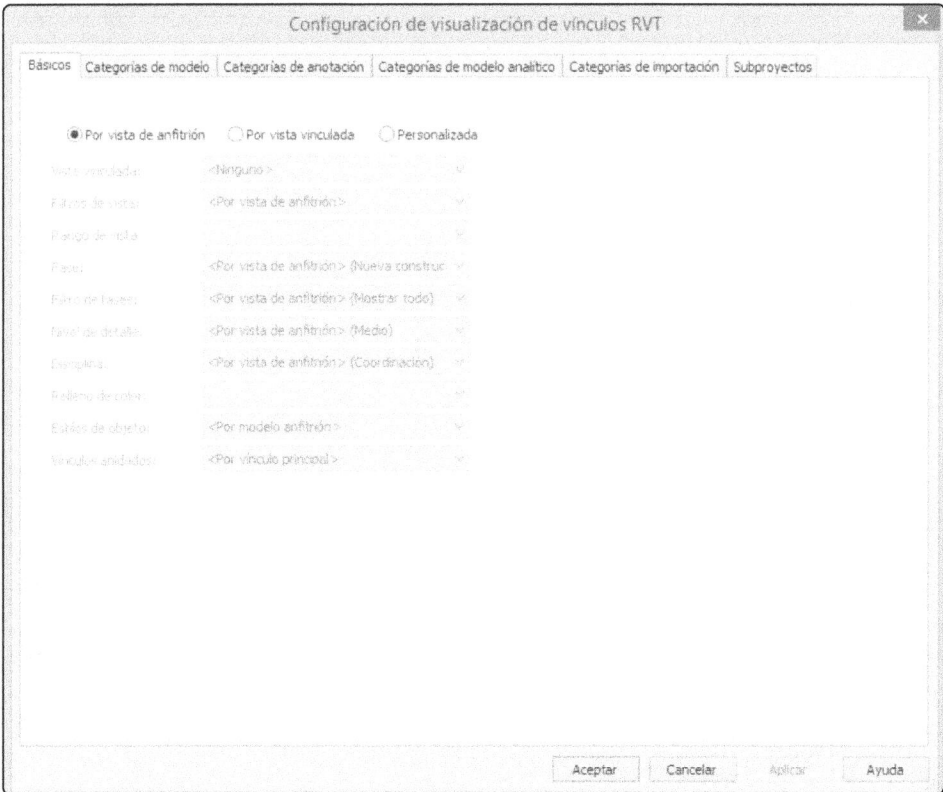

Para personalizarla no tendemos más que marcar la casilla de *Personalizada*.

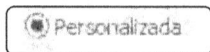

Desde este momento ya podremos acceder y modificar la configuración visual de todas las categorías que ofrece dicha ventana.

Veremos un ejemplo en el que puede resultar de utilidad modificar la visibilidad del vínculo.

Usaremos el caso práctico que poco a poco vamos realizando de la vivienda unifamiliar, abriremos el archivo donde modelaremos las instalaciones con el vínculo cargado de Arquitectura y Estructura.

Una vez abierto acudiremos a una vista de Alzado (cualquiera de ellas) donde podemos observar que están representados los niveles del modelo vinculado y los del propio proyecto de instalaciones.

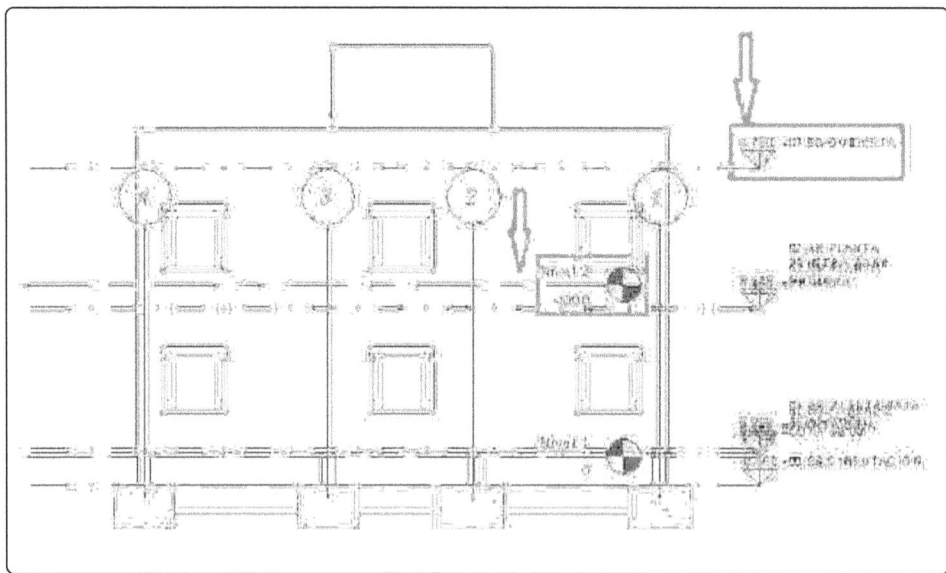

En este caso no usaremos una herramienta que podría ser de utilidad llamada copiar supervisar, la cual permite copiar elementos de los vínculos en el proyecto actual y son modificados si se realiza algún cambio en los modelos originales, además de saltar una alerta en el caso de modificaciones.

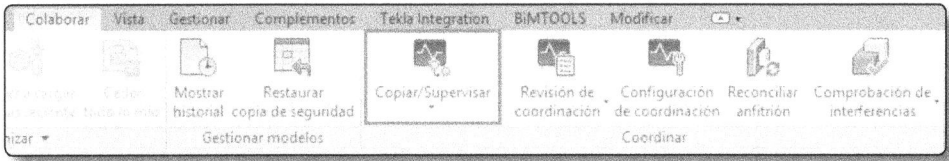

Como no vamos a supervisar el modelo, lo que haremos será adecuar los niveles existentes en nuestra plantillas a los que procedan de la arquitectura y estructura.

Para ello otorgaremos las siguientes cotas de nivel (las unidades por defecto de la plantilla son mm) a los niveles con los nombres Nivel 1 y Nivel 2.

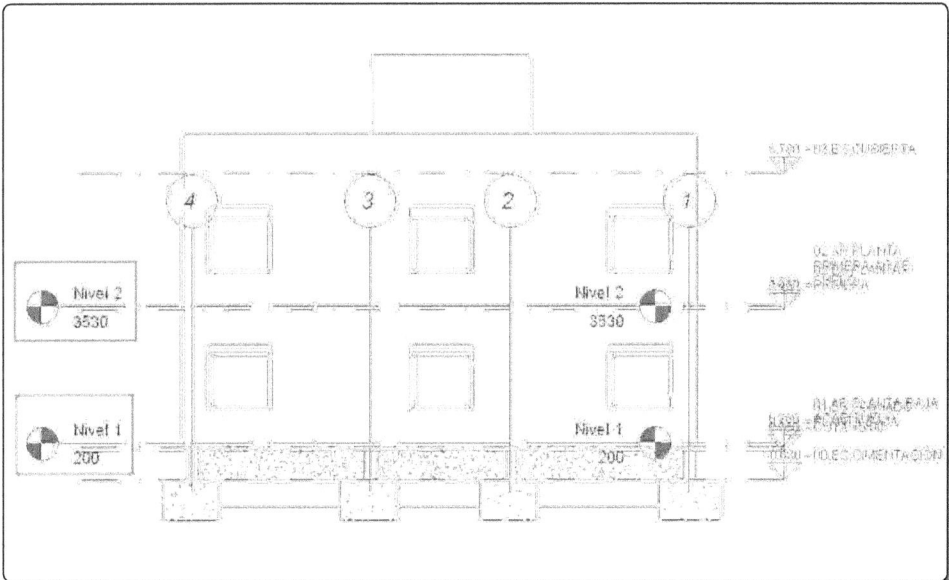

El siguiente paso para que no ocasiones molestias será ocultar los niveles del vínculo.

Para ello pulsaremos las teclas vv de forma consecutiva, tras este proceso se abrirá el siguiente cuadro.

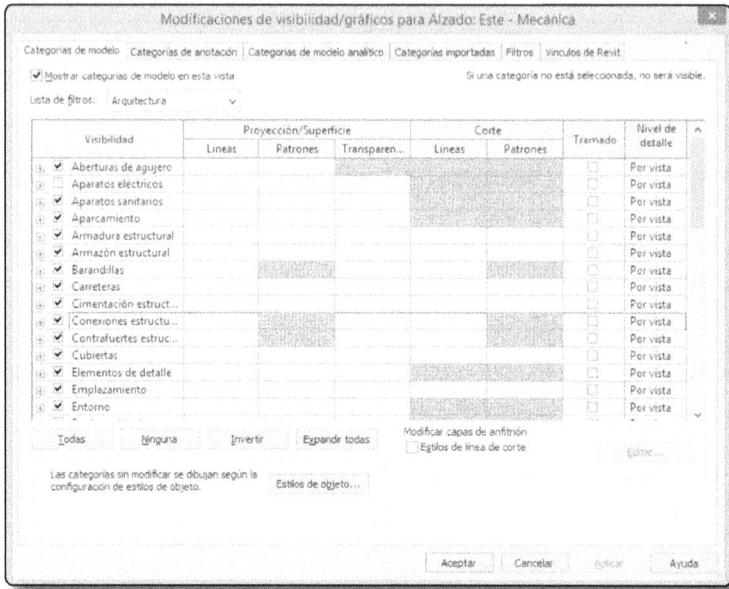

Acudiremos a la pestaña *Vínculos de Revit* y pulsaremos en Por vista de anfitrión.

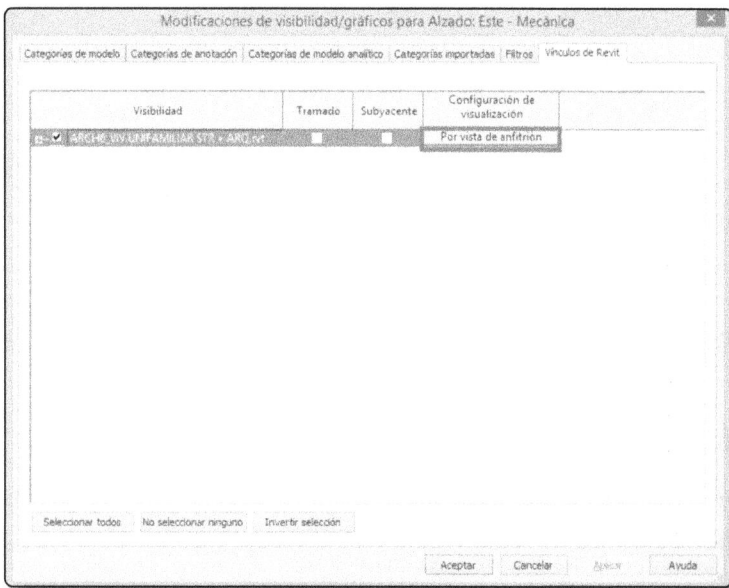

Se abrirá la siguiente ventana, en la que seleccionaremos la casilla de personalizar.

Seguidamente acudiremos a la pestaña de categorías de anotación. Seleccionaremos la opción *Personalizado*.

Por último, desactivaremos la casilla de *Niveles*.

Aceptaremos las ventanas que sean necesarias y tendremos que tener una visualización de la vista de Alzado similar a la que se muestra a continuación.

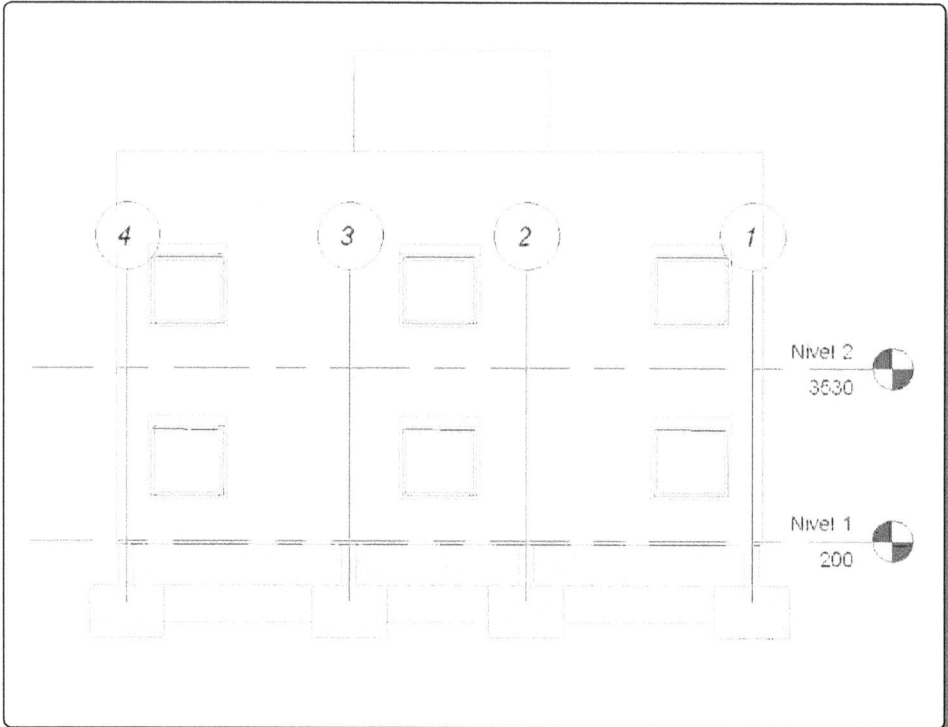

Se adjunta fichero con los avances realizados hasta el momento.

ARCH7_VIV.UNIFAMILIAR INSTALACIONES

---

### ⓘ NOTA

Llegados a este punto y al tener un proyecto vinculado en el modelo, se recomienda que los archivos no sean cambiados de ubicación, ya que de lo contrario sería imprescindible recargar el vínculo para que esté activo y visible.

## 4.5  IMPORTAR ARCHIVOS DE NAVISWORKS

A partir de la versión de Revit 2018 podremos vincular archivos de naviswork, el procedimiento se describe a continuación.

Desde un nuevo proyecto iremos a la Ficha Insertar, Grupo Vincular, Herramienta Modelo de coordinación.

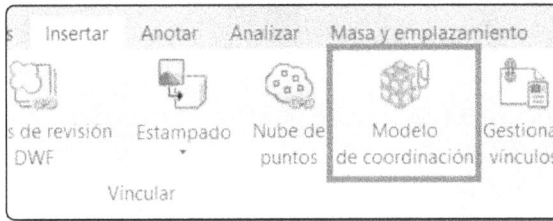

Se abrirá la siguiente ventana desde la que escogeremos el archivo .nwd o .nwc pulsando en añadir.

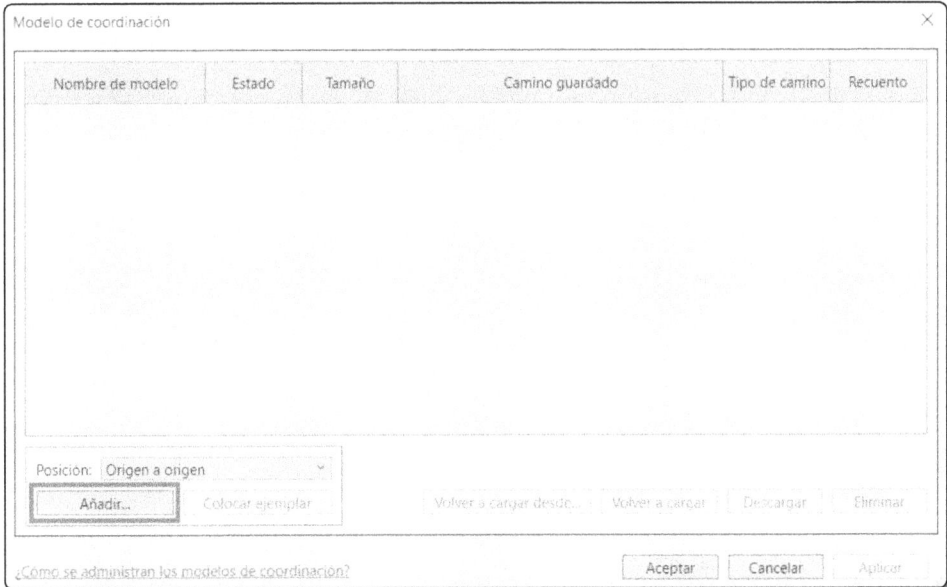

Seleccionaremos el archivo .nwc y aparecerá cargado en la ventana, después únicamente deberemos pulsar en **Aceptar**.

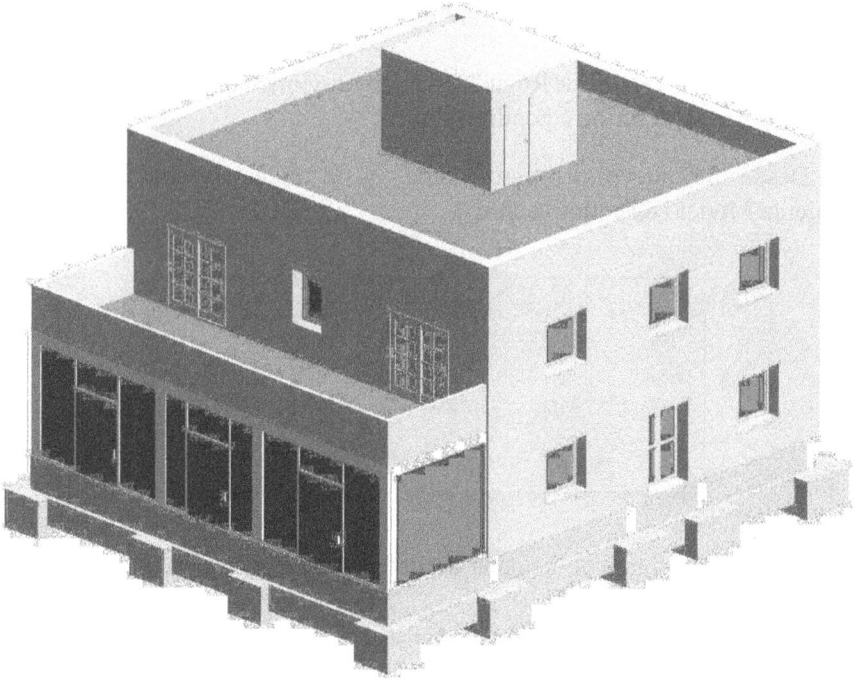

# 5

## INTRODUCCIÓN A LA GESTIÓN Y ADAPTACIÓN DE FAMILIAS MEP

### 5.1 INTRODUCCIÓN A LAS FAMILIAS MEP

Una familia es un elemento formado por un conjunto de propiedades o parámetros y una representación gráfica o geometría 2 y 3D.

Dependiendo con que plantilla sea creada cada familia tendrá una categoría u otra, es decir, si utilizamos una plantilla de mobiliario al cuantificar dicho elemento aparecerá en la tabla correspondiente a mobiliario, si por el contrario es utilizada como base la plantilla de equipo mecánico para poder hacer el recuento de ese elemento dentro de un proyecto, tendremos que seleccionar a la hora de elegir las tablas de planificación la cuantificación de equipos mecánicos.

Todas las familias pueden ser cambiadas de categoría desde el editor de familias.

En la siguiente imagen se muestran las categorías que pueden asignarse a una familia MEP dentro de Revit.

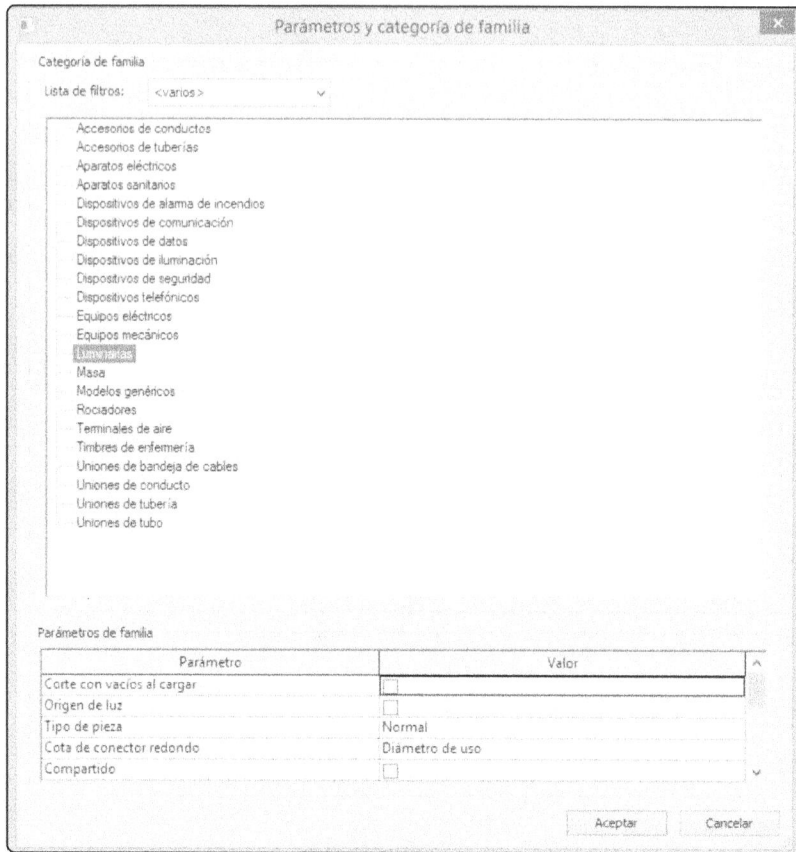

Es sumamente importante que cada familia sea planificada de forma meticulosa y asignada a la categoría correcta, ya que de no ser así podrían ocasionarse grandes conflictos a la hora de realizar recuentos y mediciones.

Dentro de las familias cargables MEP de Revit distinguiremos tres grandes grupos o subdisciplinas dentro de las cuales quedan englobados todos los tipos:

▼ Fontanería: Dentro de la cual podemos encontrar familias del tipo como bañeras, lavabos, inodoros, válvulas, arquetas, etc.

▼ Mecánica: Dentro de la cual podemos encontrar familias del tipo como calderas, fancoils, climatizadoras, rejillas de difusión, etc.

▼ Eléctricas: Dentro de la cual podemos encontrar familias del tipo como tomas de corriente, interruptores, luminarias, alarmas, tomas de datos, etc.

## 5.2 FAMILIAS DE FONTANERÍA

Comenzaremos la explicación de este apartado abriendo una familia cualquiera de fontanería, por ejemplo, una bañera.

Para ello desde la pantalla inicial de Revit pulsaremos en el apartado de familias en *Abrir*.

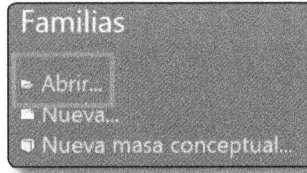

Al abrirse la ventana para seleccionar la familia tendremos que seguir la siguiente ruta.

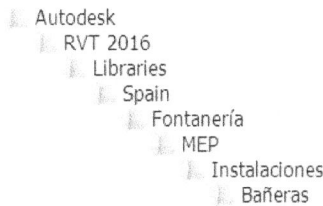

```
Autodesk
   RVT 2016
      Libraries
         Spain
            Fontanería
               MEP
                  Instalaciones
                     Bañeras
```

Una vez dentro de la carpeta de Bañeras seleccionaremos la familia M_Bañera - Maestro.

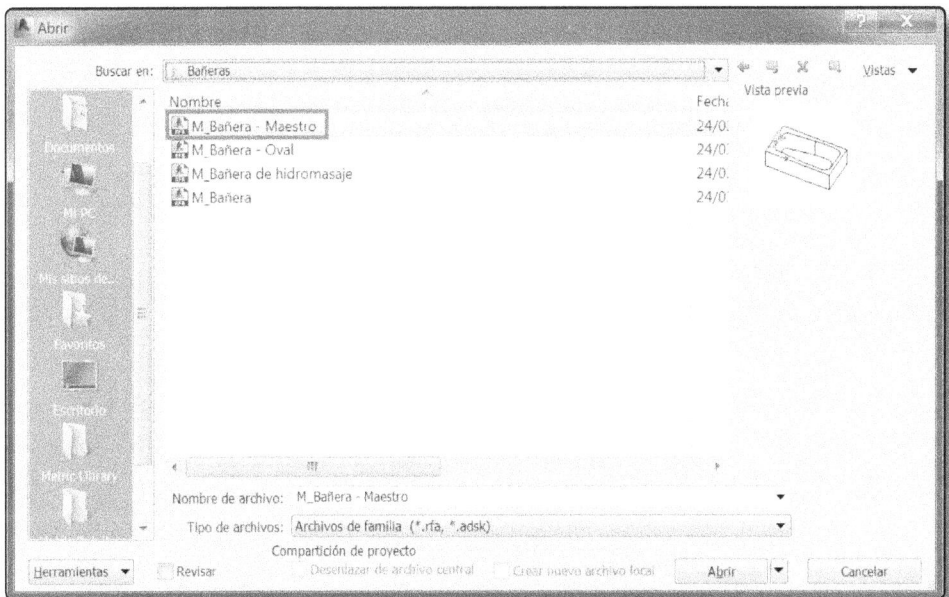

Lo primero que haremos será acudir al icono que se muestra en la imagen para comprobar en que categoría de familia se encuentra.

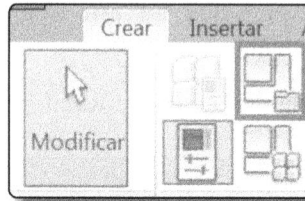

Se abrirá la siguiente ventana en la que podremos ver que la categoría que tiene es la de aparatos sanitarios.

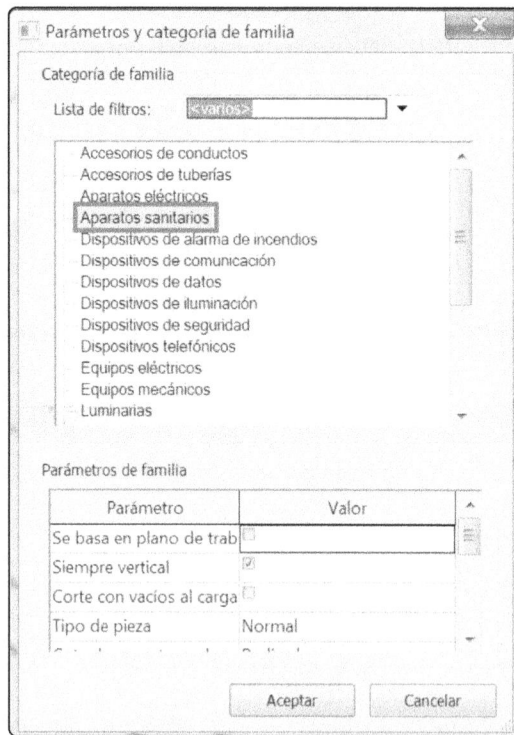

En este tema no veremos cómo crear la geometría tridimensional de una familia, pero sí cómo añadir elementos que dan la categoría de familia MEP a un objeto paramétrico.

Uno de los elementos más importantes que distinguen a una familia MEP son los conectores que integran.

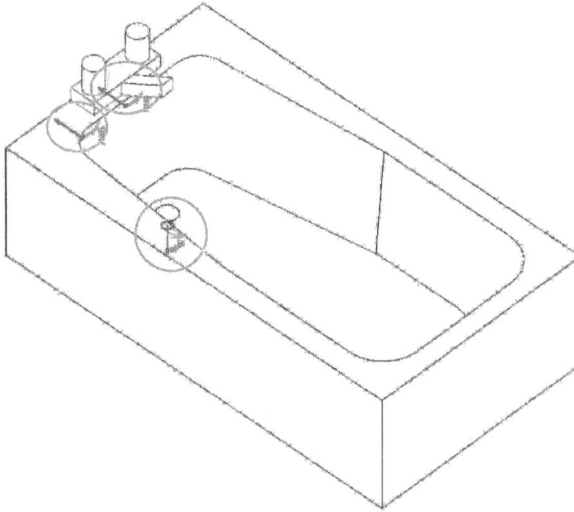

Los conectores son elementos no gráficos que permiten asociar las familias MEP a los diferentes sistemas y redes de tuberías dentro de un proyecto de instalaciones.

Los conectores únicamente podrán insertarse en caras planas modeladas en la familia. Estos conectores siempre tomarán el centro de la cara o plano de trabajo para colocarse, por lo que para posicionarlos en su lugar correcto en ocasiones tendremos que crear geometrías exclusivas.

Veremos lo comentado con un ejemplo (este ejercicio es únicamente un complemento al tema de los conectores)

Partiremos de una geometría sencilla como por ejemplo un prisma.

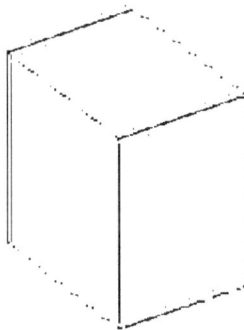

Para colocar un conector iremos a la Ficha Crear, Grupo Conectores, Herramienta Conector de tuberías (por ejemplo).

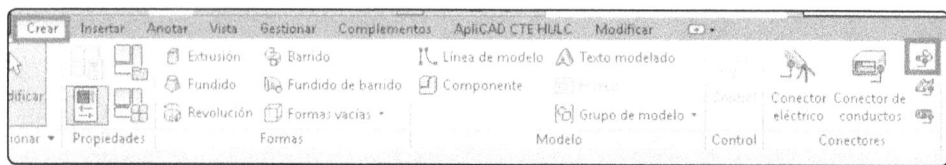

Al seleccionar la herramienta el programa nos da la opción de cómo queremos colocar dicho conector, en una cara o en plano de trabajo.

Normalmente la forma más sencilla es usar una cara de la geometría.

El siguiente paso es seleccionar la cara en la que se desea ubicar el conector.

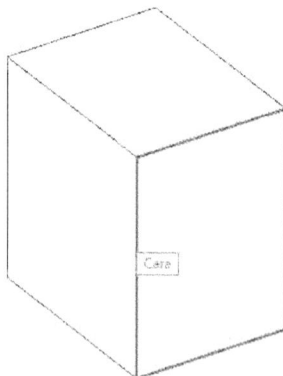

Al pulsar sobre la cara se colocará un conector de la categoría seleccionada de unas dimensiones predefinidas.

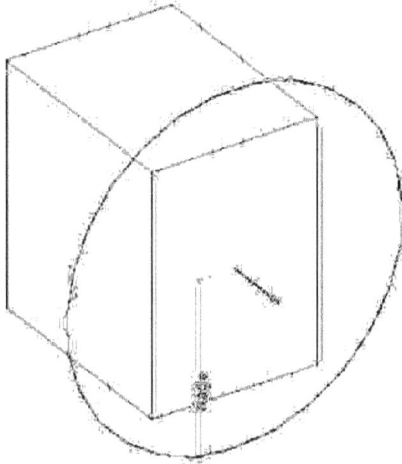

Si nos fijamos el conector se coloca automáticamente en el centro de la cara.

Esta circunstancia nos obliga si queremos colocar el conector en la parte inferior de la cara, a crearnos una geometría auxiliar y repetir el proceso explicado anteriormente.

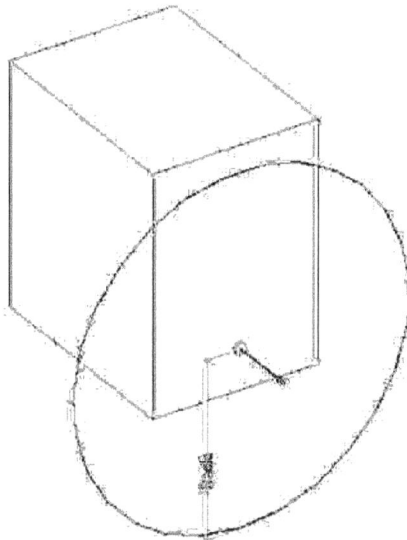

Podemos modificar las dimensiones del conector seleccionándolo y desde la tabla de propiedades proporcionarle las dimensiones necesarias.

Por defecto las unidades se encuentran en mm, automáticamente al realizar este cambio veremos que se ha producido la modificación en la geometría.

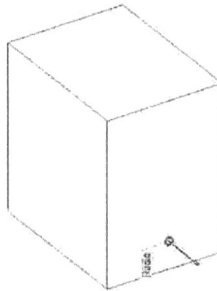

Existen diferentes tipos de conectores dependiendo a que sistema queramos unir el elemento.

Los conectores que podemos introducir son:

- ▶ Conector eléctrico
- ▶ Conector de conductos
- ▶ Conector de tuberías
- ▶ Conector de bandejas de cables
- ▶ Conector de tubos (eléctricos)

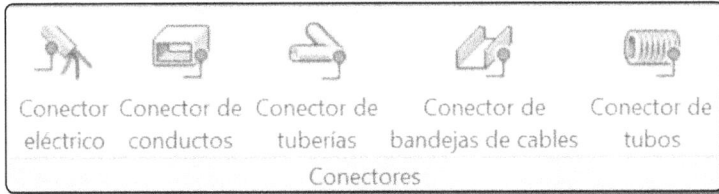

| Conector eléctrico | Conector de conductos | Conector de tuberías | Conector de bandejas de cables | Conector de tubos |

Conectores

## 5.2.1 Adaptación de familia genérica al CTE

Una de las grandes ventajas que tiene el uso de la metodología BIM es que softwares como Revit permiten el cálculo o predimensionamiento de diferentes instalaciones, en este caso veremos cómo adaptar la familia de "bañera" que habíamos visto anteriormente, para realizar el cálculo del caudal de agua que esta demanda, tanto para agua fría como para agua caliente sanitaria.

Para ello será necesario acudir a la tabla del código técnico CTE HS4 suministro de agua.

| Tabla 2.1 Caudal instantáneo mínimo para cada tipo de aparato | | |
|---|---|---|
| Tipo de aparato | Caudal instantáneo mínimo de agua fría [dm³/s] | Caudal instantáneo mínimo de ACS [dm³/s] |
| Lavamanos | 0,05 | 0,03 |
| Lavabo | 0,10 | 0,065 |
| Ducha | 0,20 | 0,10 |
| Bañera de 1,40 m o más | 0,30 | 0,20 |
| Bañera de menos de 1,40 m | 0,20 | 0,15 |
| Bidé | 0,10 | 0,065 |
| Inodoro con cisterna | 0,10 | - |
| Inodoro con fluxor | 1,25 | - |
| Urinarios con grifo temporizado | 0,15 | - |
| Urinarios con cisterna (c/u) | 0.04 | - |
| Fregadero doméstico | 0.20 | 0,10 |
| Fregadero no doméstico | 0.30 | 0,20 |
| Lavavajillas doméstico | 0,15 | 0,10 |
| Lavavajillas industrial (20 servicios) | 0,25 | 0,20 |
| Lavadero | 0,20 | 0,10 |
| Lavadora doméstica | 0,20 | 0,15 |
| Lavadora industrial (8 kg) | 0,60 | 0,40 |
| Grifo aislado | 0,15 | 0,10 |
| Grifo garaje | 0,20 | - |
| Vertedero | 0,20 | - |

**Caudales mínimos instantáneos de suministro**

La tabla 2.1 recoge los caudales mínimos admisibles, por lo que pueden emplearse caudales mayores de diseño si se considera oportuno.

En el dimensionado, deberán tenerse en cuenta los coeficientes de simultaneidad.

Para este ejemplo usaremos la bañera de 1,4 m o más, por lo tanto, los caudales serán los que aparecen en la tabla 2.1.

Para introducir estos datos y que, posteriormente, funcionen dentro del proyecto de Revit, tendremos que seleccionar primeramente el conector de Agua fría.

Si observamos la tabla de propiedades veremos los valores que trae por defecto.

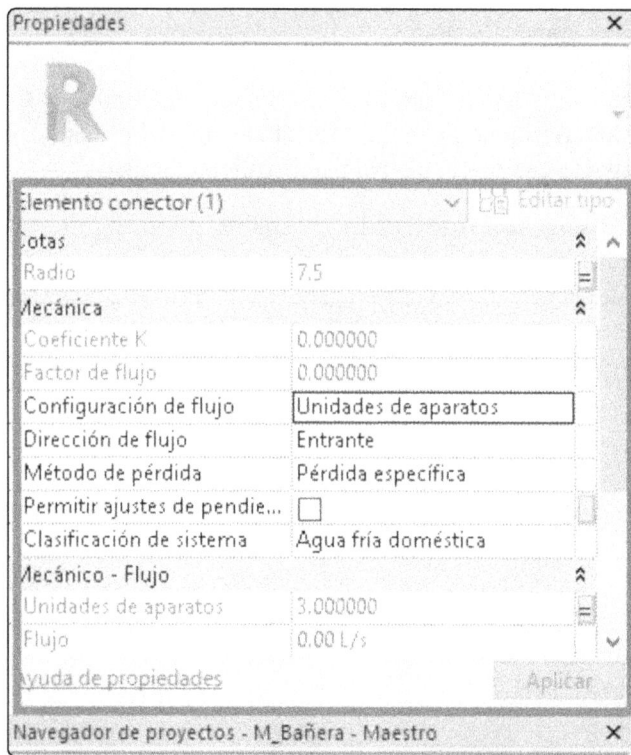

Estos valores no se encuentran adaptados a la normativa española por lo que será necesario cambiarlos.

En cada uno de los diferentes desplegables deberemos marcar o introducir los parámetros que se muestran en la siguiente imagen.

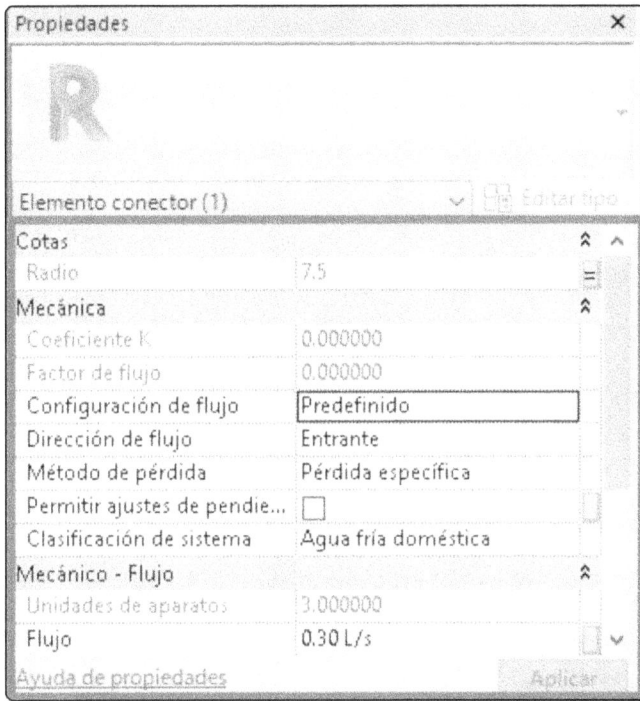

Al seleccionar el parámetro "Predefinido" en configuración de flujo, podremos introducir el valor numérico del flujo que se encuentra unas filas más debajo de la tabla.

En este caso según marca la norma introduciremos 0,30 L/s.

Procederemos de la misma forma con el conector de ACS.

En este caso según marca la norma introduciremos 0,20 L/s.

Le seleccionaremos e introduciremos los valores que se muestran a continuación.

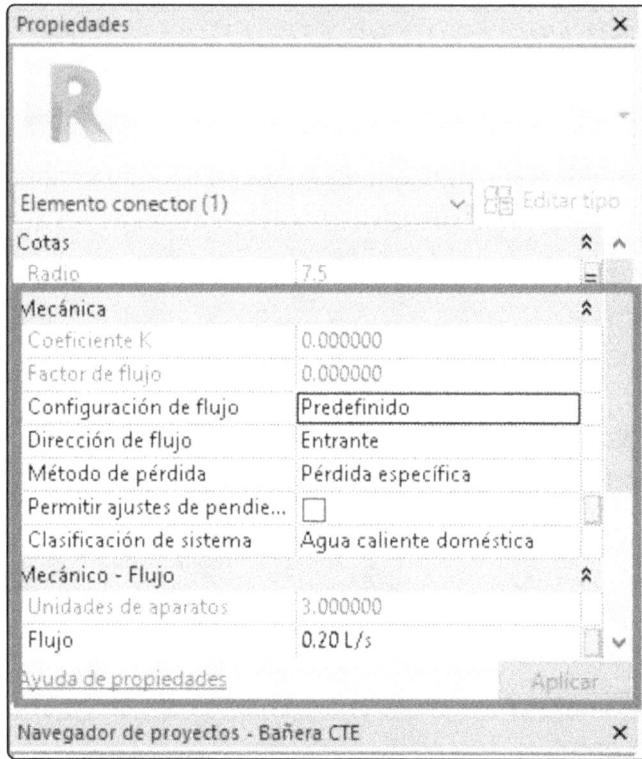

De esta misma forma podremos actuar con el resto de aparatos sanitarios que sean necesarios para desarrollar un proyecto.

> (i) **NOTA**
>
> Para añadir el caudal de ACS de 0,065 l/s y no sea redondeado a 0,70 l/s deberemos cambiar el redondeo de las unidades en la disciplina de fontanería en el apartado de Flujo.

En la siguiente imagen podremos observar el recuento de los caudales de los aparatos sanitarios que componen un baño común, en los diferentes tramos de la instalación.

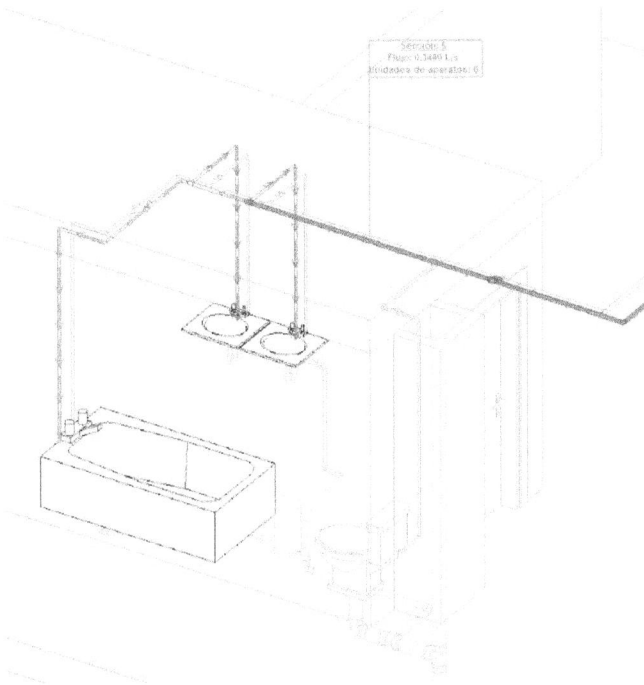

| Sistemas | Flujo | Tamaño |
|---|---|---|
| Sin asignar (0 elementos) | | |
| Mecánica | | |
| Fontanería | | |
| Electricidad | | |
| Mecánica (0 sistemas) | | |
| Fontanería (6 sistemas) | | |
| Agua caliente doméstica | | |
| Agua caliente doméstica 1 | 0.3400 L/s | |
| Bañera CTE: 1675 m... | 0.2000 L/s | 20 mm |
| Lavabo flujos CTE: 53... | 0.0700 L/s | 20 mm |
| Lavabo flujos CTE: 53... | 0.0700 L/s | 20 mm |
| Agua fría doméstica | | |
| Agua fría doméstica 2 | 0.6000 L/s | |
| Bañera CTE: 1675 m... | 0.3000 L/s | 20 mm |
| Inodoro CTE: Público... | 0.1000 L/s | 20 mm |
| Lavabo flujos CTE: 53... | 0.1000 L/s | 20 mm |
| Lavabo flujos CTE: 53... | 0.1000 L/s | 20 mm |
| Sanitario | | |
| Electricidad (0 sistemas) | | |

Navegador de sistema - Proyecto Ejemplo

Vista: Sistemas — Todas las disciplinas

## 5.2.2  Adaptación gráfica 2D para familias de fontanería

Cuando utilizamos familias genéricas de Revit o incluso de los propios fabricantes de aparatos sanitarios, en ocasiones es posible que su grafismo 2D no se adapte a nuestro estándar de empresa, o no tenga la representación en 2D que nos gustaría que tuviese.

En este apartado veremos cómo introducir líneas de anotación en la vista de planta de una familia para representar la salida de agua caliente y de agua fría con unas flechas de color rojo y azul respectivamente.

Para comenzar volveremos a abrir la familia de "Bañera" que tenemos adaptada con los flujos a Código Técnico.

Para poder insertar cualquier elemento de anotación en 2D como las flechas que indican los grifos de AF y ACS, tendremos que abrir la vista de planta de la familia. Al hacerlo veremos algo parecido a lo que muestra la siguiente imagen.

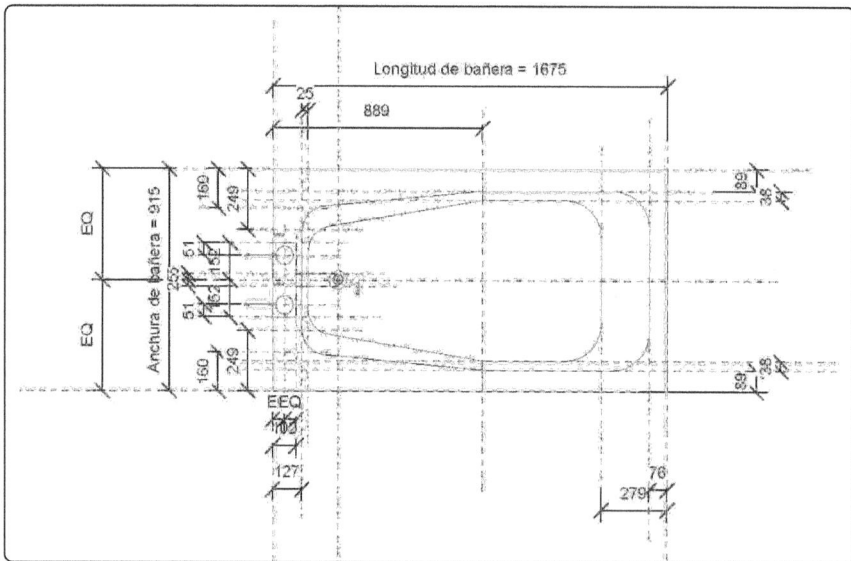

Todas las cotas que se ven en esta vista hacen referencia a los diferentes parámetros geométricos de la familia, por lo tanto tendremos que tener cuidado y no modificar ninguno.

Antes de dibujar ningún elemento de anotación configuraremos dos tipos de líneas una para agua fría y otra para agua caliente.

Iremos a la Ficha Gestionar, Grupo Configuración, Herramienta Estilos de objetos.

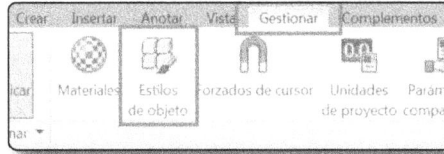

Al pulsar sobre la herramienta se abrirá la siguiente ventana, donde encontraremos los diferentes estilos de líneas que aparecen configuradas por defecto en esta familia.

Para crear un nuevo tipo de línea tendremos que pulsar sobre el icono de *Nuevo*.

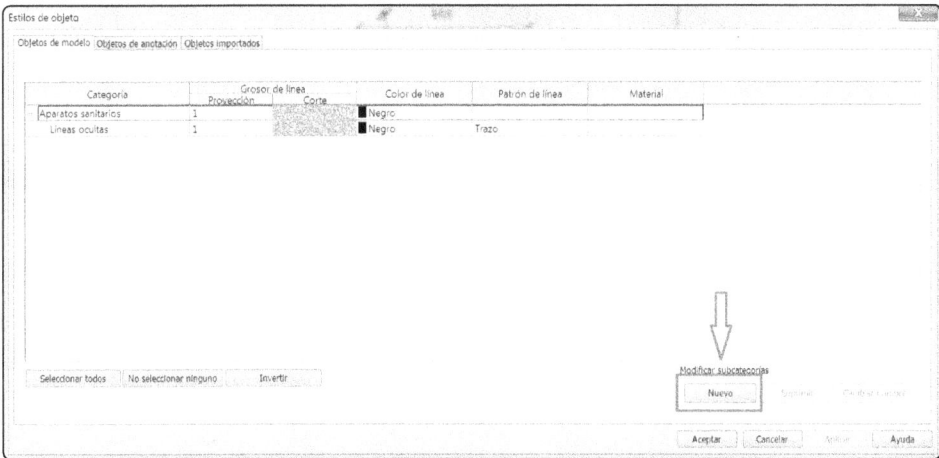

Se abrirá la siguiente ventana donde introduciremos el nombre del estilo de línea para posteriormente poder identificarla y seleccionarla.

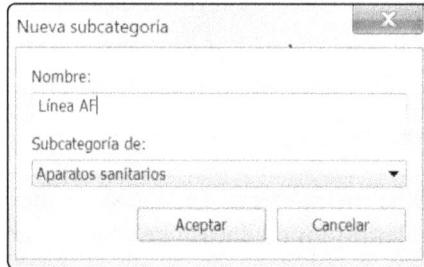

Al pulsar en aceptar veremos cómo se ha añadido a la lista de Categorías de línea y podremos configurar el grosor y color, de la misma forma crearemos la de ACS y otorgaremos los parámetros que se ven en la siguiente imagen.

Aceptaremos y se cerrará la ventana.

Desde la Ficha Anotar, Grupo Detalle, Herramienta Línea simbólica accederemos para crear las diferentes flechas de ACS y AF.

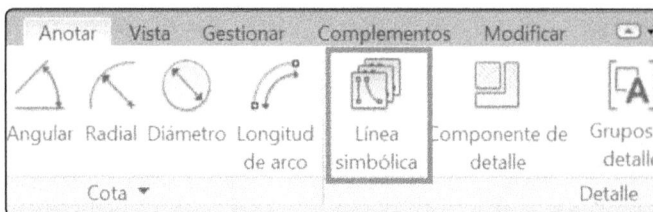

Al pulsar en la herramienta tendremos que seleccionar una de las líneas creadas anteriormente.

Seguidamente podremos proceder a dibujar el símbolo 2D con las herramientas habituales de dibujo, teniendo precaución y dibujar la flecha roja en el conector de ACS y la azul en el de AF.

Si queremos que el símbolo se pueda activar o desactivar podremos crear un parámetro de visibilidad, en este caso lo dejaremos para que sea visible todo el tiempo.

## 5.3 FAMILIAS MECÁNICAS

Para este apartado gestionaremos diferentes tipos de familias y veremos las posibilidades que permiten las plantillas de "Equipos Mecánicos".

Primeramente, veremos cómo trabaja y qué parámetros tiene una familia de caldera genérica.

Abriremos la familia de caldera siguiendo la siguiente ruta.

RVT 2018
 Libraries
  Spain
   Fontaneria
    MEP
     Equipo
      Calentadores de agua

En la carpeta de Calentadores de agua seleccionaremos la familia que se muestra en la siguiente imagen.

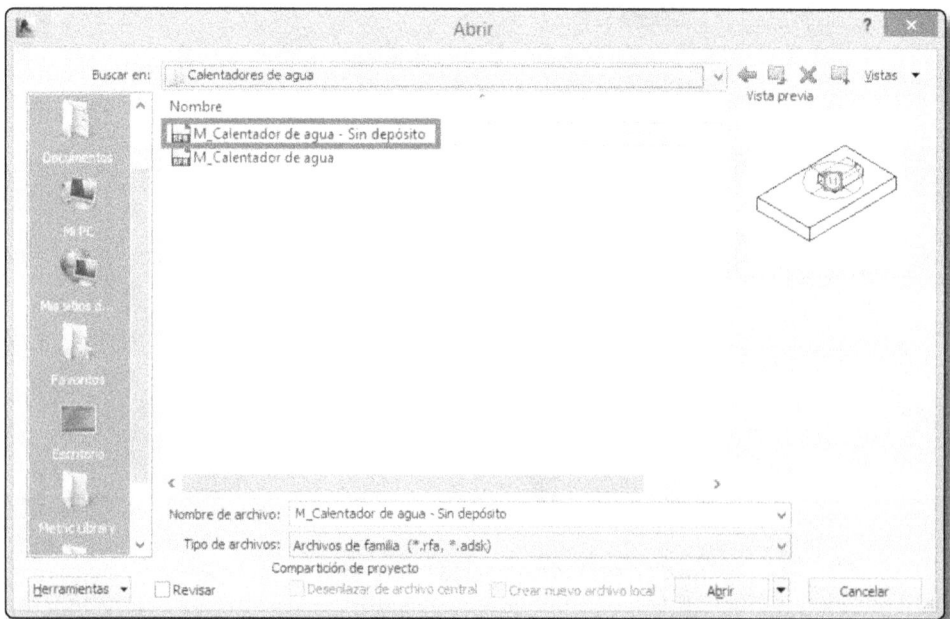

Al abrirla veremos seguramente una vista en 3D, donde podremos identificar los diferentes conectores introducidos en ella.

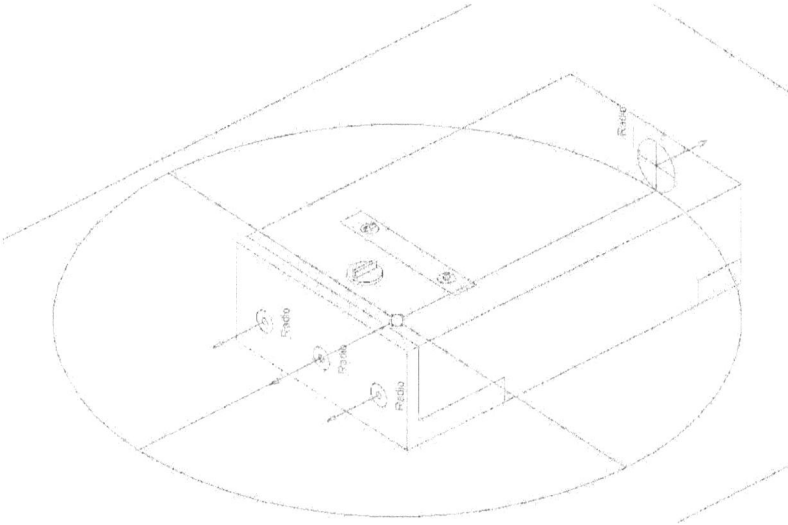

En la parte inferior de la caldera encontraremos los conectores relacionados con los sistemas de ACS, AFS y gas.

En la parte media esta familia dispone de un conector eléctrico.

Y en la parte superior encontraremos un conector mecánico correspondiente a la extracción este conector se introduce en la familia usando la herramienta de conectores de conductos.

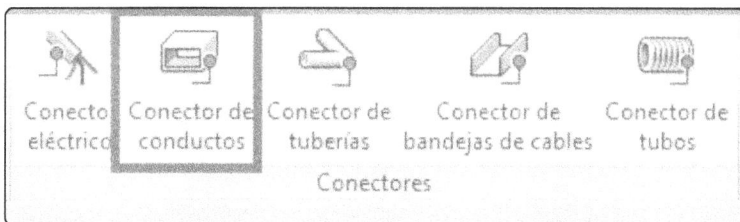

En este caso si seleccionamos el conector mecánico veremos en la tabla de propiedades que pertenece al sistema de aire viciado.

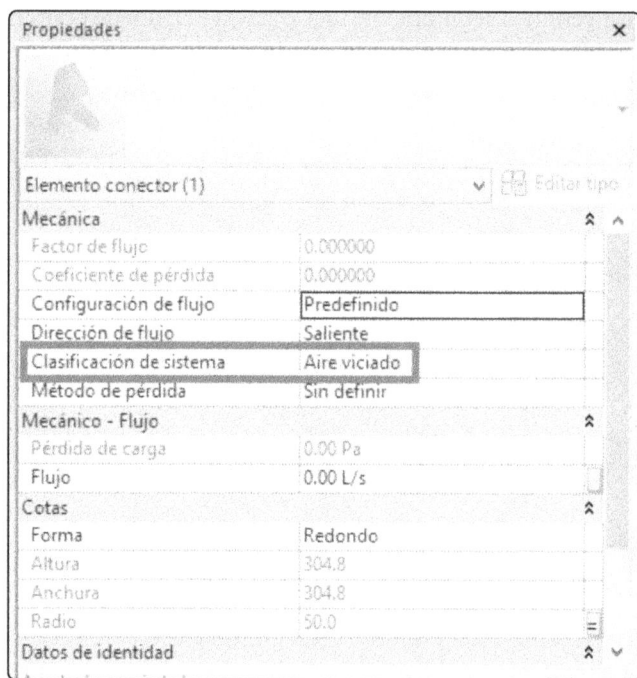

## 5.3.1 Tipos de sistemas mecánicos vinculados a los conectores

Dentro del apartado clasificación de sistema encontramos diferentes opciones que podemos elegir a la hora de clasificar el sistema que va unir el conector.

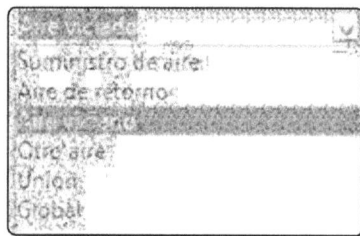

Es sumamente importante que los conectores sean clasificados correctamente dentro del sistema del que van a formar parte ya que, en caso contrario, habrá múltiples problemas tanto de grafismo como de cálculo, comprobación, clasificación, etc.

En el caso que dentro de un proyecto se cree un sistema nuevo que nada tiene que ver con los definidos por Revit es sumamente conveniente utilizar el sistema

"Otro aire", ya que todos los nuevos sistemas creados cogen las características del que se ha realizado el duplicado.

## 5.3.2 Análisis de familia de unión de conducto

Las familias de unión entre conductos pueden ser diversas, tales como, un codo, una transición, un pantalón, una cruz de derivaciones, etc.

De todos ellos estudiaremos y analizaremos la familia de un codo, ya que es la geometría es la más sencilla, pero contiene todos los elementos necesarios para comprender el funcionamiento de este tipo de familias.

Primeramente, abriremos la familia comentada.

Para ello la forma más sencilla es abrir un proyecto nuevo con la plantilla de mecánica que viene cargada por defecto.

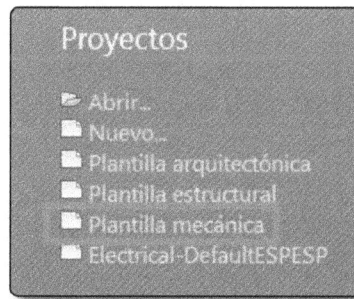

Dibujaremos dos tramos de conducto a 90° para que se genere automáticamente un codo con la configuración que viene por defecto.

Para ello desde la vista de planta que se abre por defecto iremos a la Ficha Instalaciones, Grupo Climatización, Herramienta Conducto.

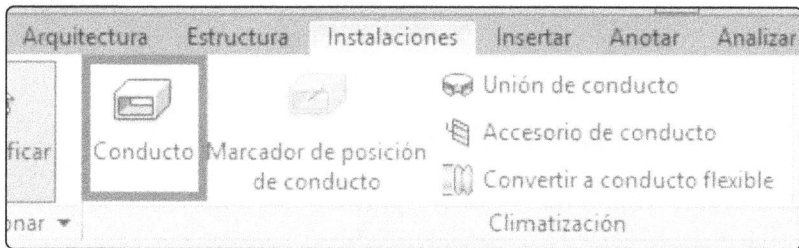

Cuando aparezca la herramienta activa haremos un primer clic, como muestra la imagen.

Cuando veamos un conducto vertical haremos otro clic y giraremos hacia la derecha haciendo un tercer clic para finalizar.

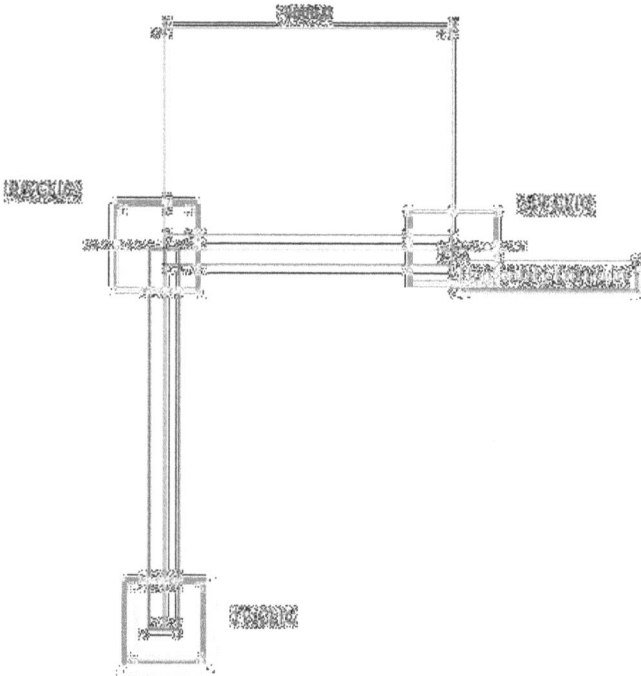

Al realizar el tercer clic automáticamente se creará el codo por el que hemos realizado estos tramos de conducto.

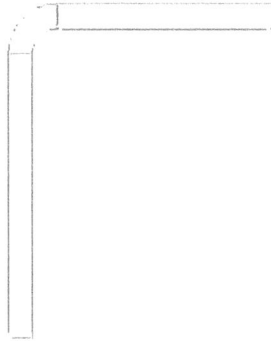

Si seleccionamos el conducto veremos que no es una familia cargable, ya que no podremos acceder al icono de Editar familia.

Pero si seleccionamos el codo aparecerá el mencionado icono, el cual si le pulsamos entraremos automáticamente en el editor de familias.

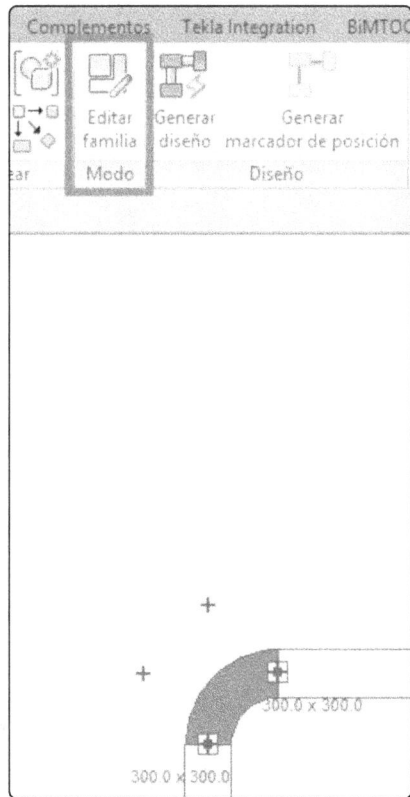

Veremos algo similar a lo que se muestra a continuación generalmente en una vista 3D.

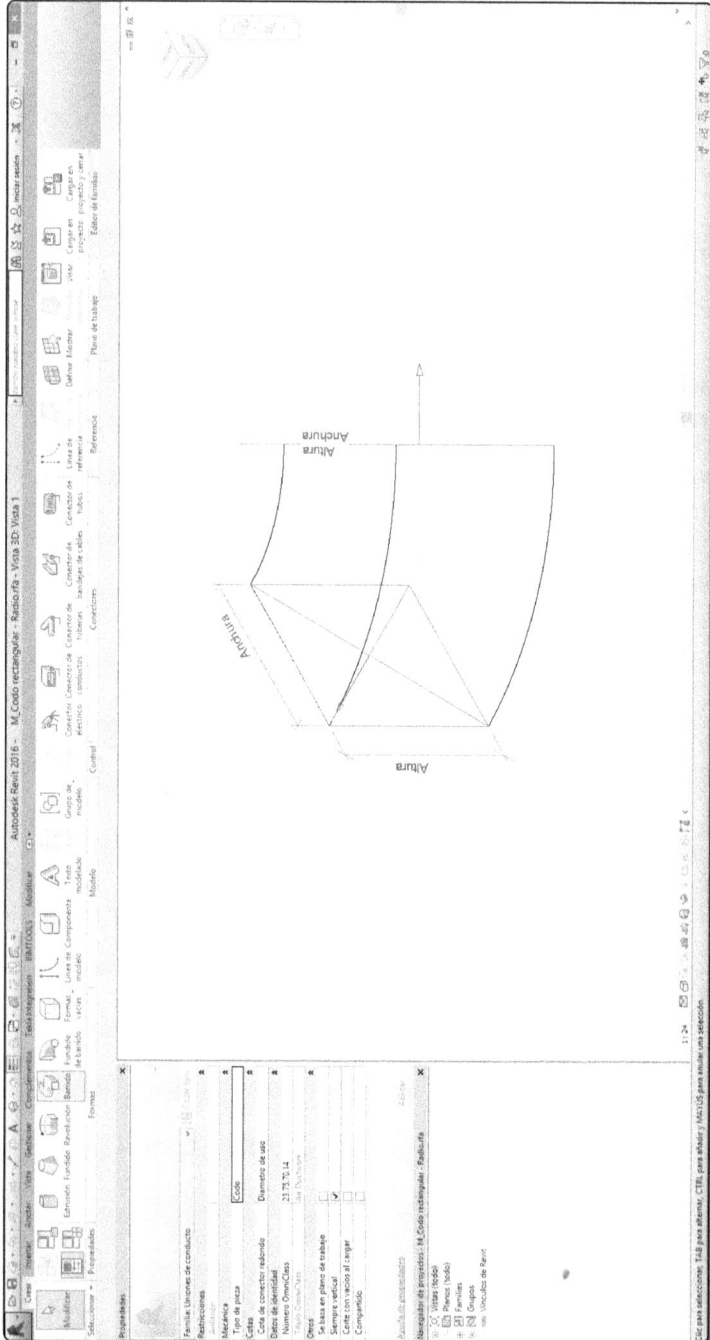

Lo primero que haremos será consultar a qué categoría pertenece la familia, y para ello pulsaremos sobre el icono que muestra la imagen.

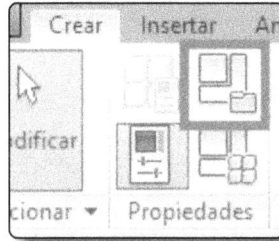

Automáticamente se abrirá la ventana de *Parámetros y categoría de familia*, desde la cual veremos que pertenece a la categoría de *Unión de conducto* y el tipo de pieza corresponde a un *codo*.

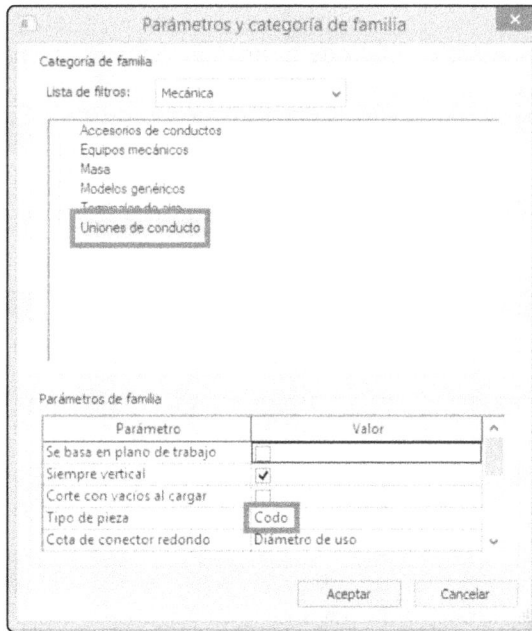

Para analizar la familia lo primero que haremos será abrir una vista de planta, donde veremos los diferentes parámetros gráficos que posee la familia.

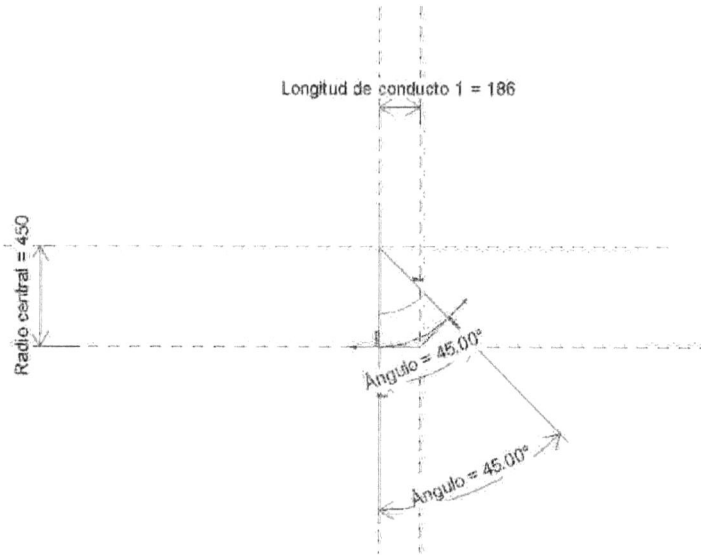

Si pulsamos sobre el icono de la imagen veremos los parámetros con sus respectivas fórmulas.

| Parámetro | Valor | Fórmula | Bloquea |
|---|---|---|---|
| **Gráficos** | | | |
| Usar escala de anotación (por defecto) | | = | |
| **Cotas** | | | |
| Anchura de conducto (por defecto) | 300.0 mm | = | ☑ |
| Multiplicador de radio | 1.500000 | = | |
| Longitud de conducto 1 (por defecto) | 186.4 mm | = Radio central * tan(Angulo / 2) | ☑ |
| Altura de conducto (por defecto) | 300.0 mm | = | ☑ |
| Radio central (por defecto) | 450.0 mm | = Multiplicador de radio * Anchura de conducto | ☑ |
| Ángulo (por defecto) | 45.000° | = | ☑ |
| **Datos de identidad** | | | |

Los otros parámetros de importancia que tiene esta familia son los vinculados a los conectores.

Para ver como se han introducido seleccionaremos uno de ellos.

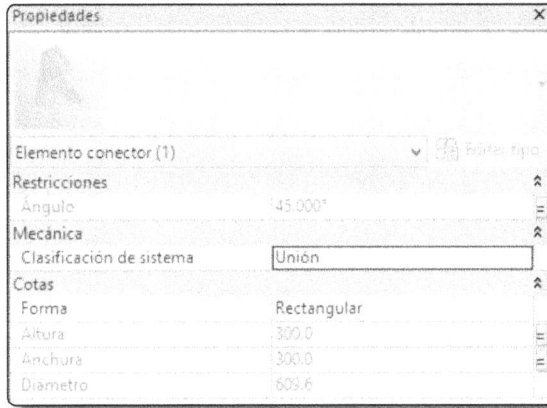

En la clasificación de sistema aparece el tipo Unión, ya que puede utilizarse para cualquier tipo de red mecánica.

Si nos fijamos a seleccionar un conector aparecen unas flechas que lo relacionan con el otro.

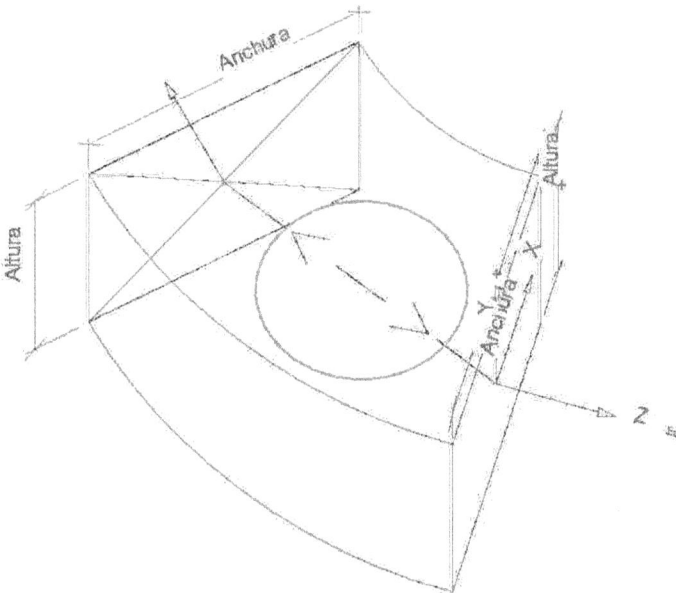

Este vínculo es necesario para que no aparezcan desconexiones en el sistema y todos los cálculos del mismo sean realizados de forma correcta, ya que de lo contrario cada vez que apareciera una unión de conducto el sistema quedaría abierto.

Para realizar ese vínculo en el caso que no estuviera hecho tendríamos que seleccionar un conector y pulsar sobre la herramienta vincular conectores.

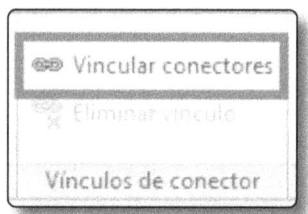

Seguidamente pulsaríamos sobre el otro conector y ya estaría creado el vínculo entre los conectores.

## 5.3.3 Análisis de familia de terminales de aire

Los terminales de aire son necesarios para transferir los flujos de aire de los aparatos mecánicos a las diferentes salas y viceversa.

Existen por defecto varios tipos de terminales de aire dentro de Revit.

Para acceder a ellos desde un proyecto de Revit únicamente habrá que abrir una plantilla de mecánica e introducir los tres primeros terminales de aire que vienen por defecto, usando la herramienta de *Terminal de aire*.

Los cuales son los que se muestran a continuación.

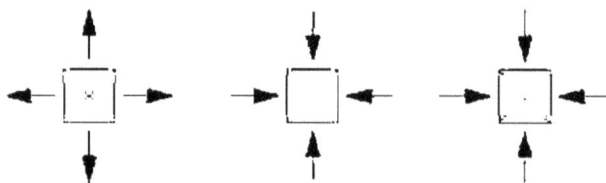

1. M_Difusor de suministro

   Esta familia se encuentra clasificada dentro del sistema de Suministro de aire (utilizado como elemento final de impulsión).

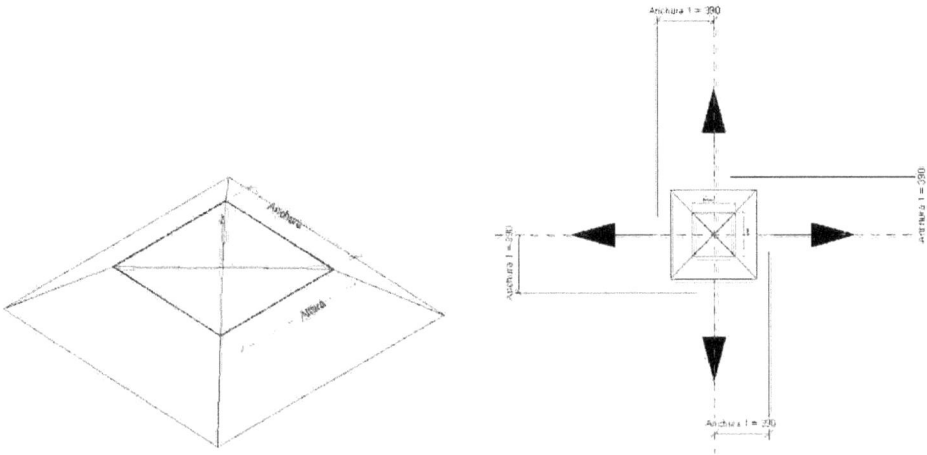

Desde la tabla de propiedades sin acceder al editor de familias puede gestionarse el grafismo de las flechas, activando o desactivando las casillas correspondientes.

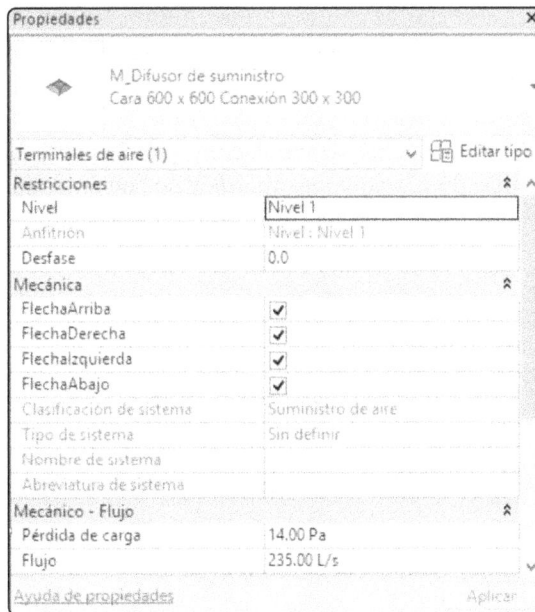

Si entramos dentro del editor de familias podemos observar que el conector presenta las siguientes características (son las adecuadas para que se corresponda con un difusor de suministro).

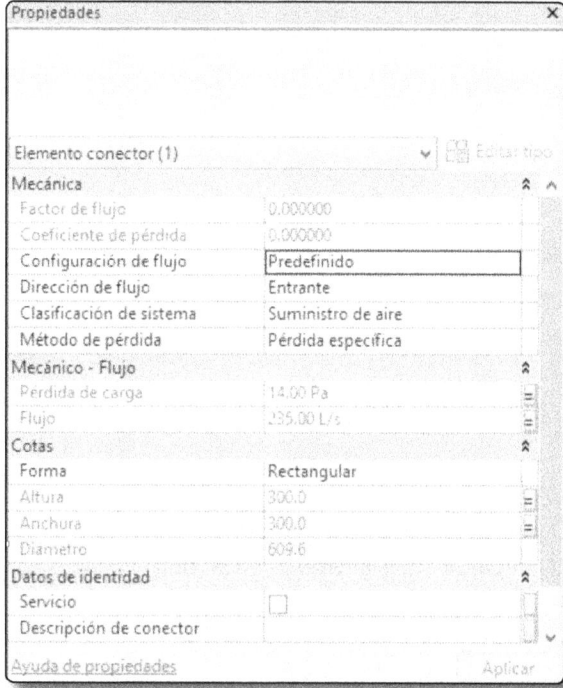

Si abrimos una vista de planta desde el editor de familias observaremos que los símbolos de anotación (las flechas) han sido creados como familias de *Elemento de detalle* y se han anidado.

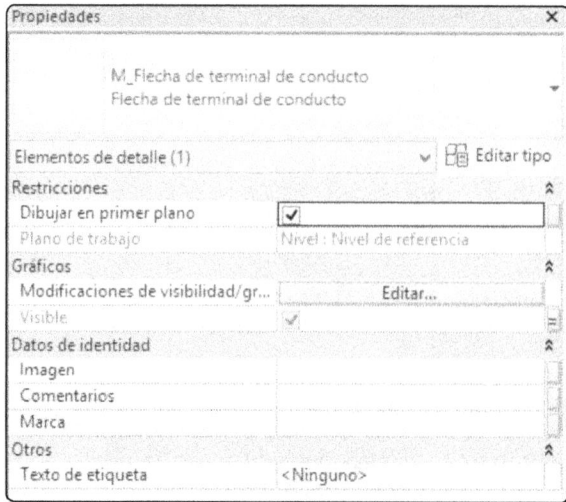

Dentro del apartado de Mecánico Flujo podemos observar que el parámetro de Flujo es editable y se trata de un parámetro de ejemplar por lo que podrá ser modificado en cada ejemplar del proyecto sin que afecte a todos los tipos de familia.

2. M_Difusor de ventilación

Esta familia se encuentra clasificada dentro del sistema de **Aire de retorno** (utilizada como elemento de retorno).

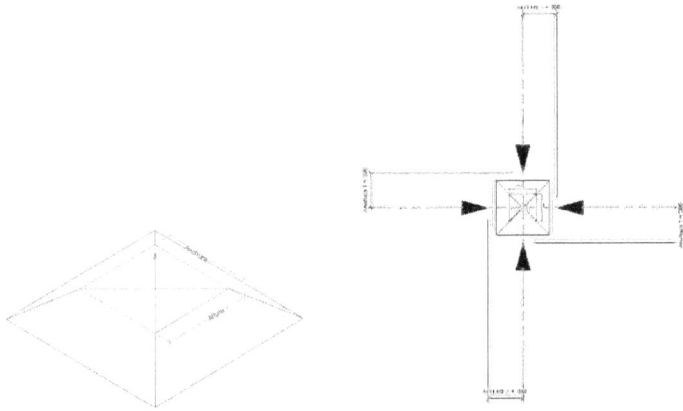

Los parámetros analizados para la primera familia son totalmente equiparables a esta, por lo que no repetiremos de nuevo lo explicado.

3. M_Rejilla de escape

Esta familia se encuentra clasificada dentro del sistema de Aire viciado (utilizada como elemento de extracción).

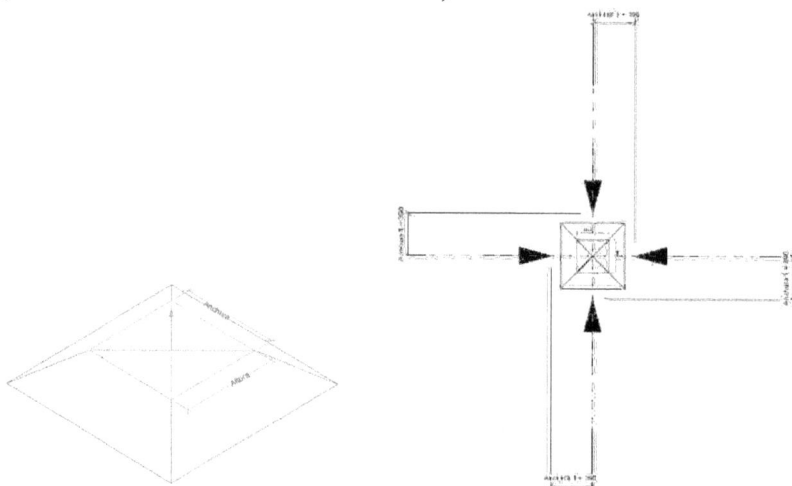

## 5.4 FAMILIAS ELÉCTRICAS

Las posibilidades que ofrece Revit para realizar proyectos de electricidad son muchas, el problema reside en la configuración de las plantillas y la adaptación de todas las familias de electricidad a la normativa específica de cada país.

Actualmente existen diversos programas y plugins complementarios a Revit que facilitan enormemente este trabajo.

En este tema veremos como adaptar gráficamente algunas familias eléctricas a la normativa española, para que su simbología y representación en vistas 2D se correspondan con la utilizada normalmente.

### 5.4.1 Adaptación gráfica de toma de corriente 16 A

Las tomas de corrientes son unos de los elementos más utilizados dentro de las familias de electricidad, por ello procederemos a adaptar su simbología en primer lugar.

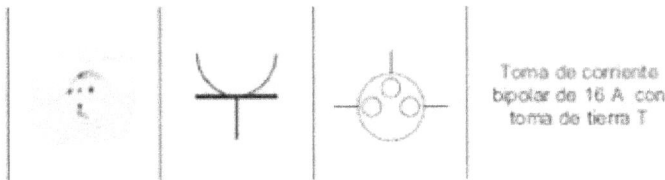

Toma de corriente bipolar de 16 A con toma de tierra T

Abriremos la familia que se muestra a continuación siguiendo la siguiente ruta.

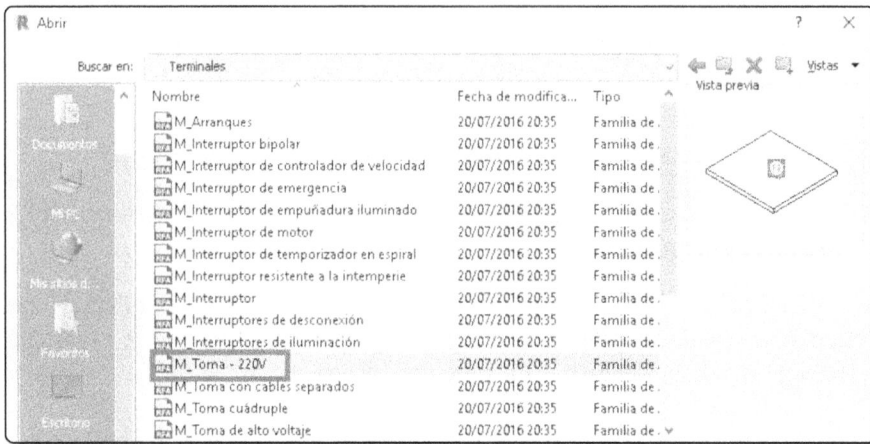

Al abrir la familia y entrar en la vista de planta accederemos al tipo de simbología que trae por defecto.

Para poder visualizarla de una forma correcta nos aseguraremos que la vista este por lo menos a escala 1:50.

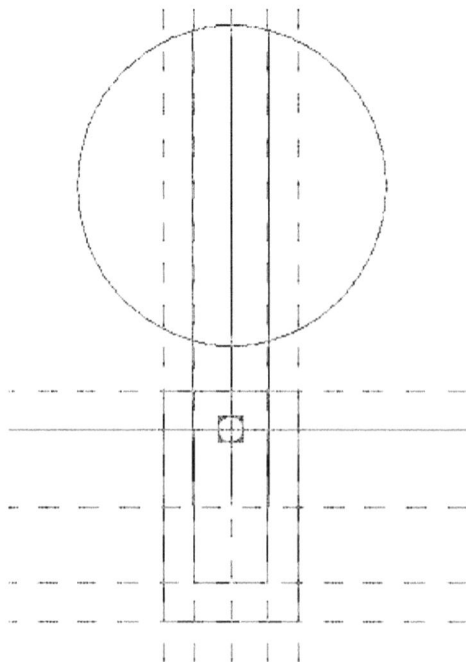

Al seleccionar el símbolo veremos que se trata de una familia de anotación anidada.

Crearemos nuestra propia familia de anotación para posteriormente insertarla.

Al tratarse de otra familia externa es importante abrir la plantilla utilizando el icono de interfaz de usuario.

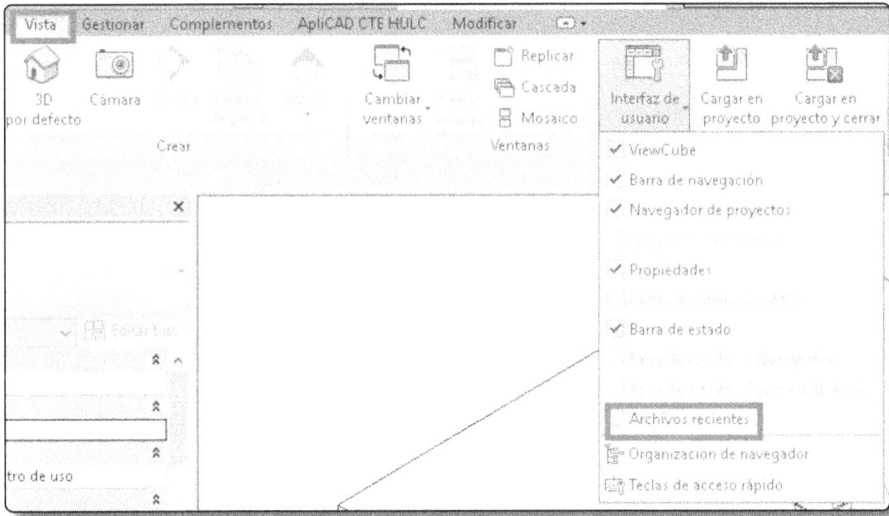

Abriremos una plantilla de anotación genérica, partiendo de una nueva, tal y como muestra la imagen.

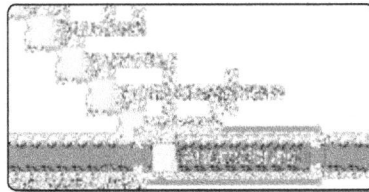

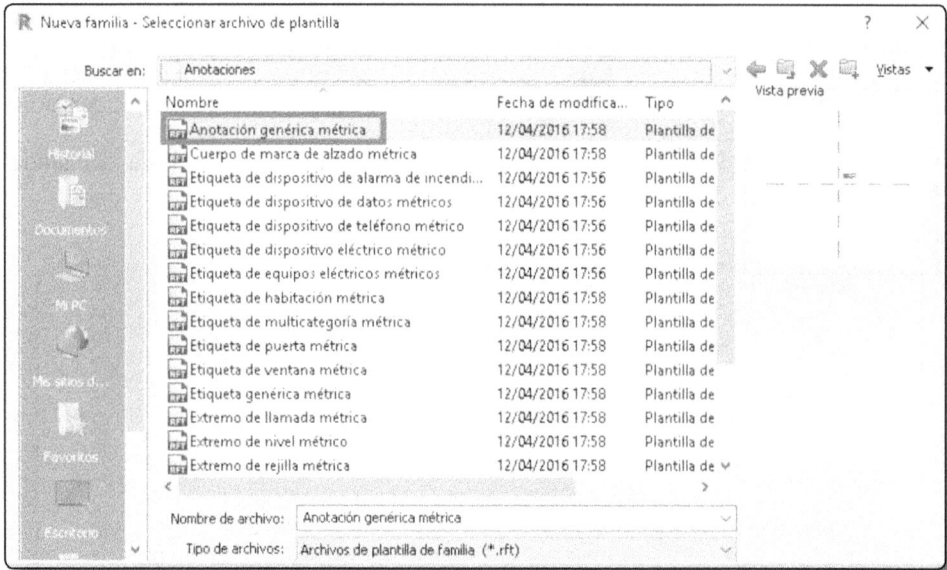

Deberemos borrar la nota que aparece en la vista.

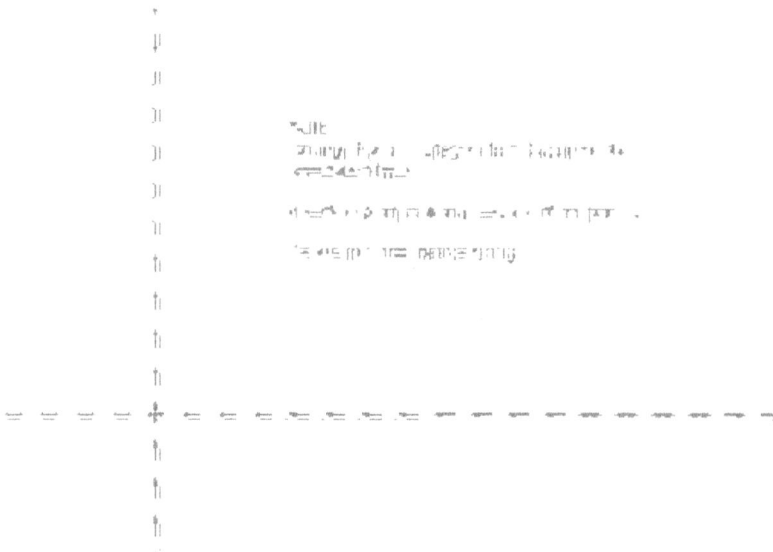

Utilizando las líneas de anotación dibujaremos la simbología correspondiente.

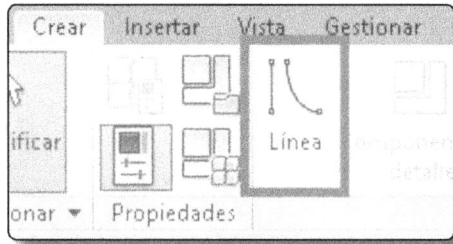

La categoría de línea será la que aparece por defecto.

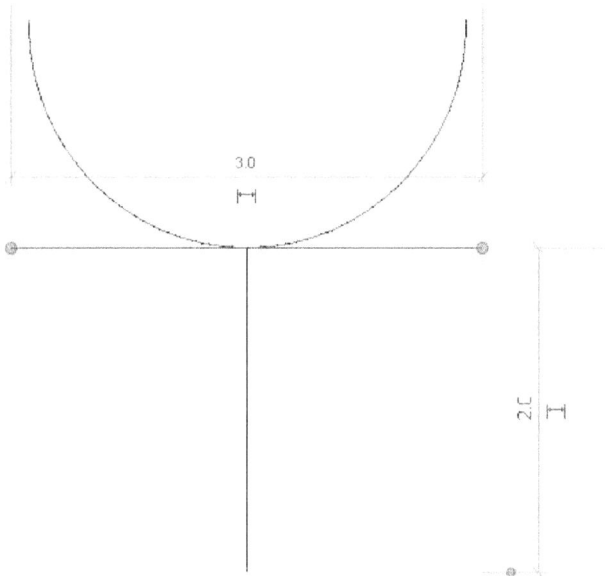

Guardaremos esta familia y la cargaremos como anidada en la de toma de corriente.

Para ello pulsaremos sobre el icono Cargar en proyecto.

Acudiremos a una vista de planta y la insertaremos.

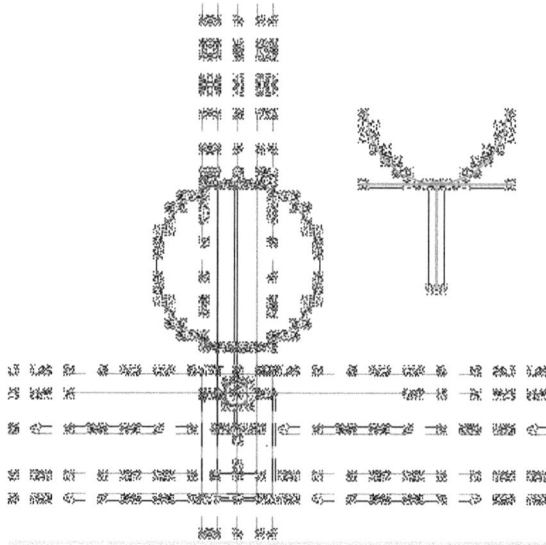

Para insertarla no tendremos más que hacer un clic en cualquier parte de la ventana de trabajo.

Seleccionaremos la familia de anotación que viene por defecto y la eliminaremos.

Después reubicaremos la que hemos creado.

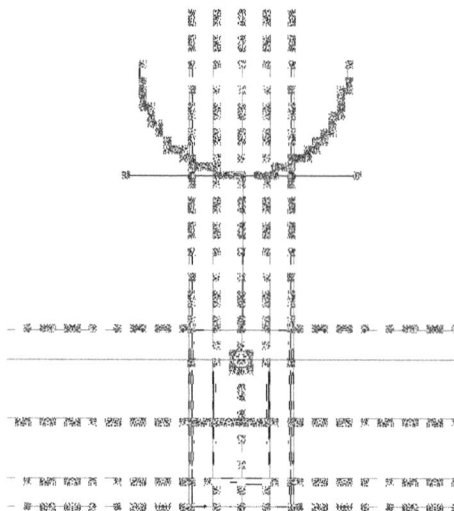

Cargaremos la familia en un proyecto para comprobar que funciona correctamente.

Este tipo de familias necesitan de un anfitrión de muro o un plano en el que ubicarse, por lo tanto tendremos que modelar un muro para poder insertarla y comprobar su funcionamiento.

Es imprescindible que la categoría de la familia de toma de corriente sea Aparato eléctrico.

De la misma forma se podrán adaptar otras familias como interruptores, luminarias, tomas de datos, etc.

## 5.4.2 Modelado de familia de sujeción de bandeja

En este ejercicio veremos como crear una familia de "hanger" o sujeción, muy utilizada y necesaria cuando realizamos proyectos de electricidad, sobre todo industriales, con un LOD 300 o superior.

Primeramente, será necesario decidir y estudiar a que categoría pertenecerá esta familia, por defecto Revit no dispone de una categoría para sujeciones de elementos, por lo que en este caso no nos complicaremos mucho y modelaremos la familia dentro de una plantilla de modelo genérico. En el caso que sea necesaria filtrarla de forma individual podemos usar otros parámetros para diferenciarla de otras familias de la categoría de modelo genérico.

Primeramente, abriremos la plantilla de familia de *modelo genérico métrico*.

Pulsaremos en Nueva y seleccionaremos la plantilla indicada para después abrirla.

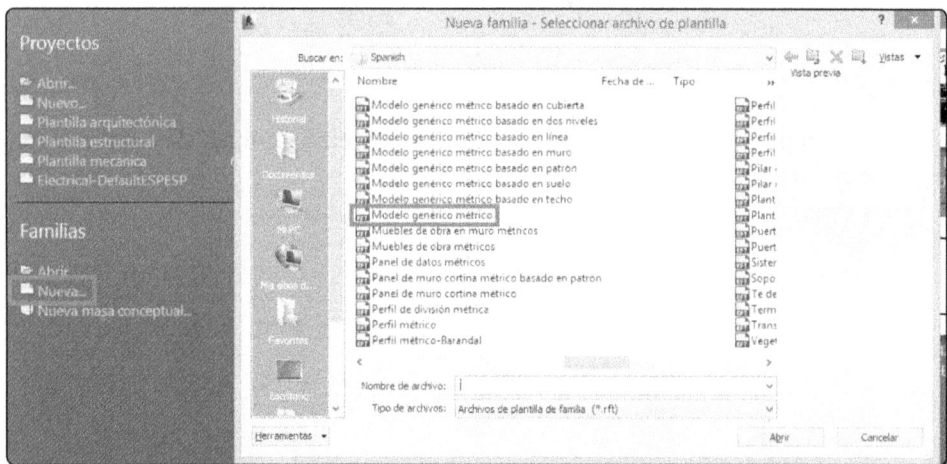

El primer paso será abrir una vista de alzado para poder dibujar el primer elemento del hanger.

Crearemos la primera geometría con una forma similar a la que se muestra utilizando la herramienta de Extrusión.

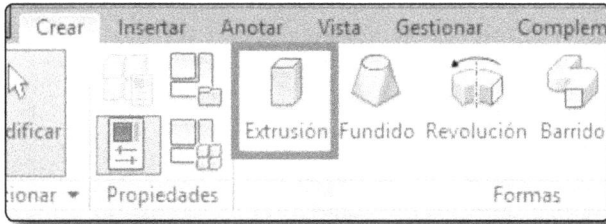

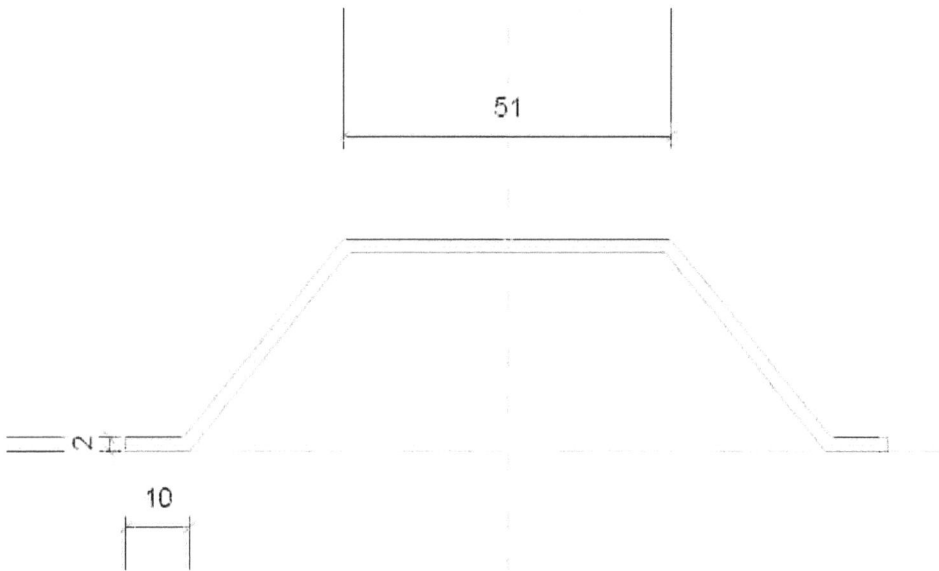

Pulsaremos en finalizar y crearemos unos planos de referencia desde la vista de planta.

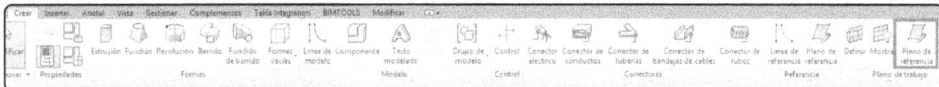

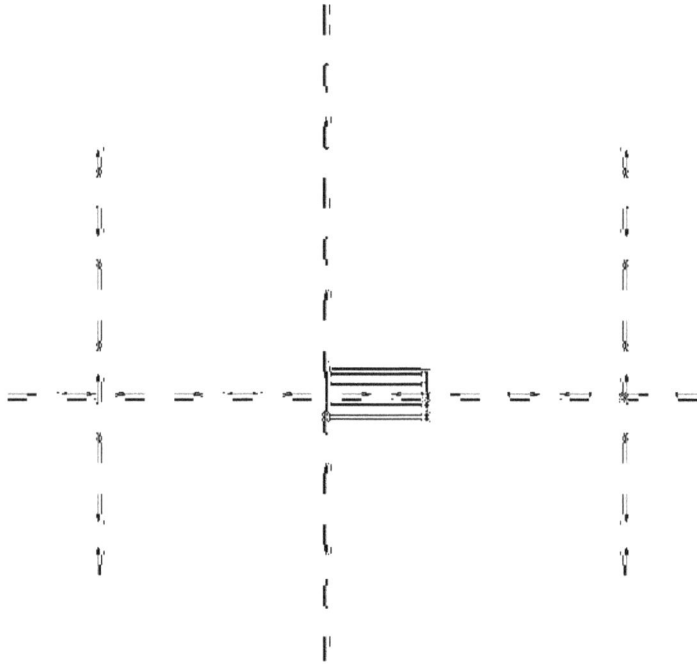

Acotaremos los planos como muestra la imagen y bloquearemos para que las dimensiones sean simétricas pulsando sobre EQ.

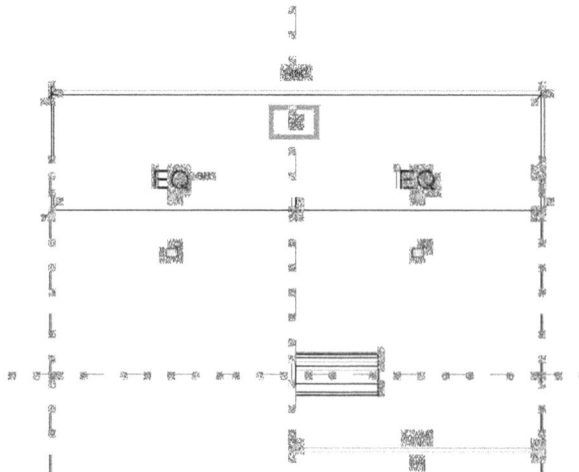

Crearemos el parámetro longitud barra inferior.

Para ello seleccionaremos la cota con el número y pulsaremos en el desplegable de texto de etiqueta y seleccionaremos añadir parámetro.

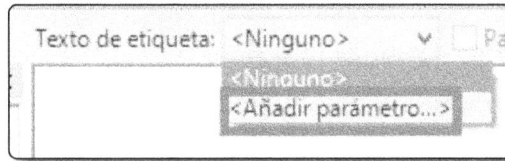

Se abrirá la ventana de propiedades de parámetro y le otorgaremos los valores y nombre que se muestra en la imagen.

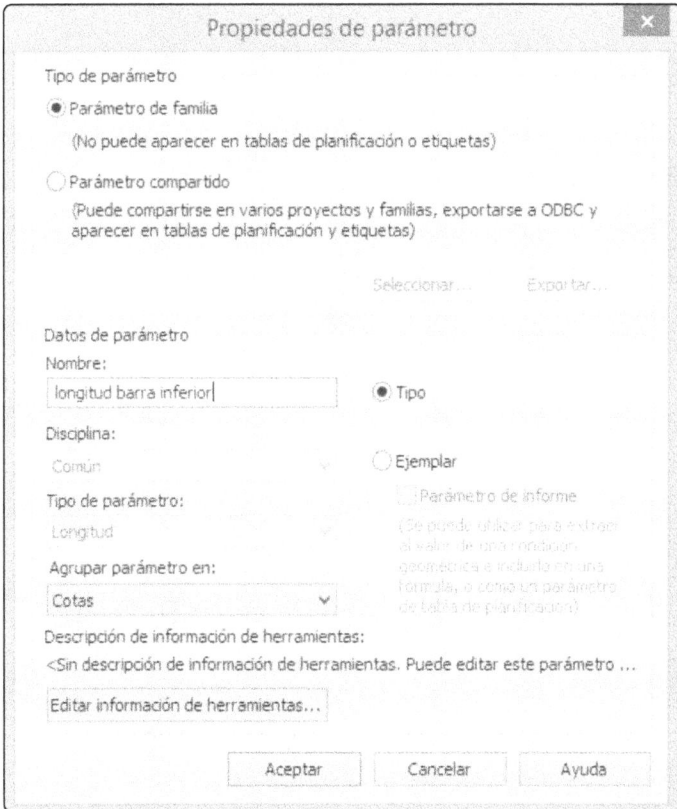

Pulsaremos en Aceptar.

Si se ha creado de forma correcta deberemos visualizar lo siguiente.

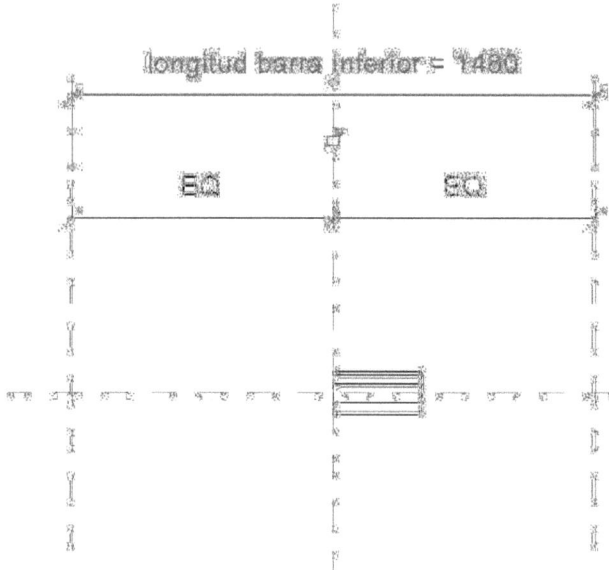

Pulsaremos sobre la extrusión y alinearemos con los dos planos creados, tras lo cual cerraremos los candados a ambos lados

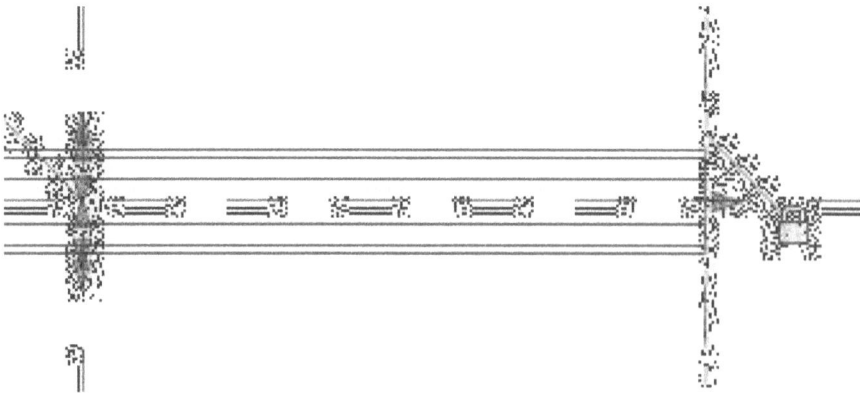

Comprobaremos que el parámetro funciona otorgando otros valores y observando cómo la geometría cambia.

Para cambiar el parámetro pulsaremos sobre el icono de tipos de familia.

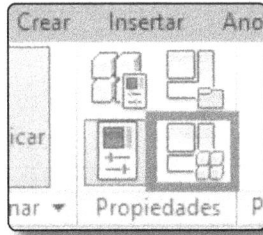

Y modificaremos el valor del parámetro recién creado.

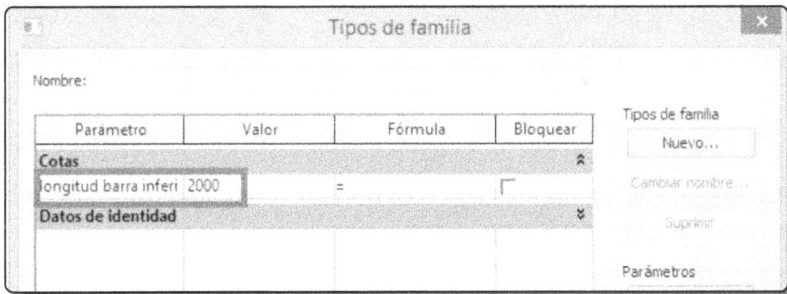

Veremos que la geometría se modifica según nuestros designios.

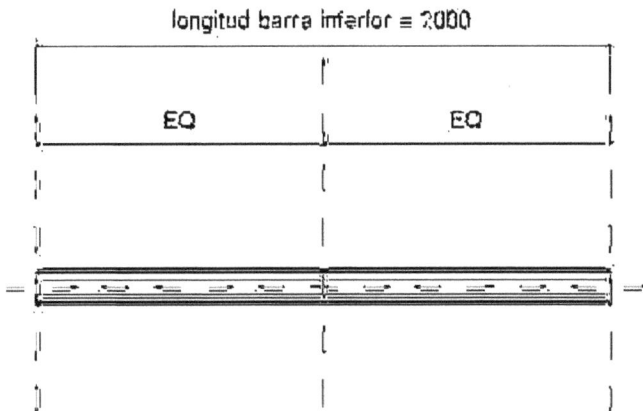

La otra geometría a modelar serán los tirantes que en este caso se harán con una extrusión doble en forma de cilindro.

Primeramente crearemos los planos interiores que se muestran, los acotaremos tomando como referencia el plano central y pulsaremos sobre el icono de EQ, también acotaremos con restricción pulsando sobre el candado las cotas de 20 mm.

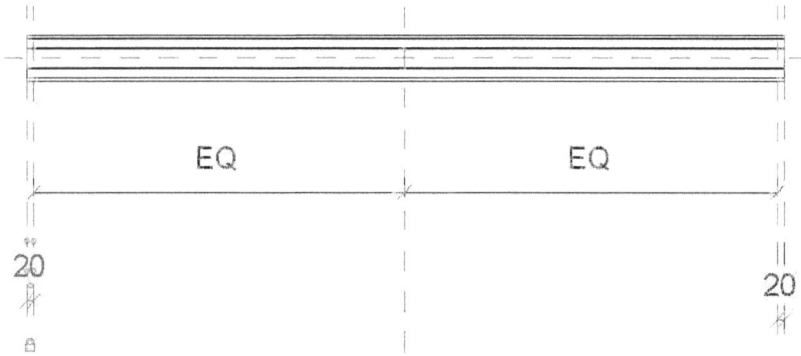

Cambiaremos el valor del parámetro de la longitud para comprobar que funciona correctamente.

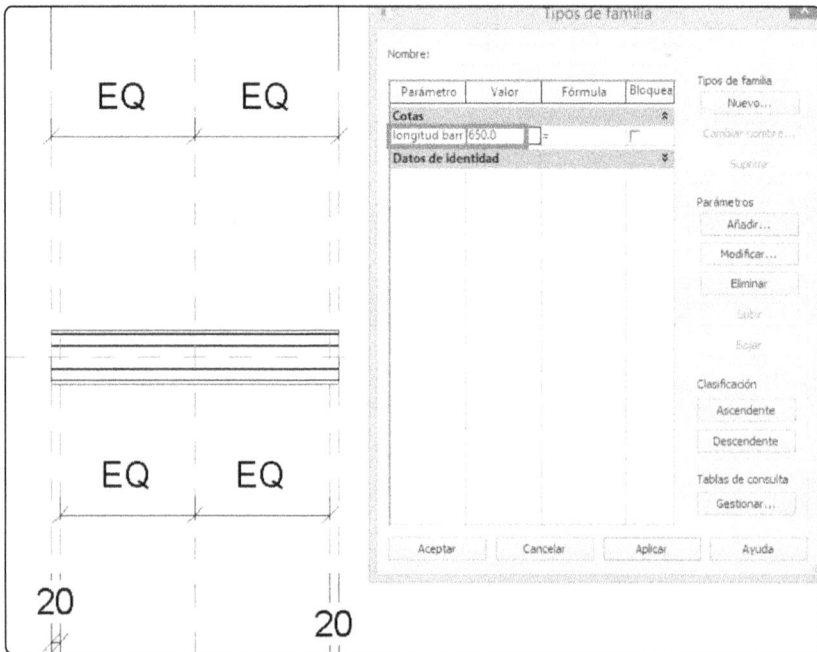

Ya podremos crear los cilindros con un radio de 5 mm desde esta misma vista.

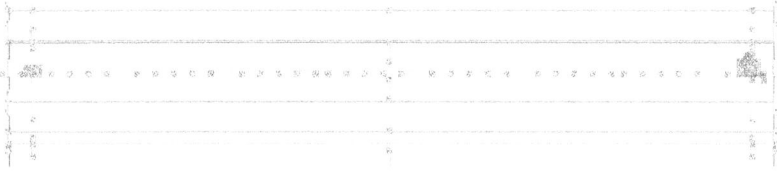

Como las extrusiones de los cilindros se han creado con la circunferencia clicando como centro en la intersección de los planos creados, la geometría se moverá toda conjuntamente modificando el parámetro de longitud de barra inferior.

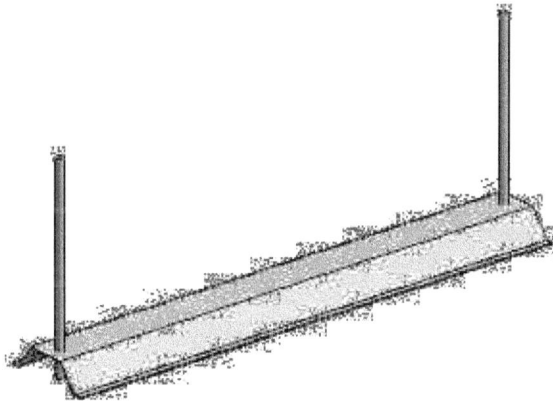

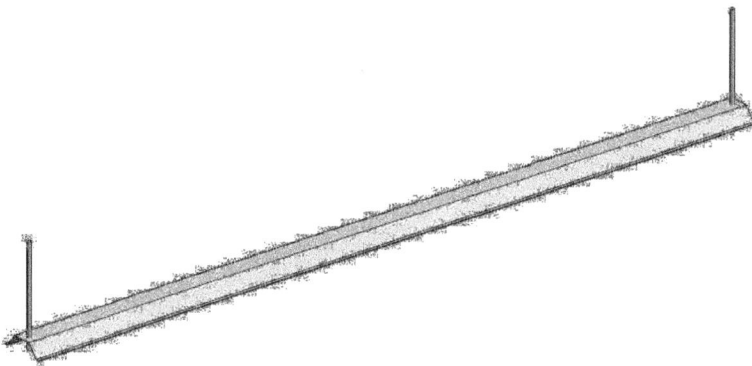

Alinearemos la extrusión inferior de los cilindros con la superior de la barra y cerraremos el candado.

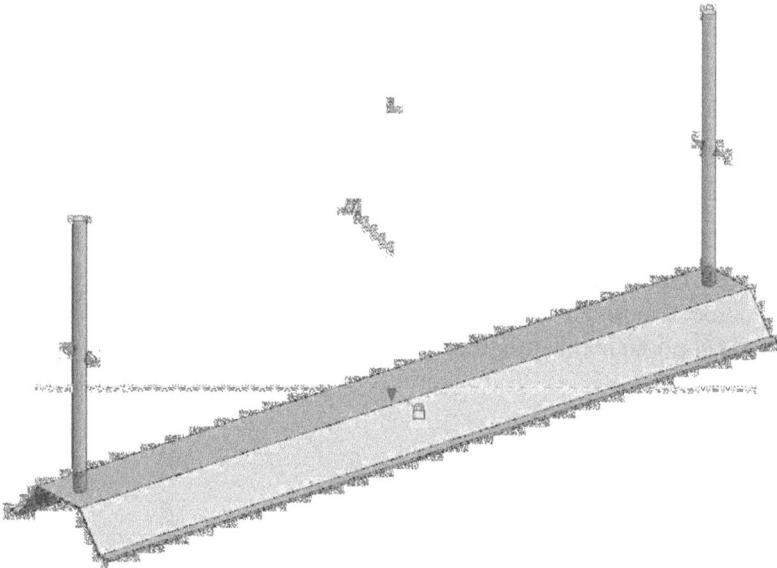

Finalmente, desde una vista de alzado, crearemos un parámetro de ejemplar para poder ajustar la altura al techo de los tirantes.

Acotaremos seleccionado la parte superior de los tirantes y el plano inferior.

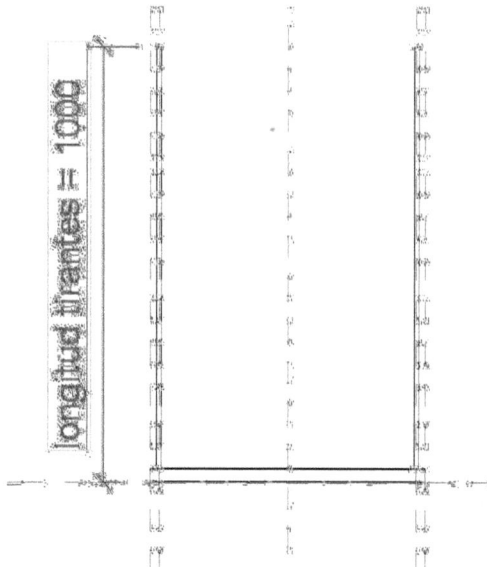

Seleccionaremos la cota y crearemos el parámetro con los datos que se indican en la imagen.

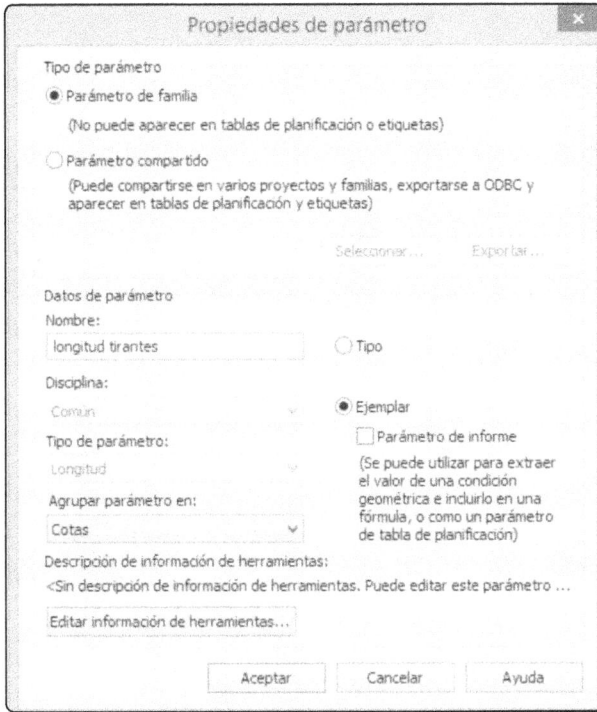

Guardaremos la familia y es aconsejable que se cargue en un proyecto para comprobar que funciona correctamente.

# 6

## DISEÑO DE INSTALACIONES DE FONTANERÍA Y SANEAMIENTO

En este capítulo comenzaremos a iniciarnos en el modelado de instalaciones de fontanería, utilizaremos como proyecto base el que tiene el vínculo de la vivienda unifamiliar que ya se ha ido utilizando en temas anteriores.

Es recomendable que la plantilla de instalaciones que se utilice sea también la creada en temas anteriores.

## 6.1 MODELADO DE RED DE TUBERÍAS DE FONTANERÍA

Primeramente, para iniciarnos en el modelado de una red de tuberías empezaremos por un cuarto húmedo, por ejemplo, el baño que se muestra a continuación.

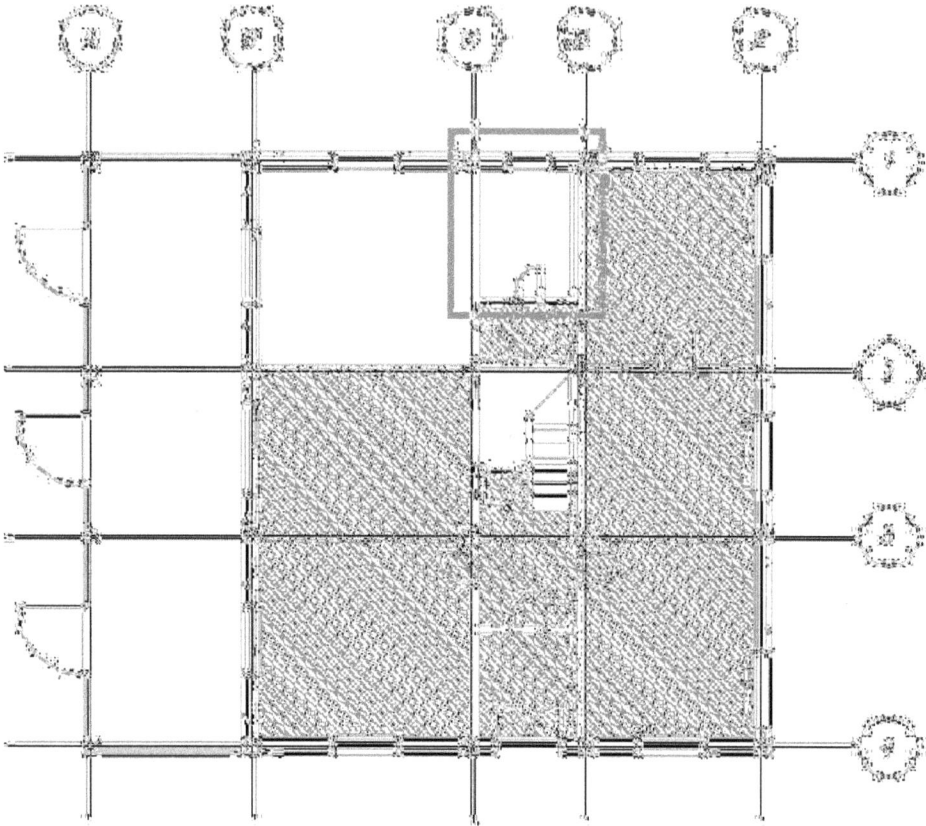

Antes de modelar las tuberías, deberemos introducir los aparatos sanitarios del cuarto, usaremos las familias adaptadas a CTE que fueron modificadas en el capítulo anterior.

Nos aseguraremos de tener algo similar a lo que se muestra a continuación. Es indispensable que estemos en una vista de planta de fontanería para que todos los aspectos y parámetros de visualización sean los adecuados para el modelado.

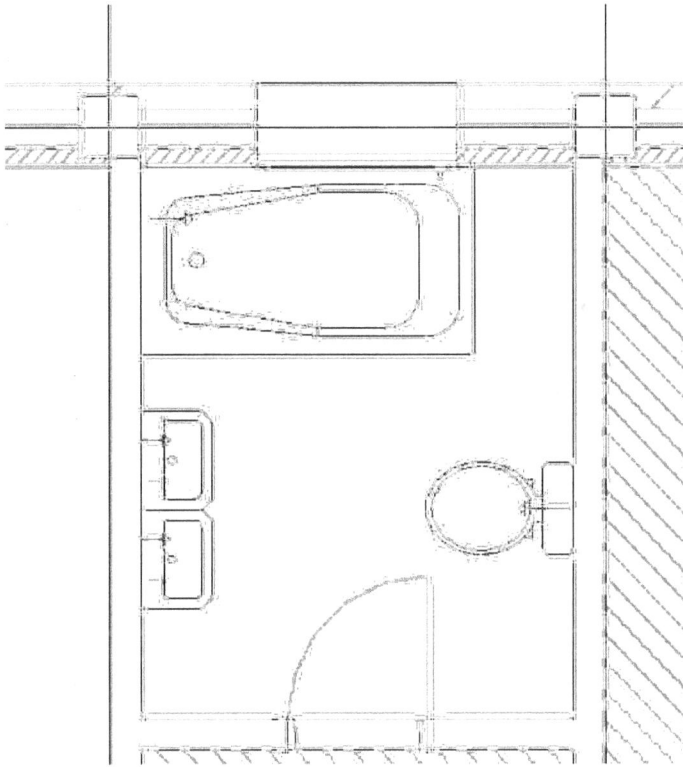

Una vez dispuestos los aparatos sanitarios empezaremos a modelar la primera parte de la instalación de AFS.

Para ello abriremos la vista de fontanería desde el navegador de proyectos y seleccionaremos la herramienta Tubería.

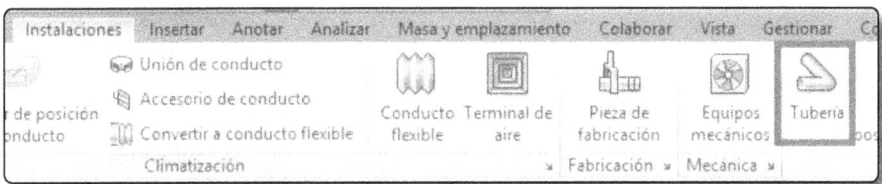

Desde la tabla de propiedades escogeremos la tubería que consideremos oportuna, para una red interior puede valer la de cobre, o en el caso de no encontrar la adecuada por el tipo de material, tipos codos, uniones, etc., podremos crearla.

Para este ejemplo crearemos un nuevo tipo de tubería de PEX – Polietileno Reticulado.

Tendremos que crear el nuevo material.

Aunque no sea exactamente objeto del ámbito de las instalaciones y es un conocimiento que se presupone para realizar el correcto seguimiento del libro, a continuación, haremos un rápido de repaso de cómo crear un nuevo material.

Acudiremos a la Ficha Gestionar; Grupo Configuración; Herramienta Materiales.

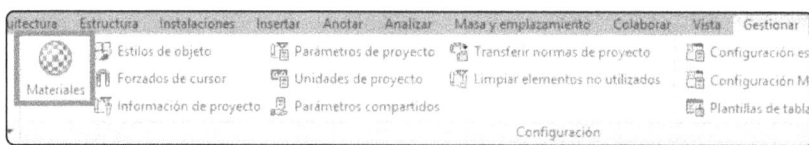

Al abrirse la ventana del gestor de materiales pulsaremos en Crear material nuevo.

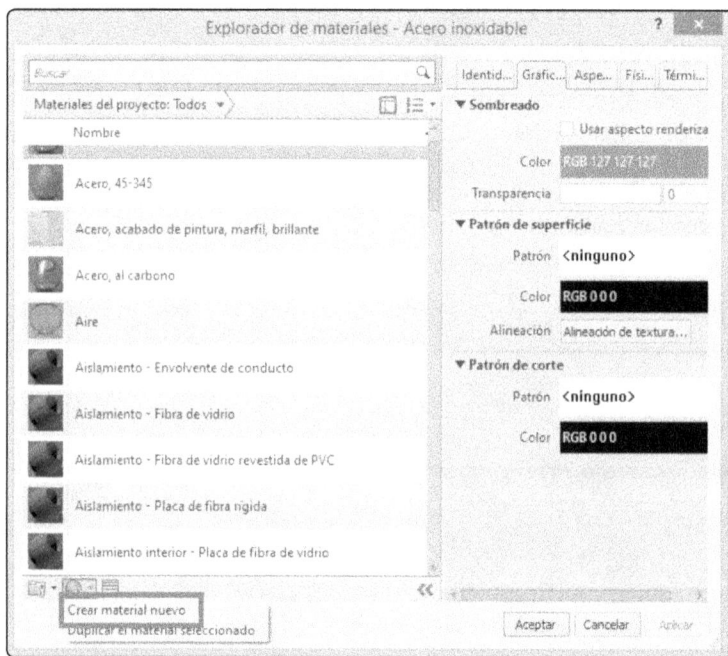

Creado el nuevo material le cambiaremos de nombre pulsando con botón derecho sobre el material y seleccionando la opción cambiar nombre.

Le otorgaremos el nombre de PEX – Polietileno reticulado.

Para no configurar desde cero toda la parte gráfica pulsaremos sobre el icono de navegador de activos.

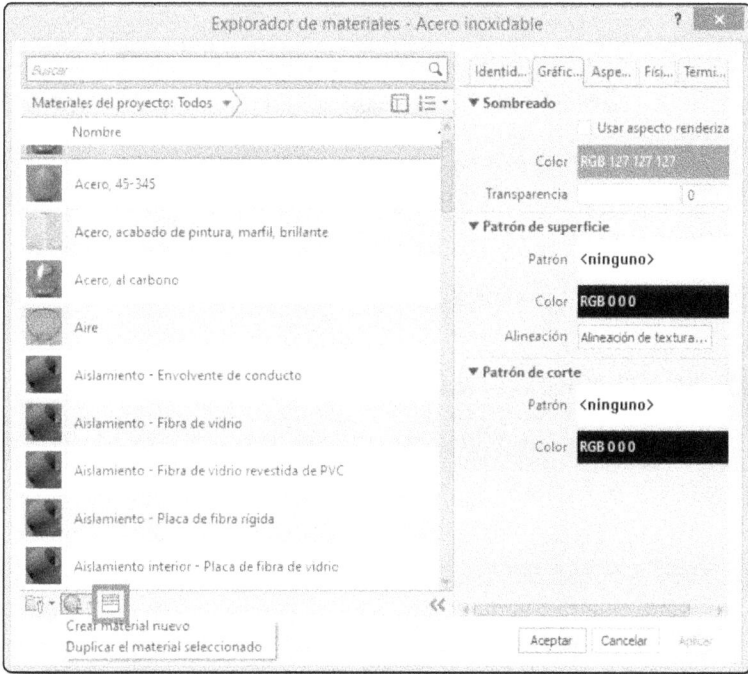

Seleccionaremos e intercambiaremos el material pvc.

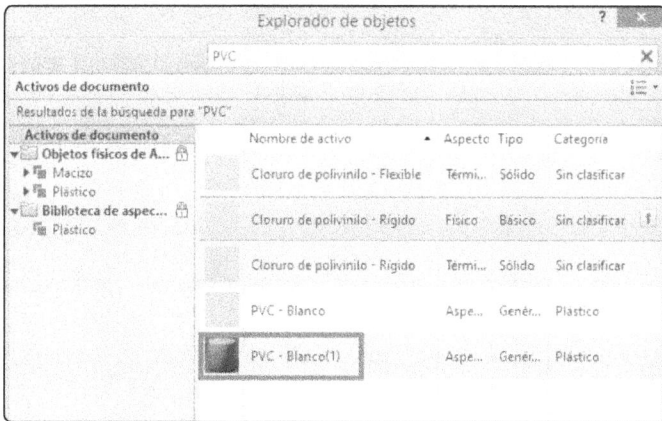

Iremos al apartado de configuración de tuberías y crearemos un nuevo tipo de segmento de tubería.

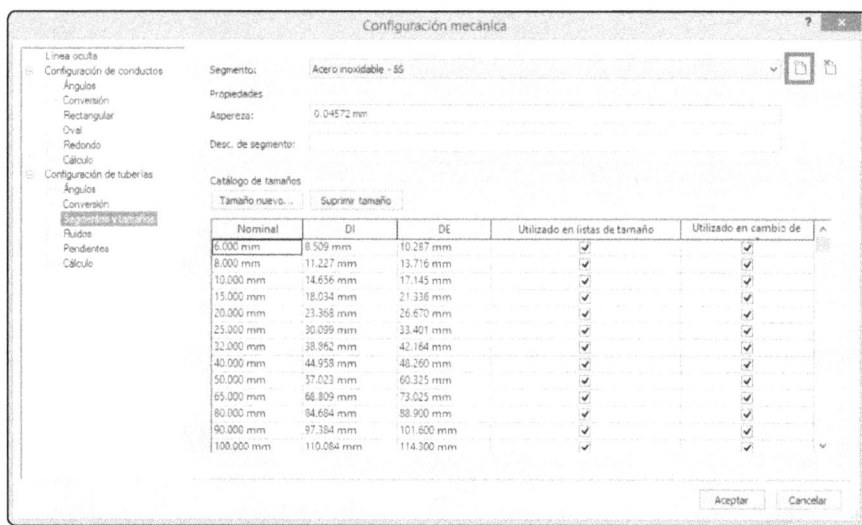

Seleccionaremos el nuevo material creado pulsando sobre el icono de los tres puntos.

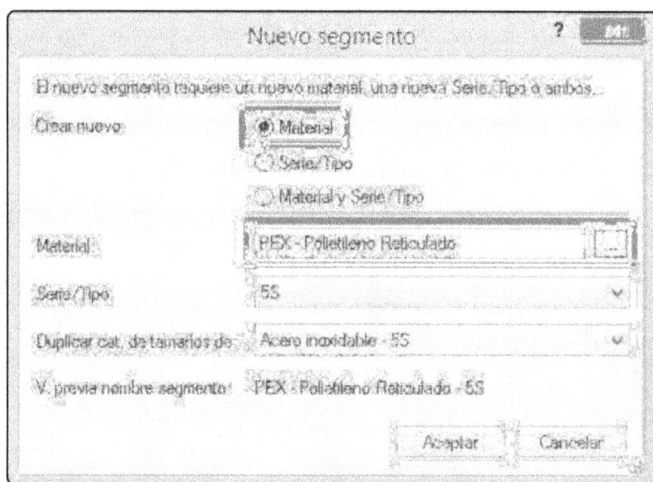

Aceptaremos el resto de ventanas hasta que se cierren todas.

Volveremos a pulsar sobre la herramienta Tubería y, desde la tabla de propiedades, editaremos el tipo para duplicar el que viene por defecto.

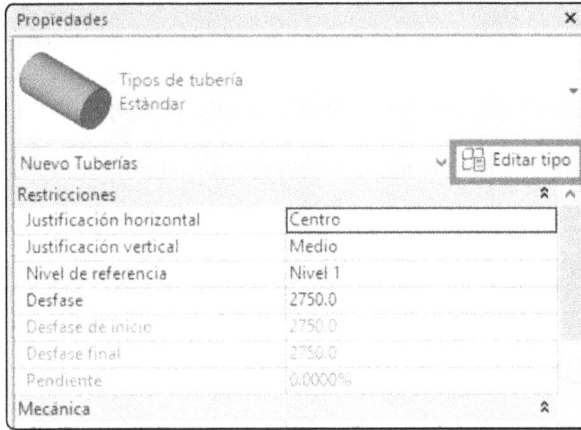

Daremos el nombre al duplicar el tipo que se muestra en la imagen.

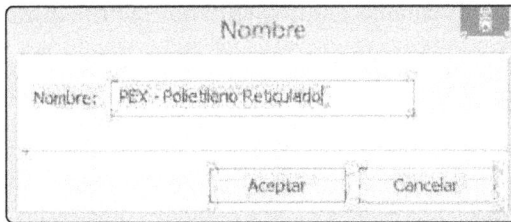

Pulsaremos en Editar.

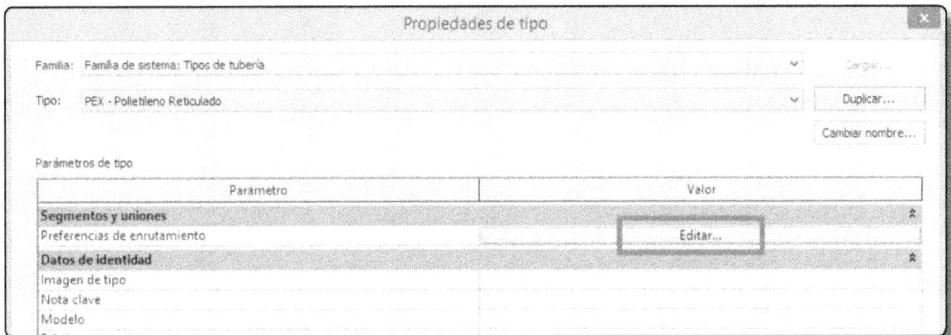

En segmento de tubería seleccionaremos la que acabamos de crear.

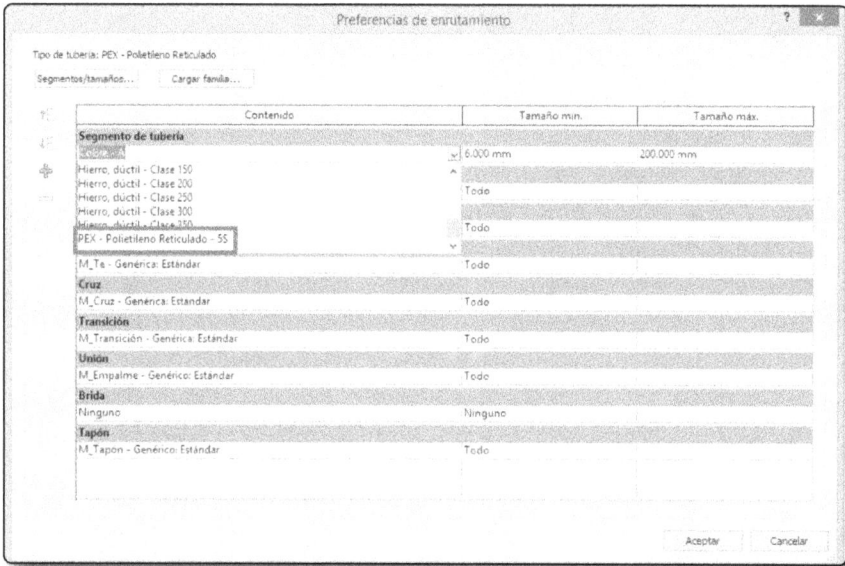

Aceptaremos las ventanas e introduciremos el primer tramo de tubería.

Desde la tabla de propiedades seleccionaremos en el campo "Tipo de sistema" la opción agua fría doméstica.

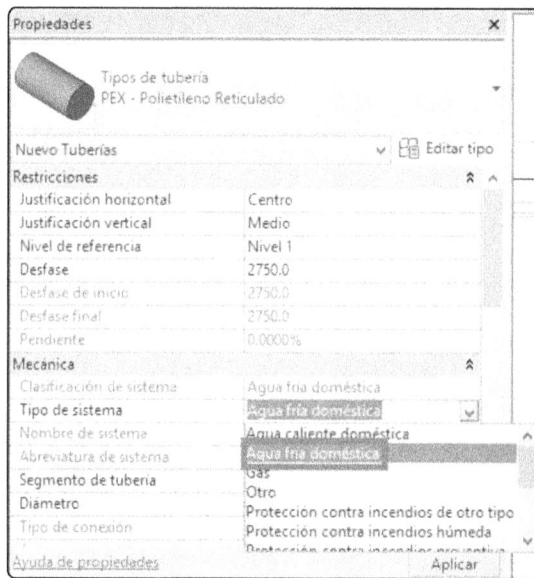

> ### (i) NOTA
> Este paso anterior es sumamente importante ya que de no seleccionar el sistema que queremos modelar luego será sumamente difícil crear la red correctamente.

En fontanería existen básicamente tres tipos de sistemas.

▼ Agua fría doméstica
▼ Agua caliente doméstica
▼ Sanitario

Después encontraremos los referidos a sistemas hidrónicos y de protección contra incendios que serán clasificados dentro de otro apartado o disciplina dentro de las instalaciones.

Con la herramienta de tubería activa y el tipo de tubería recién creada, acudiremos a la barra de modificar para otorgar los parámetros que se muestran en la imagen.

Haremos un primer clic donde queramos comenzar a introducir el primer tramo de tubería y un segundo donde queramos acabar el tramo.

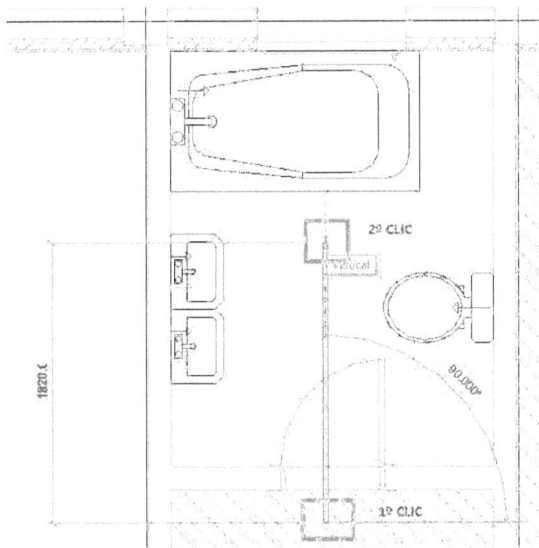

Al introducir el tramo entero la tubería se pondrá del color que este establecido para ese sistema.

En este caso azul.

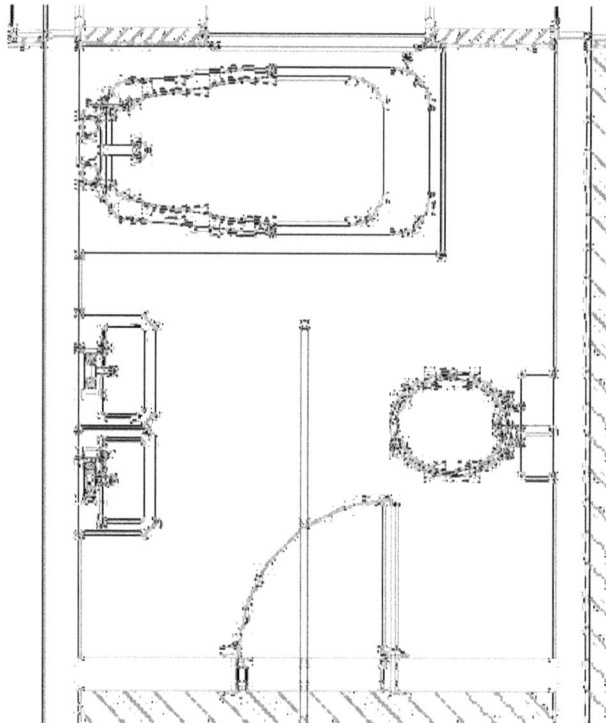

Dependiendo del nivel de detalle que tengamos en la vista es posible que solo veamos una línea que es el eje de la tubería, la forma más cómoda (para mí) es tener un nivel de detalle alto mientras se está modelando.

Para comprobar que la tubería se ha introducido a la altura correcta podremos acudir a una sección de trabajo.

## 6.1.1 Diseño de tuberías de forma automática

En cuanto a formas de modelado se refiere, dentro de Revit podría decirse que existen infinitas formas para llegar a un resultado final semejante.

Para el modelado de redes de tuberías, Revit dispone de una opción para crear el diseño de forma automática.

El diseño de redes automáticas se hace seleccionando los diferentes sistemas por separados.

Seleccionaremos todos los aparatos del baño.

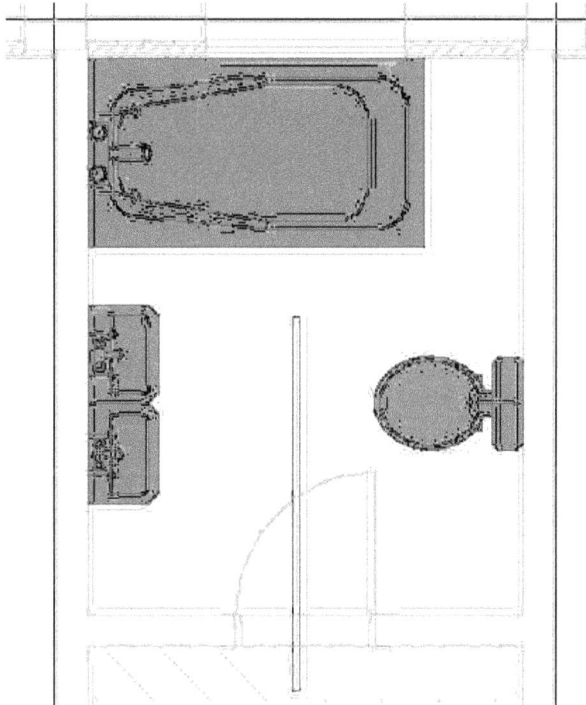

Seguidamente pulsaremos sobre el icono de tuberías.

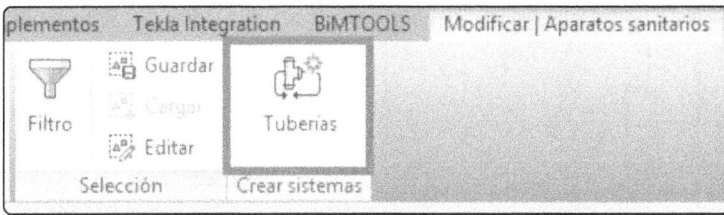

Al pulsar se abrirá una ventana desde la cual nos permitirá escoger el sistema que queremos que se genere.

En este caso primeramente seleccionaremos el de agua fría, como muestra la imagen.

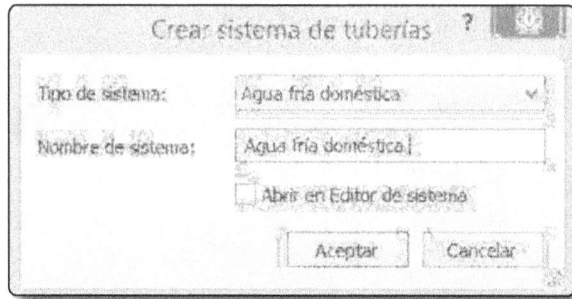

Al pulsar en aceptar veremos como todos los elementos aparecen relacionados por un rectángulo y de color azul, esto significa que ahora están asociados a un sistema, en concreto al de agua fría.

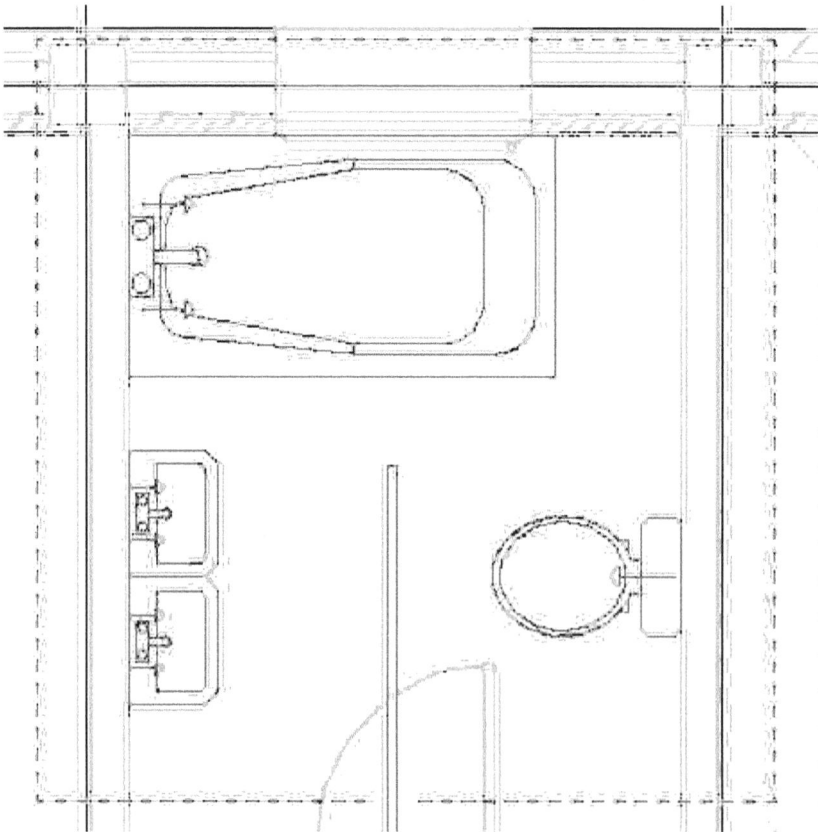

Para abrir el navegador de sistemas pulsaremos la tecla F9.

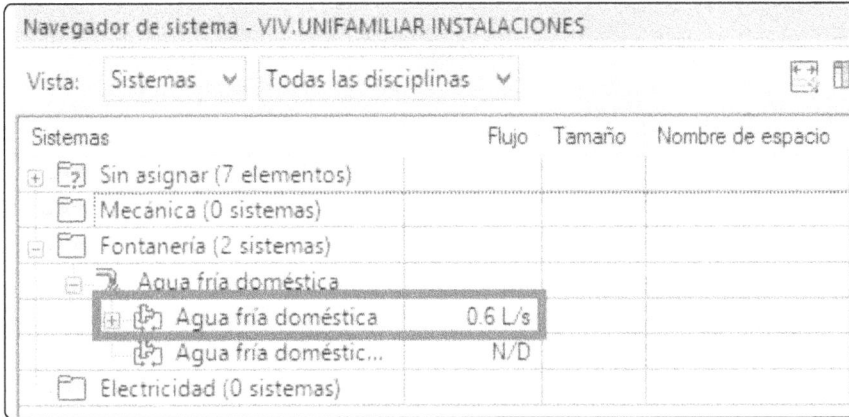

Vemos que existen dos sistemas, uno el correspondiente a los aparatos que acabamos de crear, el cual ya tiene el flujo calculado y el otro el que representa a la tubería anteriormente modelada.

Si pulsamos desde el navegador de sistemas sobre el primer sistema y hacemos clic se seleccionaran todos los elementos asociados a ese sistema.

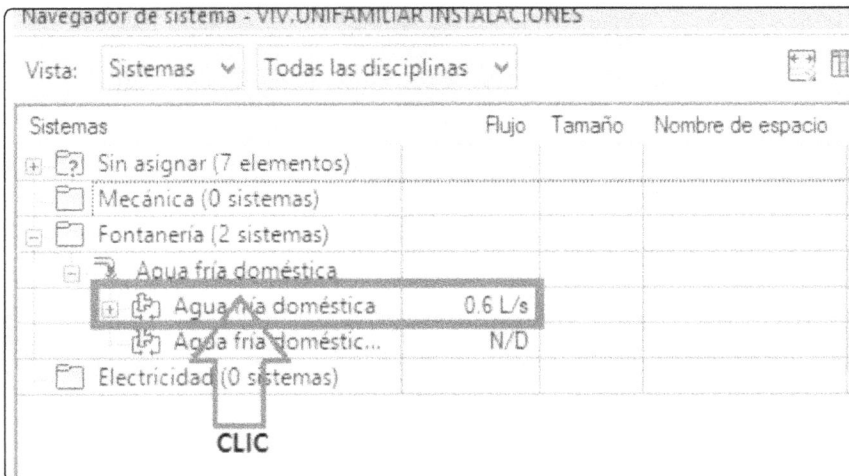

Si observamos el modelo los aparatos volverán a estar seleccionados.

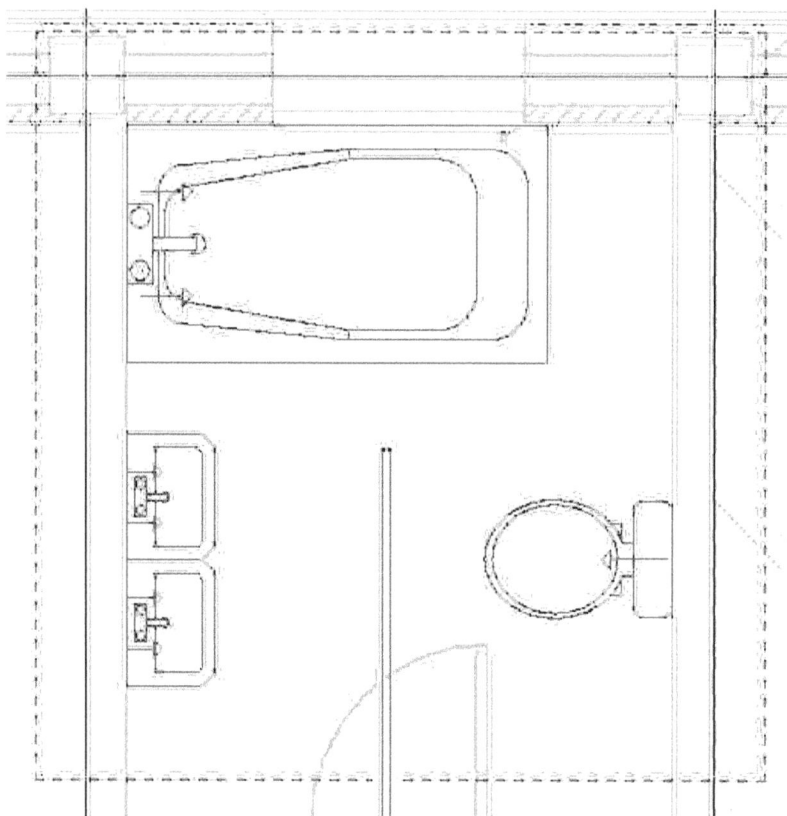

Pulsaremos en la herramienta Generar diseño.

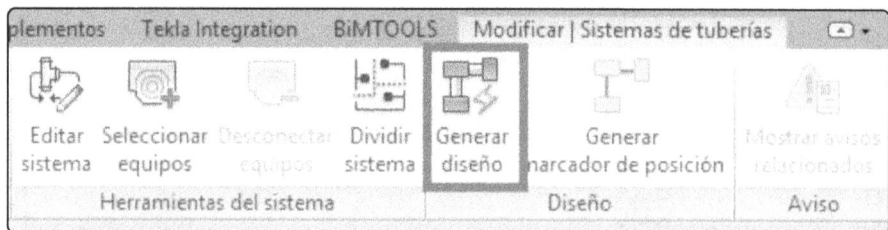

En la parte superior se activarán unas nuevas herramientas con las cuales podremos controlar el diseño generado automáticamente.

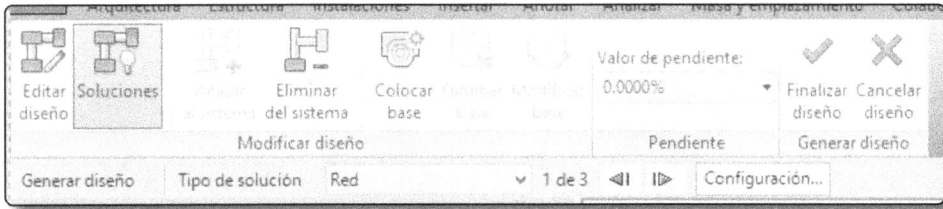

Si vamos pulsando sobre las flechas veremos en la ventana de trabajo que el diseño va cambiando, en este caso Revit nos propone 3 soluciones diferentes para el tipo red.

**Solución 1**

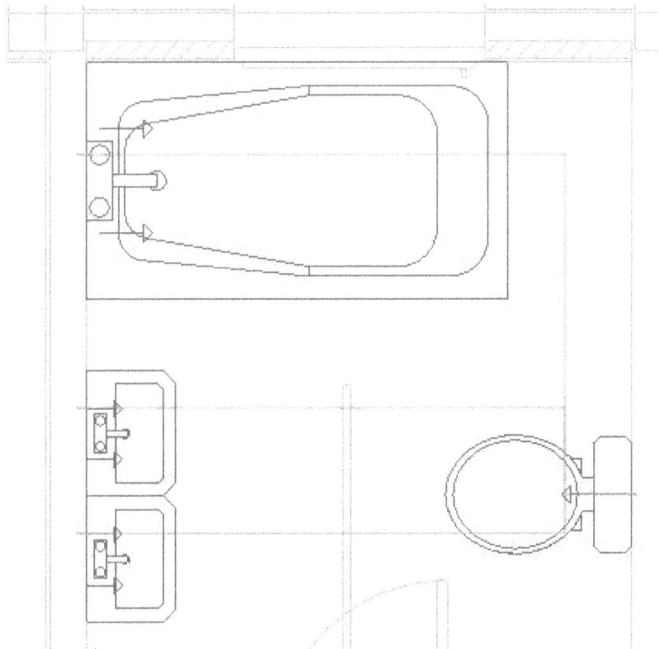

**Solución 2**

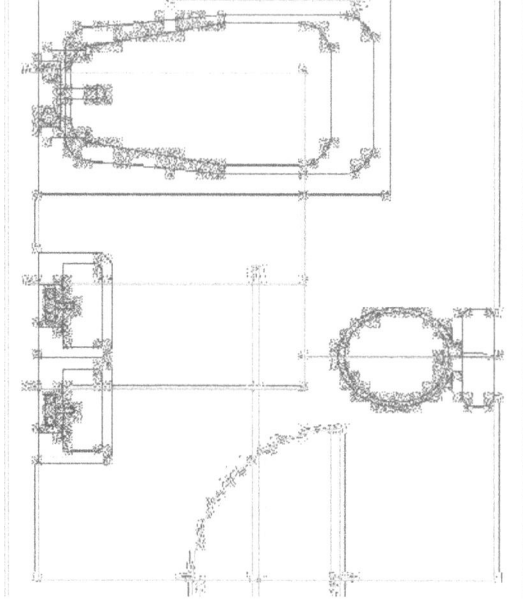

**Solución 3**

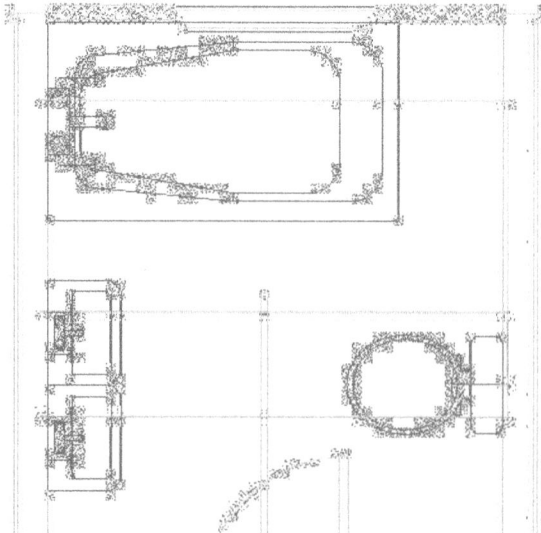

Podemos cambiar el tipo de solución desde el desplegable.

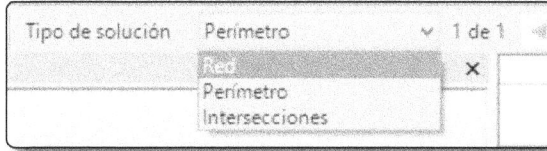

Pero para este caso nos quedaremos con la solución 2 del tipo red.

Si queremos realizar alguna modificación manual en el diseño podremos hacerlo utilizando la herramienta Editar diseño.

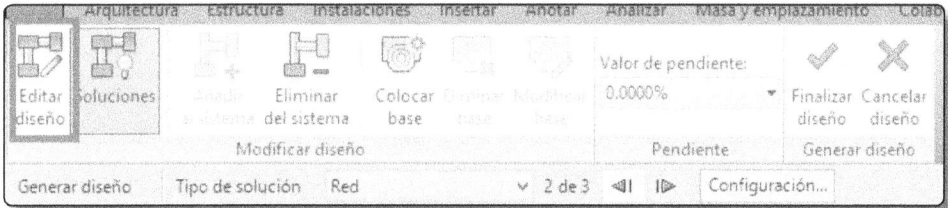

En este caso no modificaremos nada.

Por último, antes de finalizar el diseño pulsaremos en Configuración.

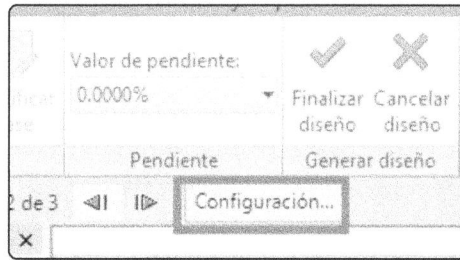

Desde aquí podremos decidir a qué altura se colocara la tubería y qué material será otorgado a cada tramo.

Al pulsar se abrirá la siguiente ventana, desde la cual otorgaremos los valores que aparecen en la imagen.

Para el tramo principal.

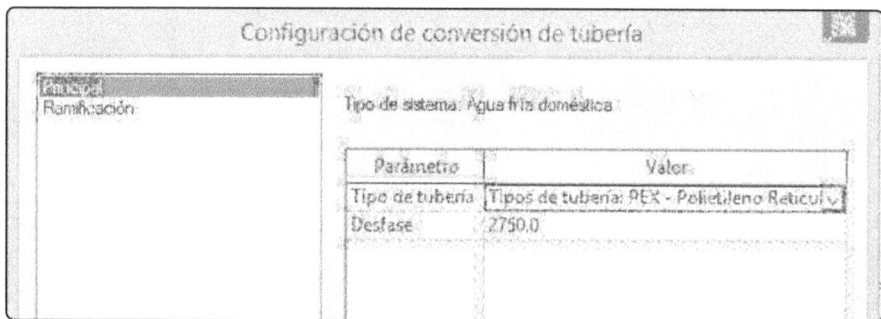

Para la ramificación.

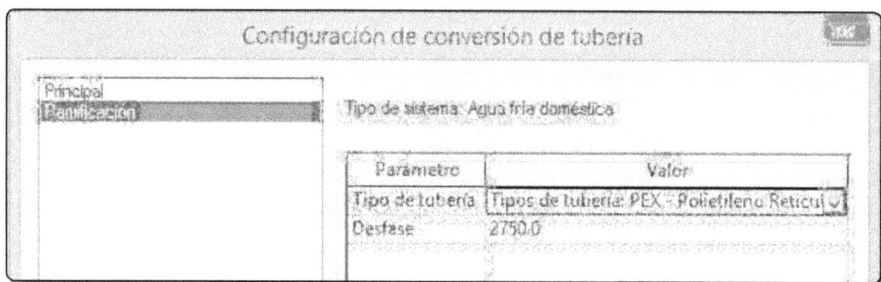

Pulsaremos en Finalizar para ver cómo queda finalmente el diseño.

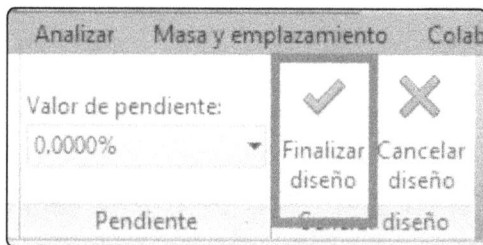

Podremos eliminar el tramo creado al principio, ya que se interpone con el diseño propuesto por el programa.

Finalmente, obtendremos algo similar a lo que muestra la siguiente imagen.

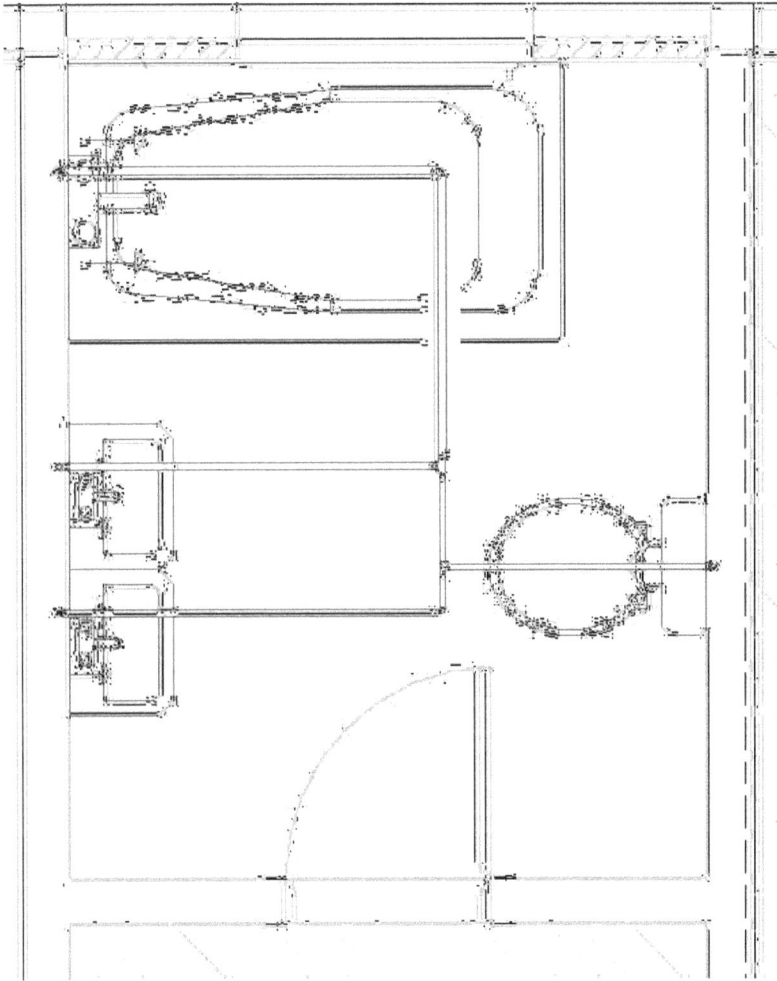

Si observamos el modelo con un poco de detenimiento observaremos que la propuesta no es correcta.

Ya que el último tramo, el que va hacia la bañera, es de un diámetro mayor que el que tiene aguas arriba, algo que carece de sentido ya que la sección que tiene por detrás es menor y por lo tanto el flujo de agua quedará restringido por este.

Para solucionar esto procederemos de la siguiente manera.

Seleccionaremos las piezas y tuberías que se muestran en la imagen, también deben estar seleccionadas las reducciones.

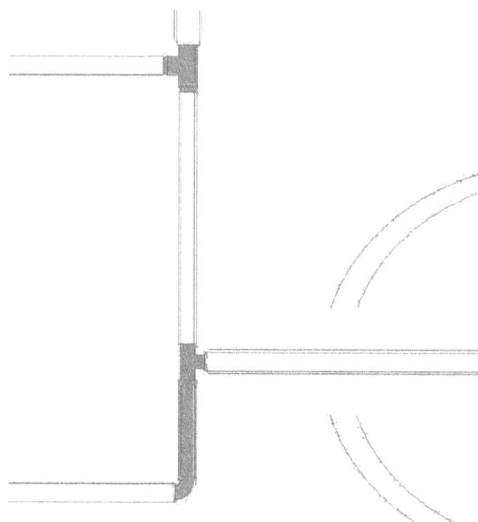

A continuación las eliminaremos pulsando en suprimir y quedará algo similar a esto.

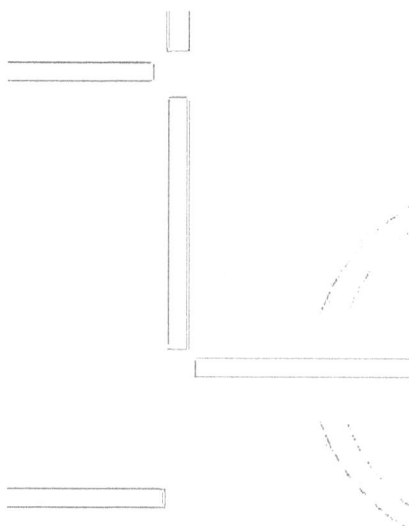

Seleccionaremos la tubería central y la daremos un diámetro de 25 mm.

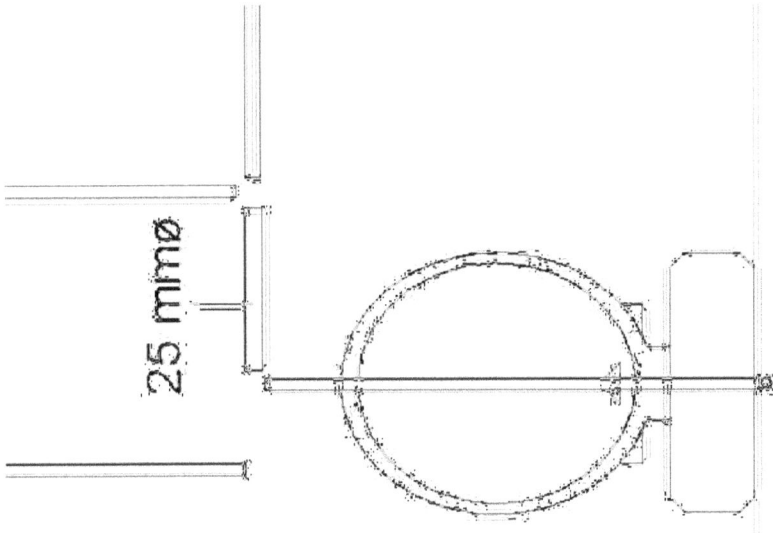

Cogeremos el pinzamiento inferior y le prolongaremos manteniendo pulsado el botón derecho de ratón mientras arrastramos hasta la posición deseada, debemos asegurarnos que estiramos en la misma dirección (vertical) para que no se creen ángulos extraños.

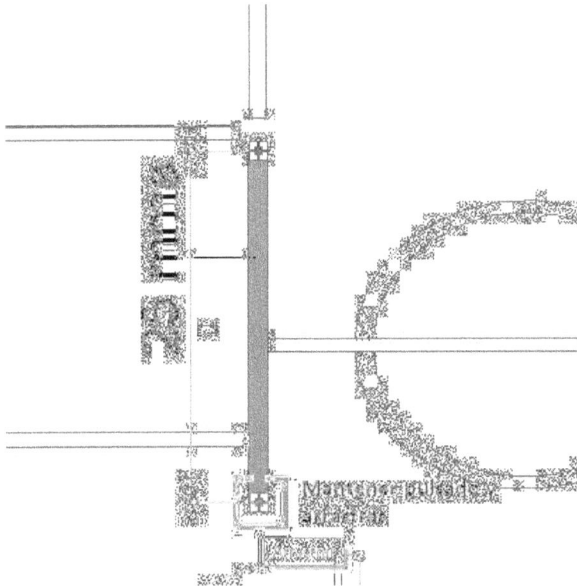

Para unir el resto de derivaciones a cada aparato, no tendremos más que seleccionar esos tramos de tubería y conectarlos con el eje de la tubería de 25 mm.

Para conectarlo al seleccionar la tubería surgen unos cuadrado o pinzamientos, que si los pulsamos con botón izquierdo del ratón y los arrastramos, manteniéndolo pulsado, podremos conectar tuberías automáticamente.

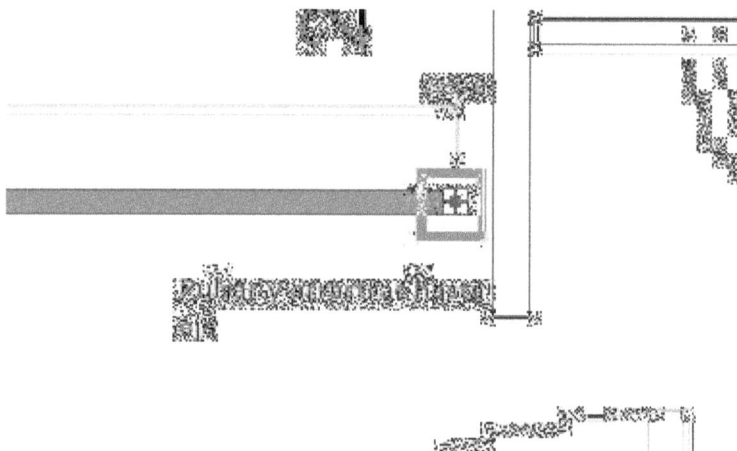

Soltaremos cuando se marque el eje.

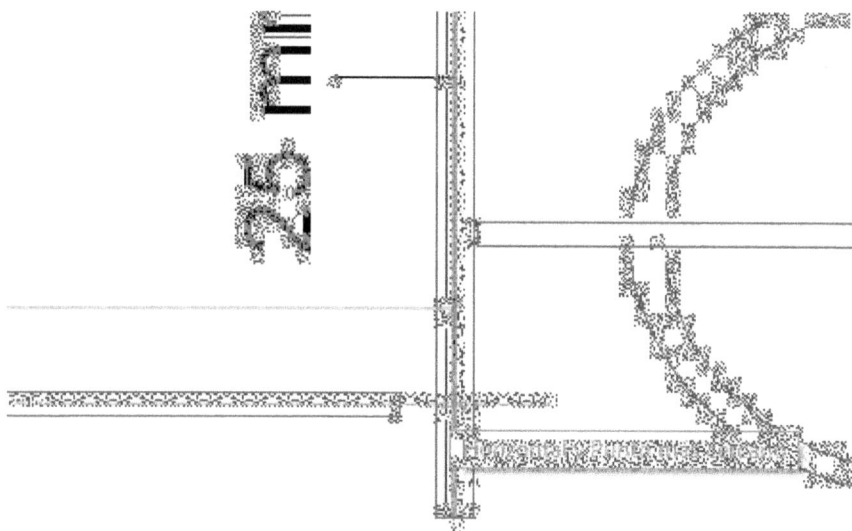

Las uniones se crearán de forma automática, uniremos siguiendo el mismo procedimiento el resto de tramo y, finalmente, obtendremos algo similar a lo que muestra la imagen.

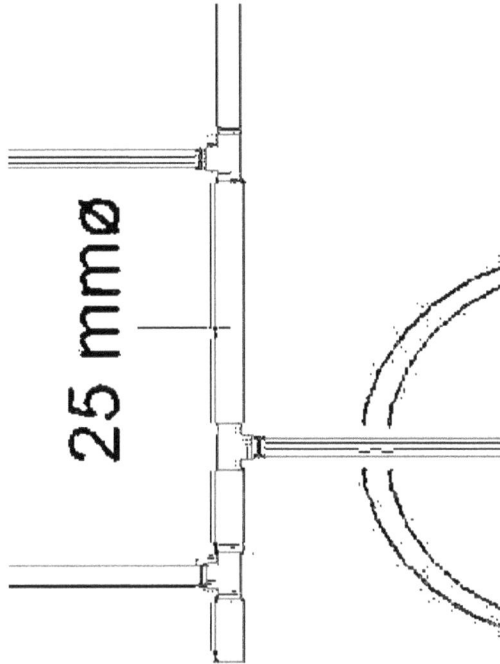

Comprobaremos que se ha ejecutado el diseño desde una vista de 3D por si ha surgido algún error de cotas.

La forma más sencilla es realizar una selección de todos los elementos y pulsar sobre la herramienta Cuadro de selección.

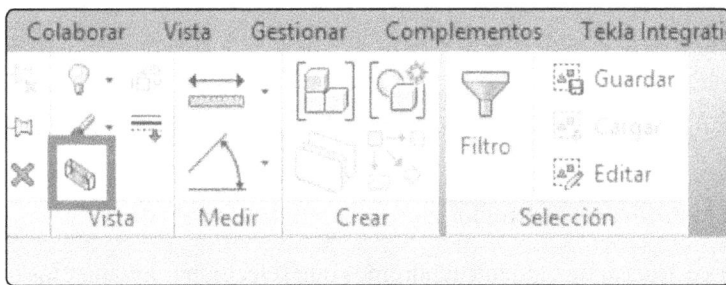

Automáticamente se abrirá un 3D como el que muestra la imagen y veremos que todas las conexiones se han realizado de forma correcta.

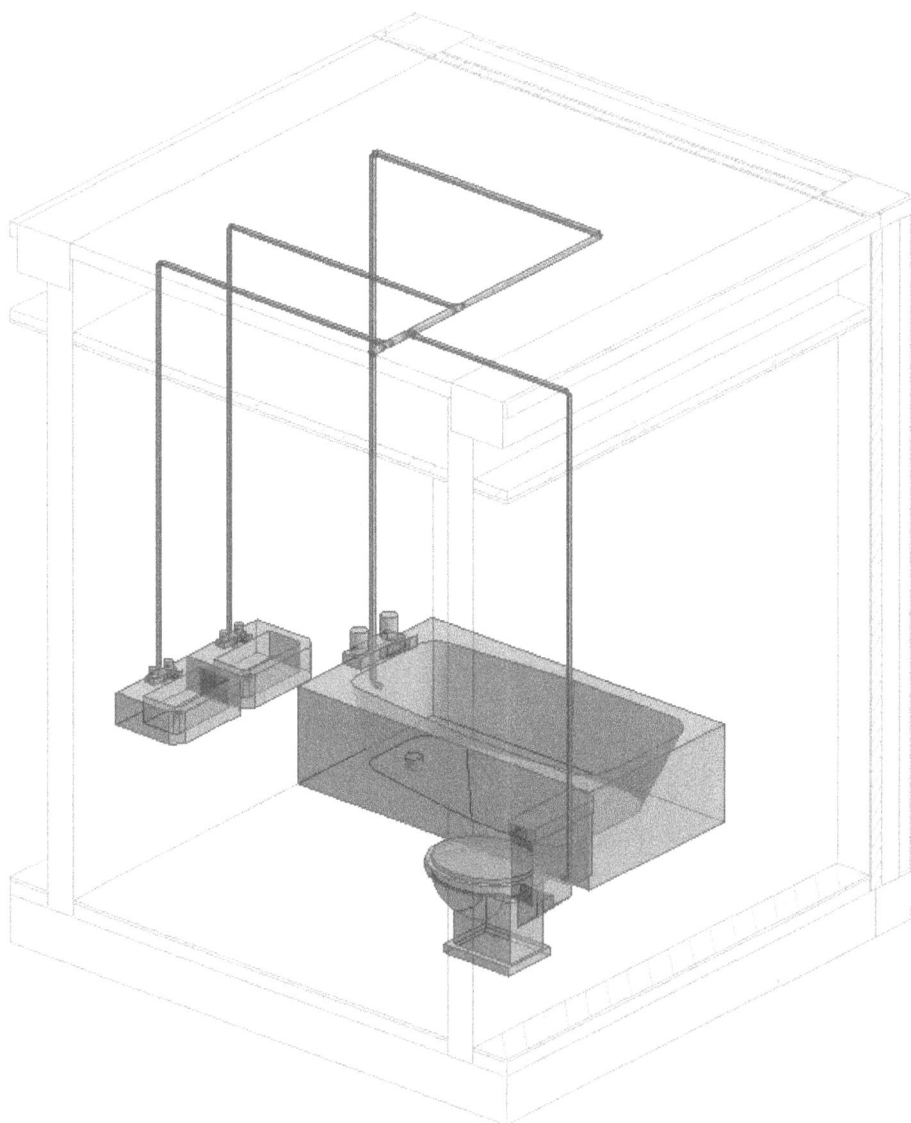

De la misma procederemos a crear la red de tuberías de ACS.

Para este caso únicamente tendremos que seleccionar los aparatos que tengan que tener suministro de agua caliente.

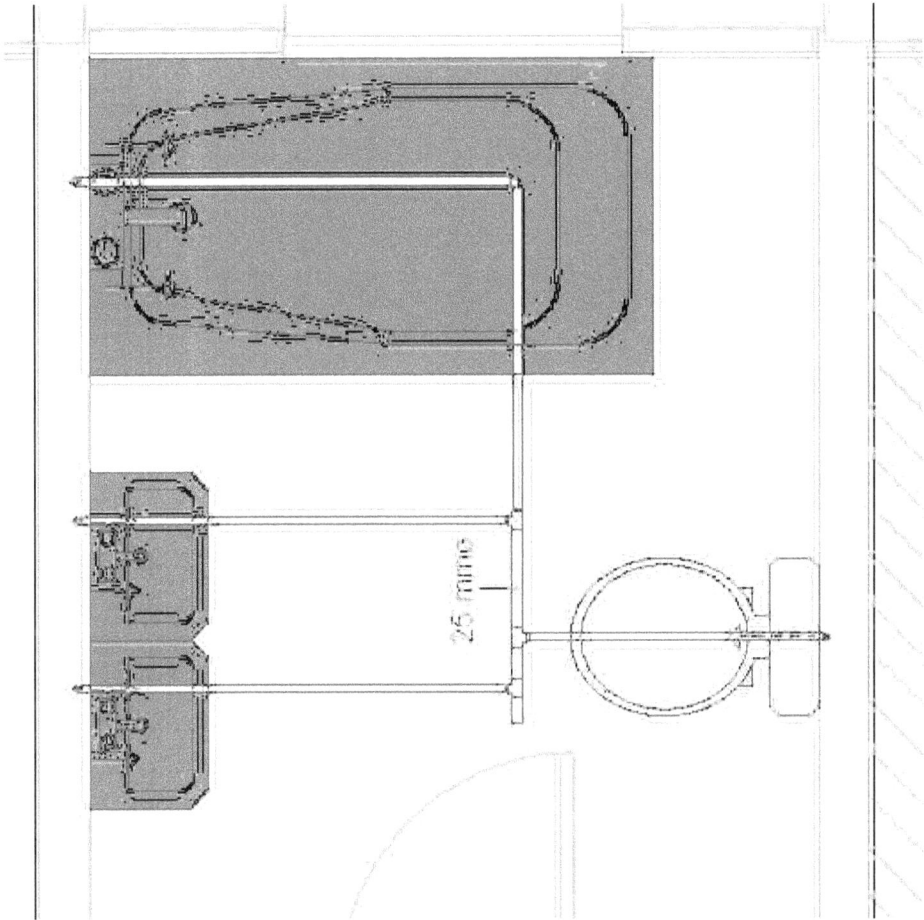

Seleccionaremos al crear la red de tuberías el sistema de agua caliente.

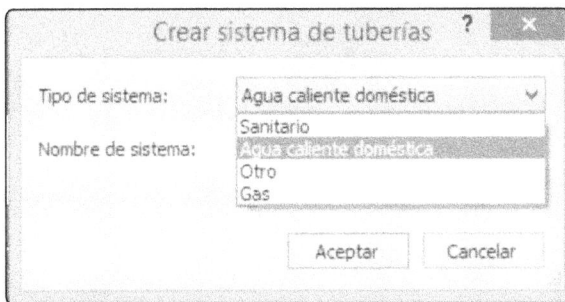

Este caso se ha optado por la solución de Red número 4.

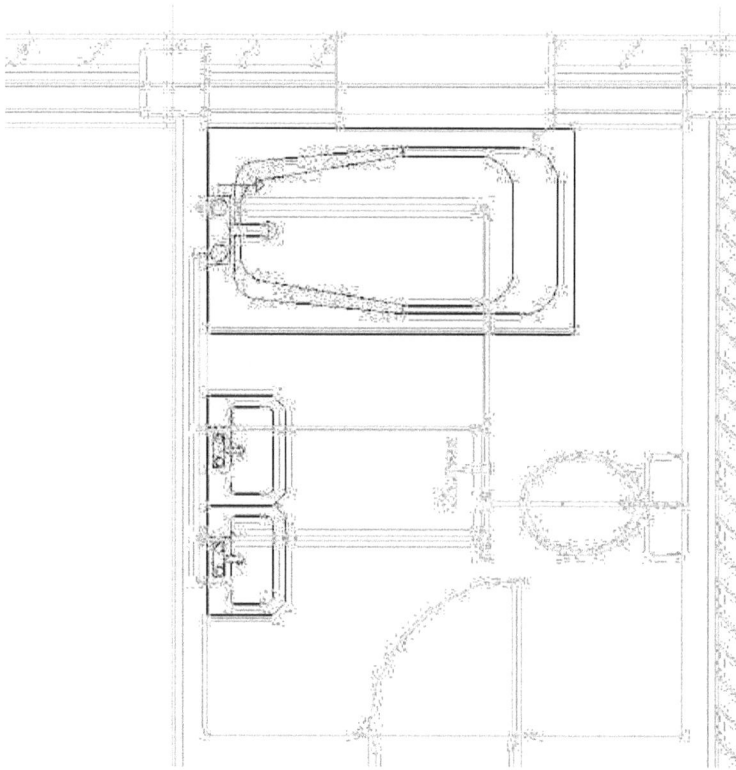

En este caso para que la tubería vaya por encima se colocara a una cota de 2850 mm.

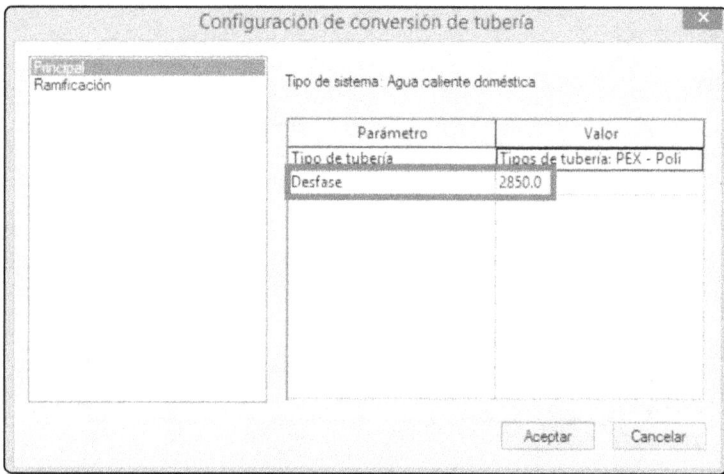

Pulsaremos en Finalizar y obtendremos una solución similar a la que se muestra en la imagen.

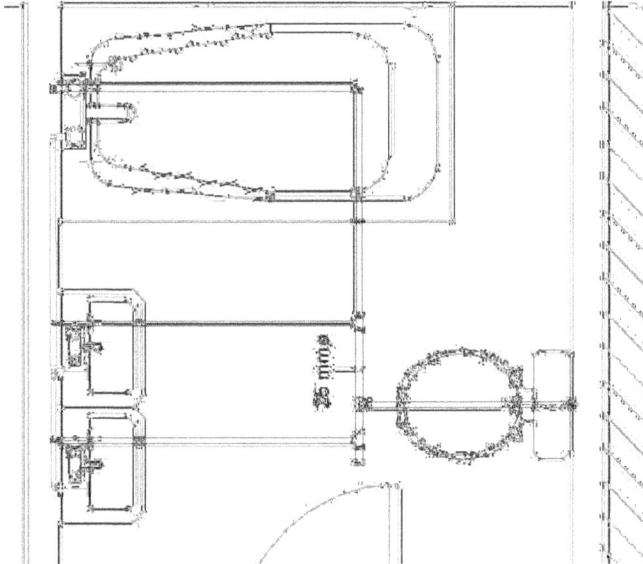

Modificaremos un poco el modelo arrastrando la tubería que va hacia la bañera.

Para ello la seleccionaremos pulsando con botón izquierdo del ratón, y sin soltar, la arrastraremos hacia la izquierda. Después soltaremos.

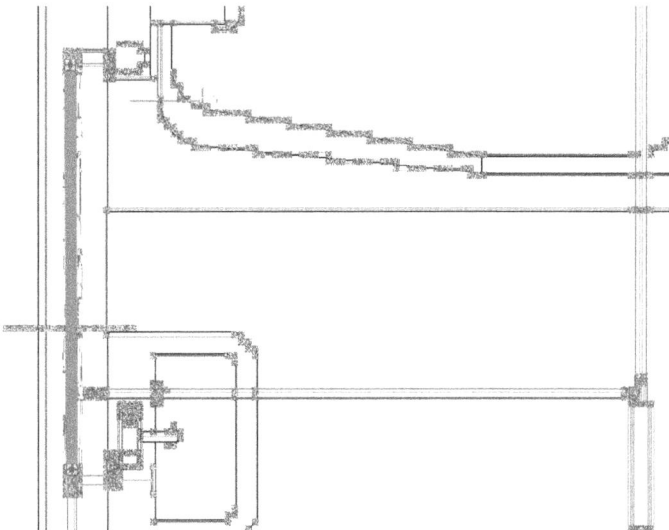

Terminaremos haciendo un ramal de 20 mm que será el principal que entra por la puerta.

Seleccionaremos una tubería, en este caso la de ACS de 20 mm.

Pulsaremos en el icono de crear similar para que la nueva tubería mantenga todas las propiedades de la señalada, para usar esta herramienta es indispensable que la tubería este señalada.

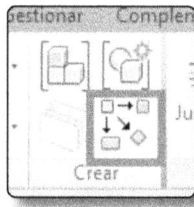

Pulsaremos en el eje de la tubería de 20 mm existente y dibujaremos el nuevo tramo hacia la derecha siguiendo la ruta que se muestra en la imagen.

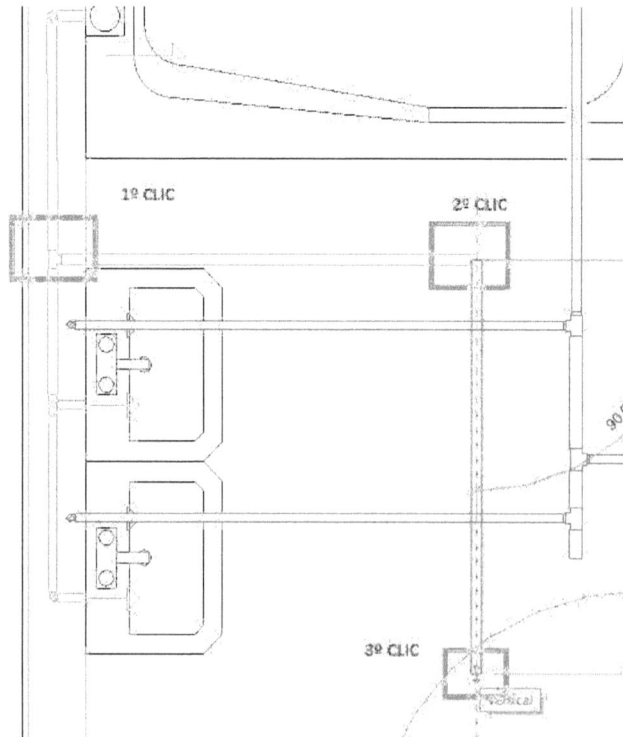

Comprobaremos desde una vista 3D que todo se haya modelado de forma correcta.

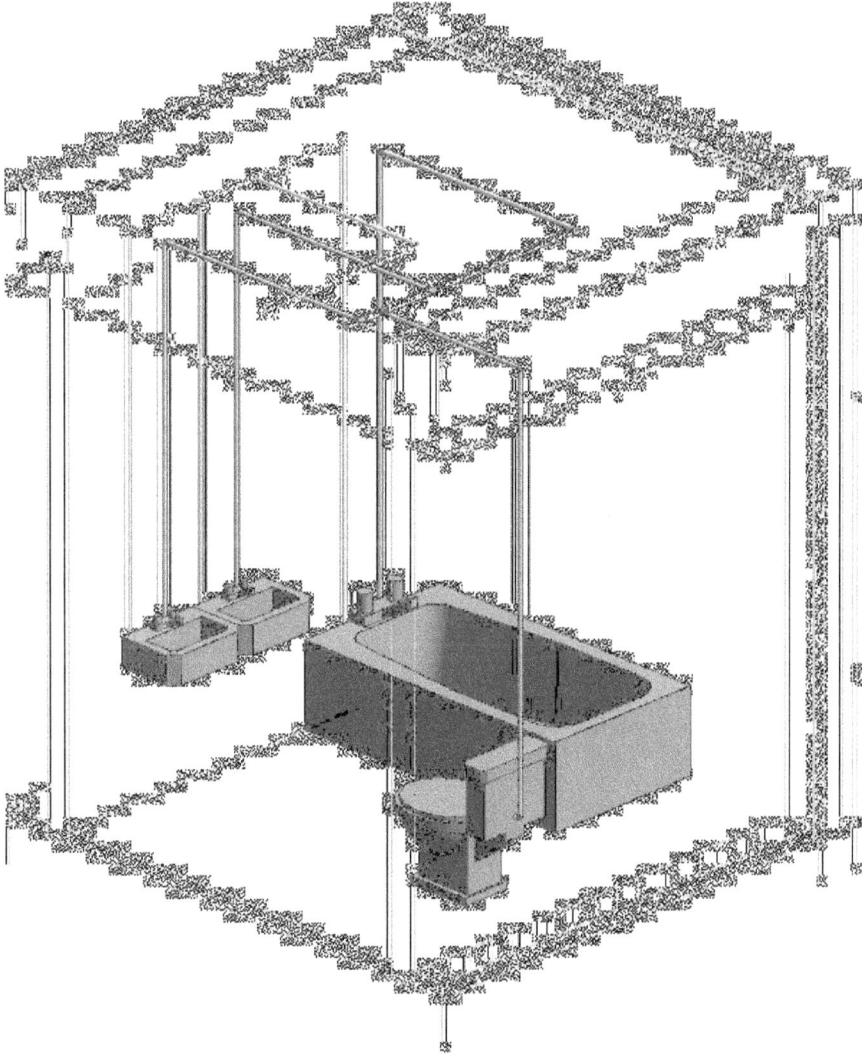

Como los sistemas de fontanería ya están creados en este cuarto, podremos hacer una comprobación de flujos.

Primeramente modificaremos las unidades de proyecto como se muestra en la imagen.

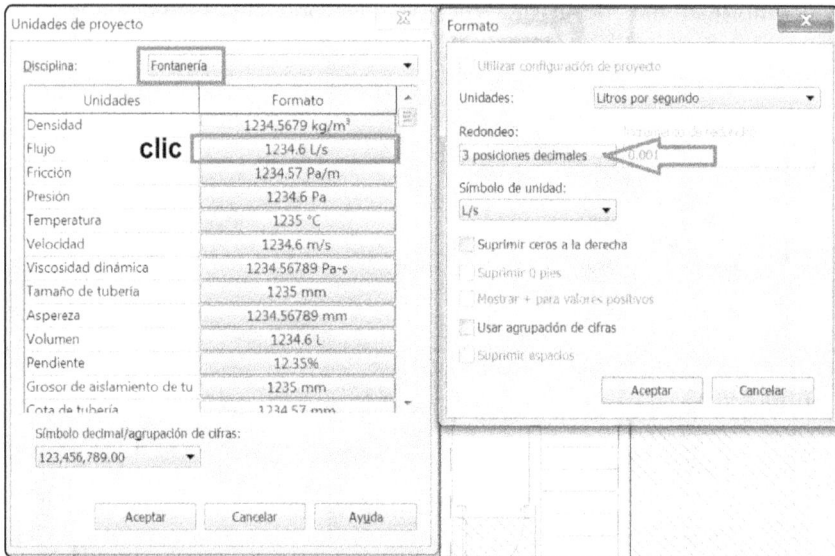

Para ello seleccionaremos una tubería del sistema de AF por ejemplo.

Al seleccionarla se activarán unas herramientas que anteriormente no aparecían, nos referimos en este caso al inspector de sistemas.

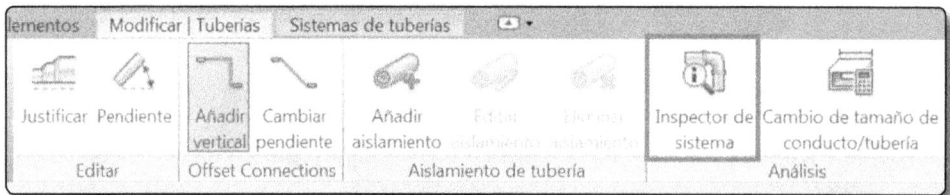

Al seleccionar la herramienta se velará la pantalla y para revisar el sistema tendremos que pulsar sobre el icono de inspeccionar que aparecerá en una ventana emergente.

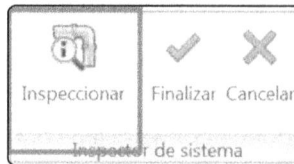

Automáticamente en la red de tubería de agua fría aparecerán unas flechas con la dirección del flujo y siguiendo al cursor una lupa.

Si vamos pasando por encima de diferentes segmentos de tubería veremos qué flujo porta cada uno de ellos.

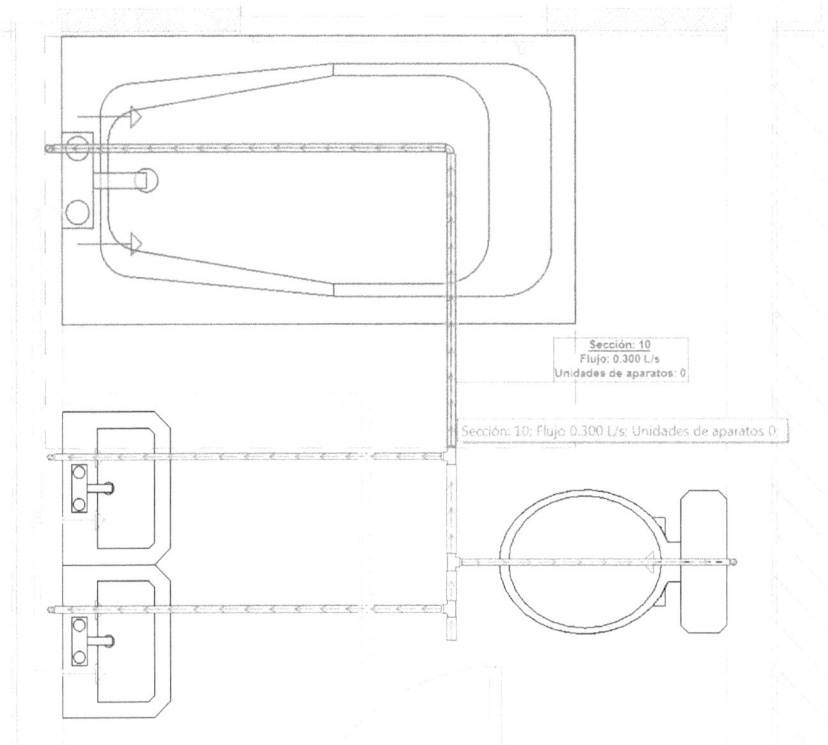

Para salir del inspector de sistemas tendremos que pulsar sobre el icono de Cancelar.

El otro sistema que faltaría para terminar sería el de saneamiento.

De los tres será el más complejo y el que más deberemos modificar, normalmente el saneamiento es más sencillo dibujarlo de forma manual, pero en este caso explicaremos cómo ejecutarlo de una forma semiautomática.

Seleccionaremos todos los aparatos sanitarios del cuarto y crearemos el sistema de saneamiento de la misma forma que se hizo anteriormente con los de ACS y AF.

En el caso que ya se hubiera creado por algún motivo y queramos volver a acceder a un sistema no tenemos más que pulsar la tecla F9 para acceder al navegador de sistemas y pulsar sobre el sistema.

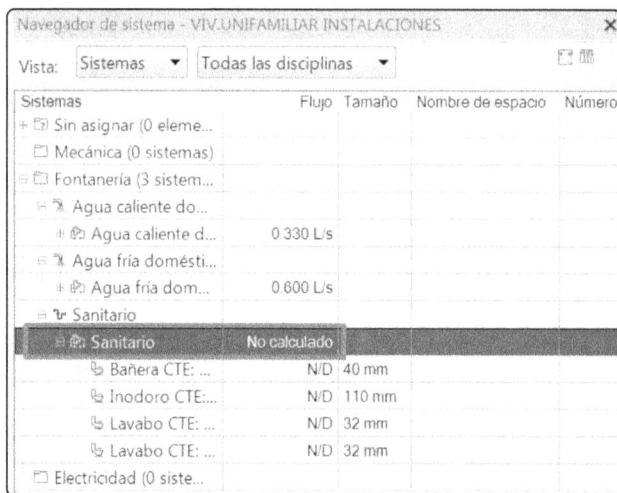

Tras estar seleccionado el sistema sanitario pulsaremos sobre el icono Generar diseño.

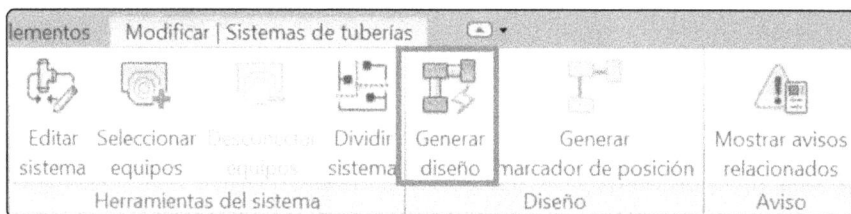

En el caso del saneamiento será necesario colocar un punto base, que será donde se recojan todas las descargas de los aparatos del cuarto.

Para insertar este punto base, pulsaremos sobre la herramienta Colocar base.

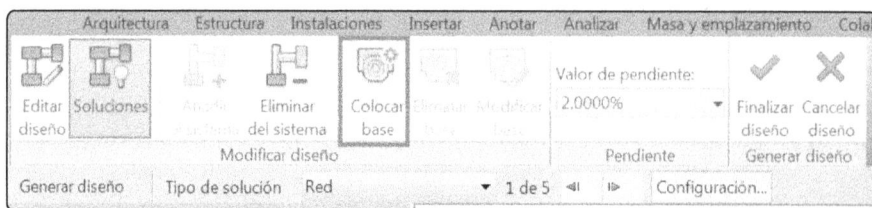

Para ubicarlo en el cuarto no tendremos más que hacer un clic.

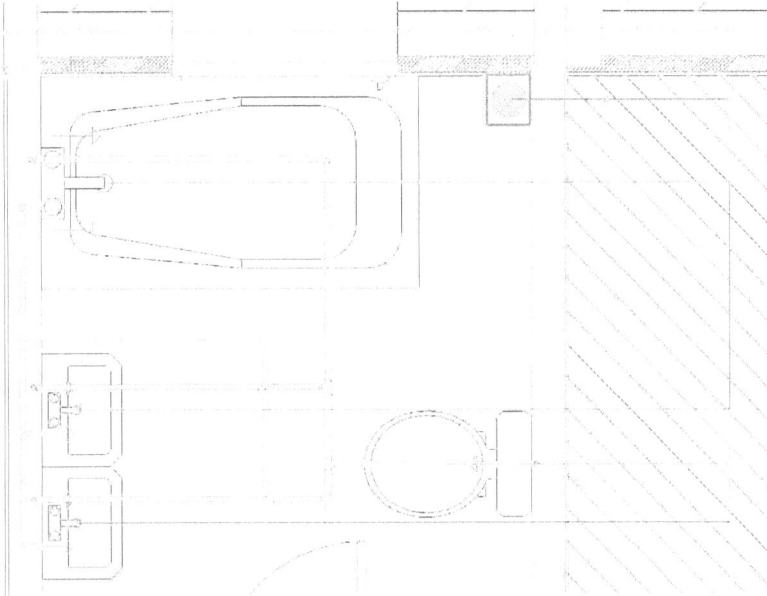

Esta bajante o colector tendrá un diámetro de 110 mm y un desfase de 0 m que lo asignaremos desde la siguiente pestaña.

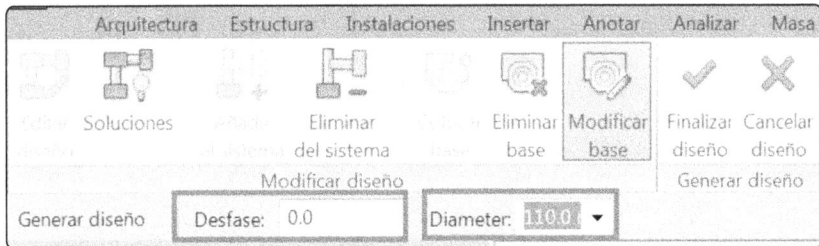

> (i) **NOTA**
>
> Es importante que el conector del inodoro este modificado con el diámetro de 110 mm ya que por defecto está asignado uno de 100 mm.

Seleccionaremos la opción 6 y le daremos una pendiente del 2%.

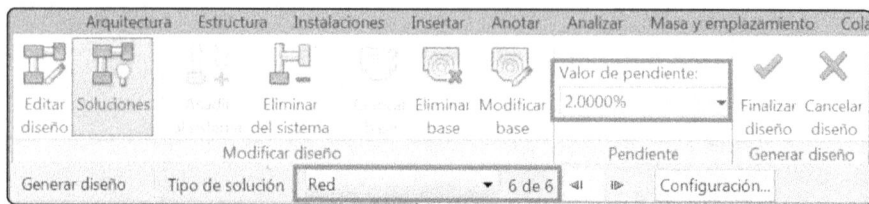

Pulsaremos en finalizar para terminar el diseño, es posible que aparezca un error el cual ignoraremos.

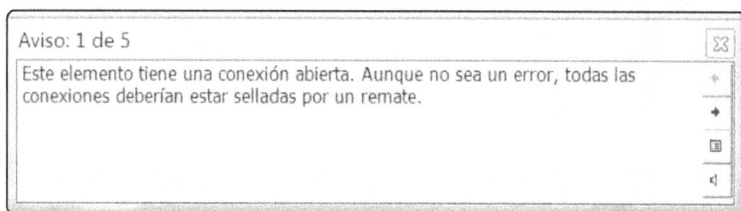

Finalmente, obtendremos algo similar a lo que muestra la imagen.

Para ver el resultado desde la planta tendremos que abrir la vista de saneamiento y asegurarnos que la configuración del rango de vista es la siguiente.

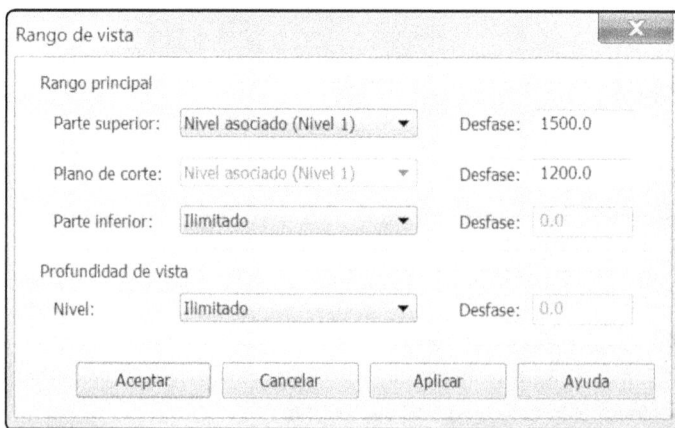

Otra opción es visualizarlo desde un 3D.

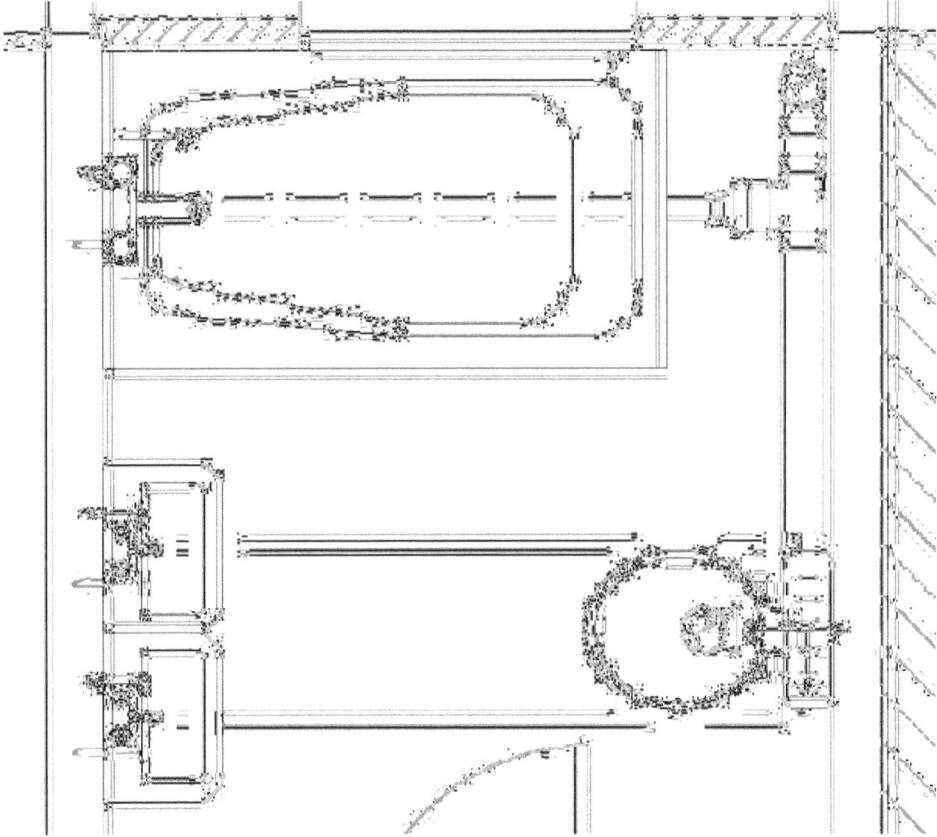

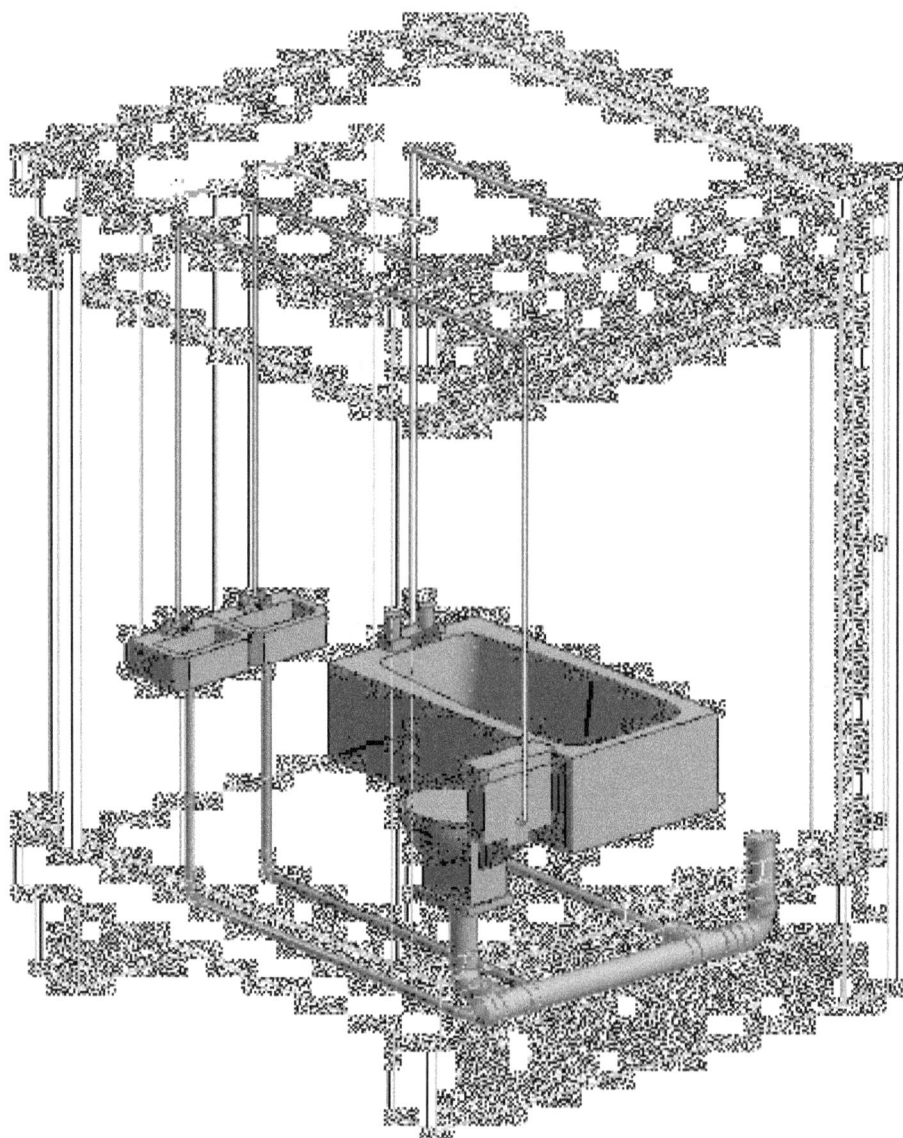

Si nos fijamos en la imagen podremos ver que una de las tuberías no se ha conectado de forma correcta, ya que no está de color verde y, por lo tanto no se ha asignado al sistema.

Iremos a una vista de planta (saneamiento) y seleccionando la tubería la arrastraremos desde un extremo hasta la tubería de 110 mm formando un pequeño ángulo para que la evacuación vaya en dirección de las aguas y no se creen reflujos.

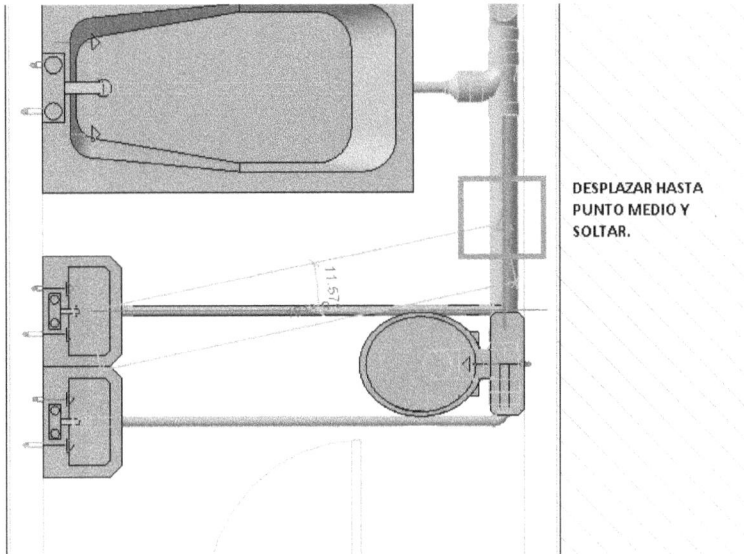

Automáticamente se creará la pieza de unión.

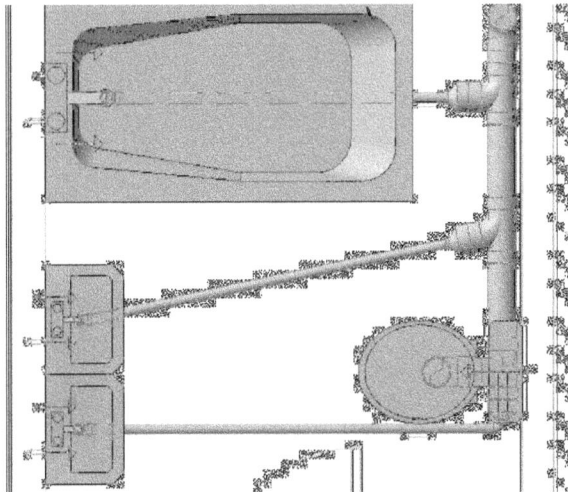

Si abrimos una vista en 3D y usamos el view cube para ver una vista de alzado (Frontal).

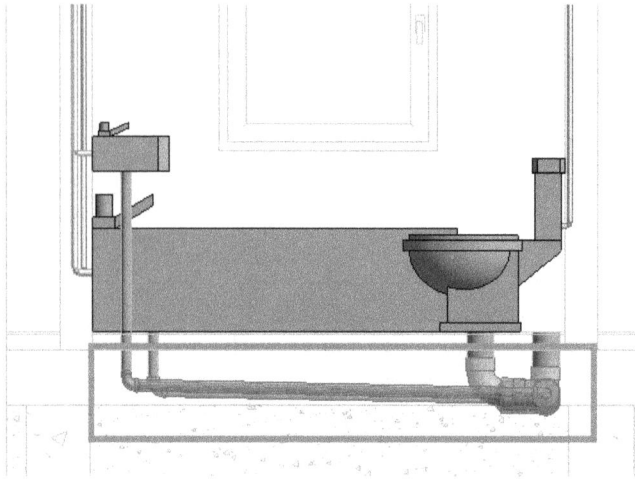

Podremos observar que el saneamiento se está insertando en la losa, para bajar la cota procederemos de la siguiente manera.

Seleccionaremos los elementos que se ven en la imagen anterior.

Con la tecla de desplazamiento (del teclado) hacia abajo iremos bajando la cota de esos elementos hasta que estén por debajo de la losa.

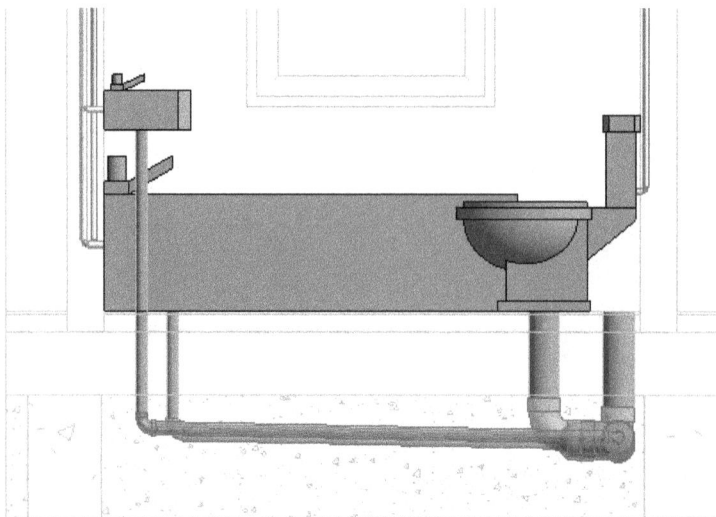

Por último, cambiaremos el diseño para obtener una instalación más ejecutable y real.

Borraremos las piezas que se muestran hasta obtener algo como la imagen.

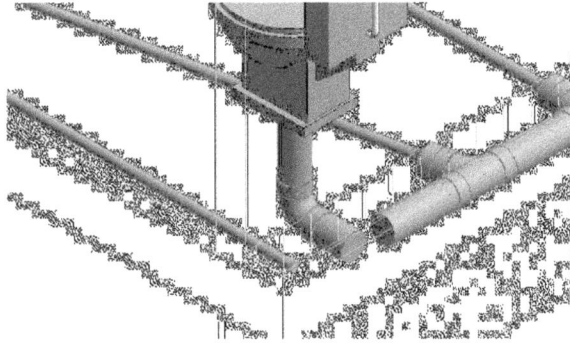

Desde el 3D con el view cube nos posicionaremos en una vista de planta.

Y realizaremos la siguiente unión.

1. Seleccionaremos la tubería indicada.

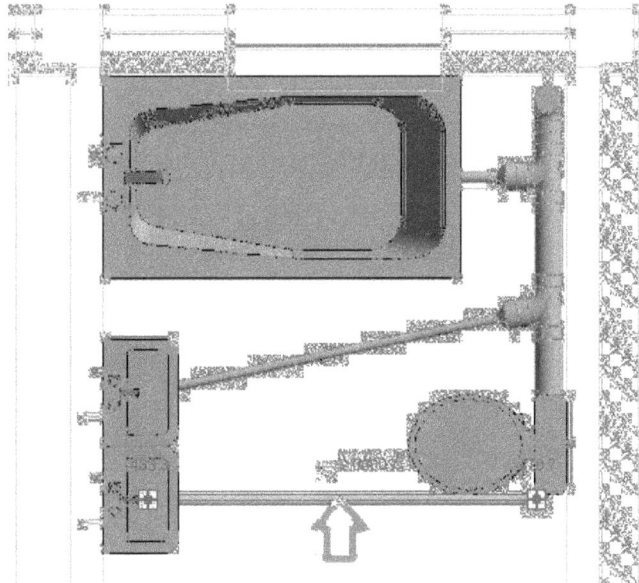

2. Pulsaremos en el cuadrado del extremo final de la tubería con el botón izquierdo del ratón y sin soltar desplazaremos la tubería hasta eje del ramal del otro lavabo, se conectará de forma automática, como muestra la imagen.

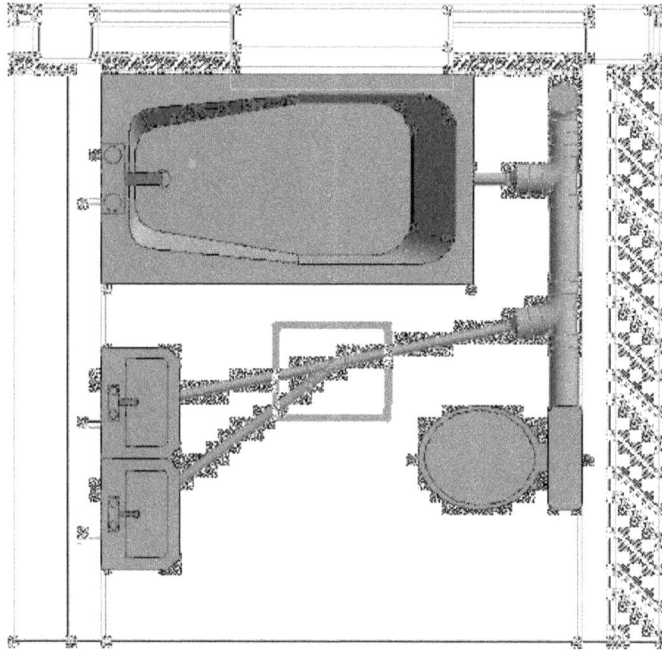

3. Resolveremos el encuentro del inodoro seleccionado la tubería que se muestra y desplazándola hasta el punto medio de la otra.

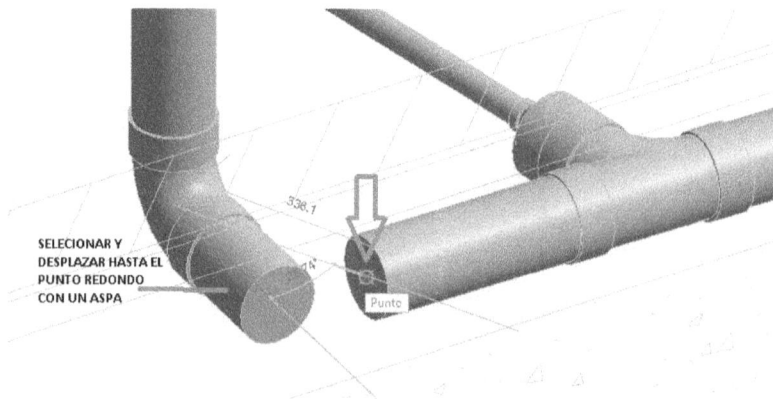

Se generará automáticamente el codo.

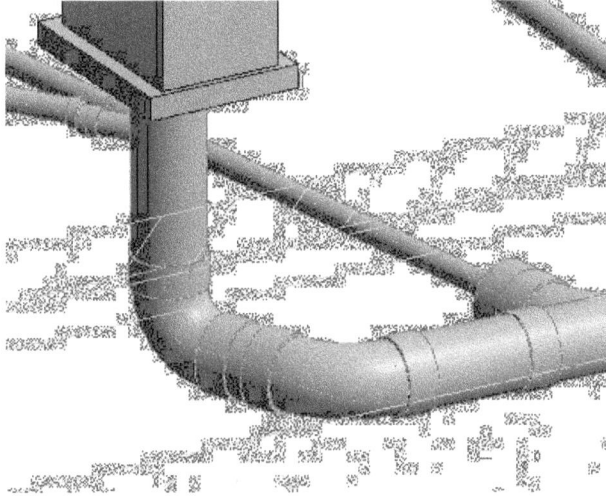

4. Por último, cambiaremos la pieza del punto base para poder conectar posteriormente la salida con una arqueta.

Para ello seleccionaremos el codo.

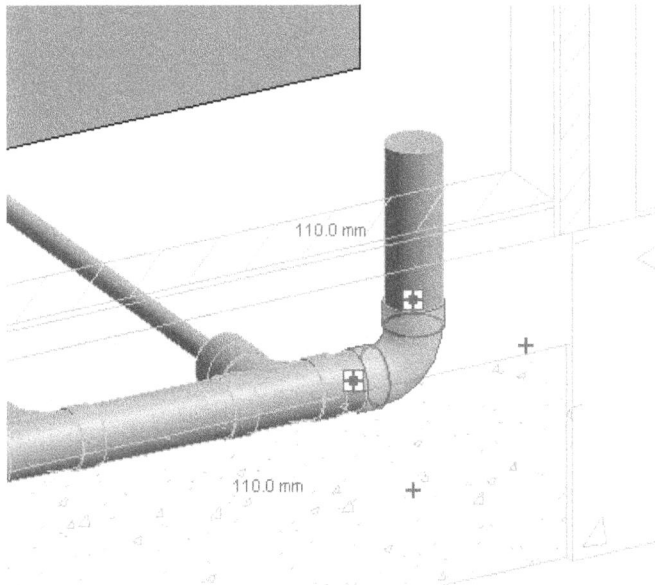

Pulsaremos sobre el + inferior para generar una pieza en T.

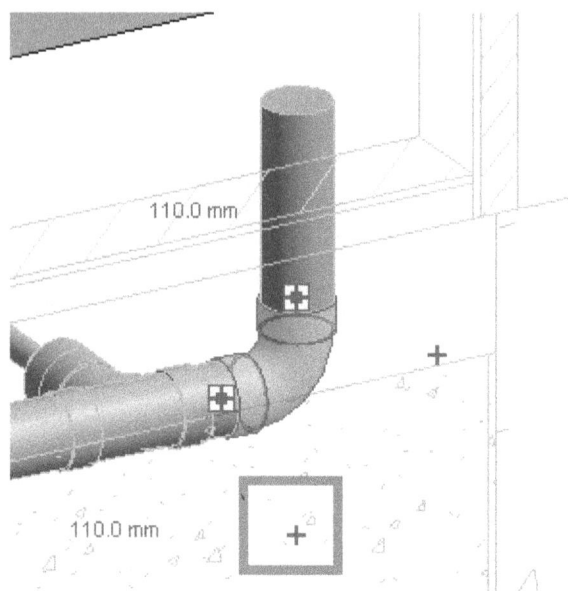

Finalmente obtendremos algo como la siguiente imagen.

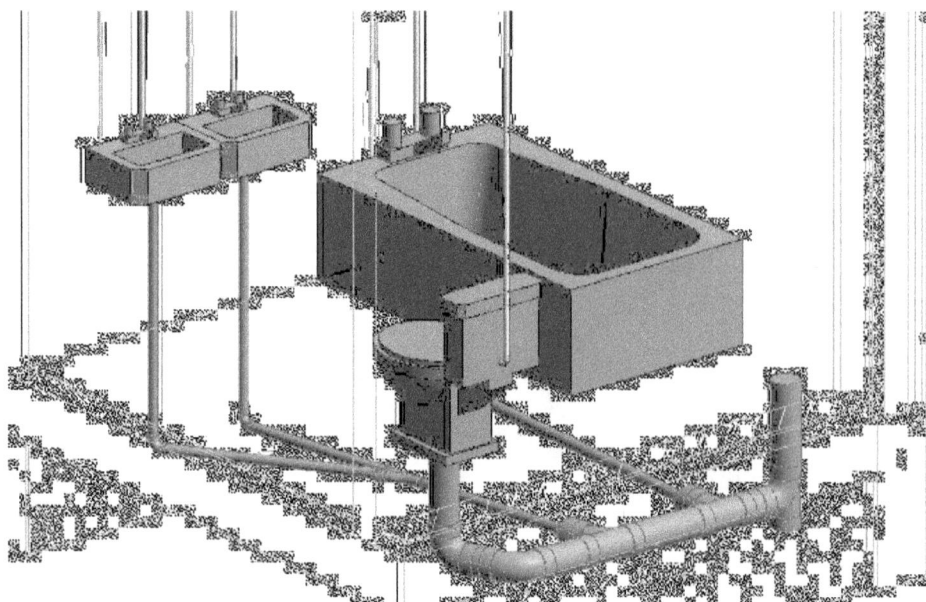

## 6.1.2 Diseño de tuberías de forma manual

En el apartado anterior, aunque se hiciera un modelado fundamentalmente automático, el ajuste final de la red se terminó haciendo de una forma manual.

A continuación, realizaremos el ejemplo de la red de fontanería de la cocina, pero de una forma totalmente manual.

Primeramente, insertaremos en el modelo todos los aparatos.

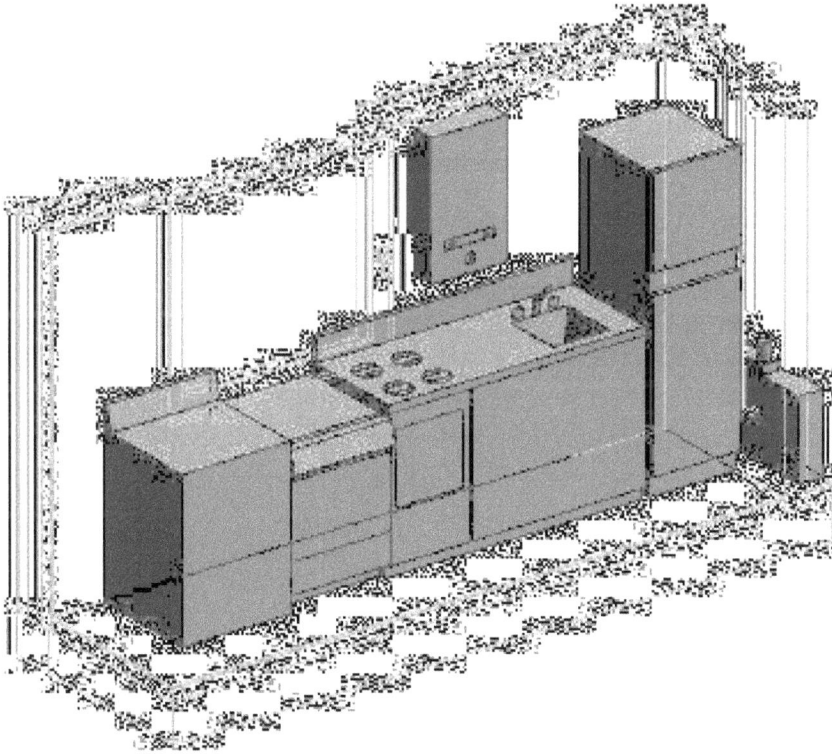

Se puede observar que los muebles interfieren con la carpintería, por lo que tenemos dos opciones, o elegir unos muebles más bajos o aumentar la altura de antepecho de la ventana, lo cual será lo más sencillo, ya que la altura es únicamente 0,8 m. Este cambio tendrá que realizarse desde el proyecto de arquitectura.

La red podrá trazarse de todas formas por lo que procederemos a ello.

Primeramente, trazaremos la red que vendrá desde la puerta principal.

Para ello seleccionaremos la herramienta de tubería.

Insertaremos la tubería a una altura de 2750 mm respecto del acabado del nivel 1.

Empezaremos la tubería cerca de la puerta de entrada para poder unirla posteriormente al contador de agua que estará en un armario en fachada.

Nos aseguraremos que los parámetros son:

▸ Tubería de PEX – Polietileno reticulado
▸ Altura 2750 mm
▸ Sistema agua fría doméstica
▸ Diámetro 32 mm

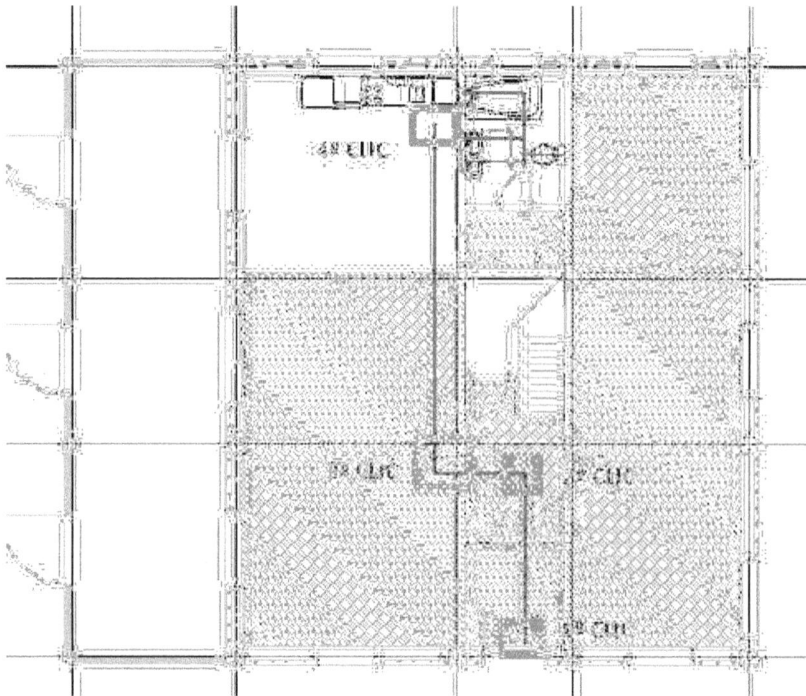

En la derivación que va hacia el cuarto de baño tendremos que disminuir el diámetro.

A 25 mm hacia la cocina y 25 mm hacia el baño, el cual podremos conectar con el sistema creado anteriormente.

Para trazar la derivación del baño tendremos que tener activada la herramienta de tubería con los parámetros correctos y haremos un clic en la tubería principal.

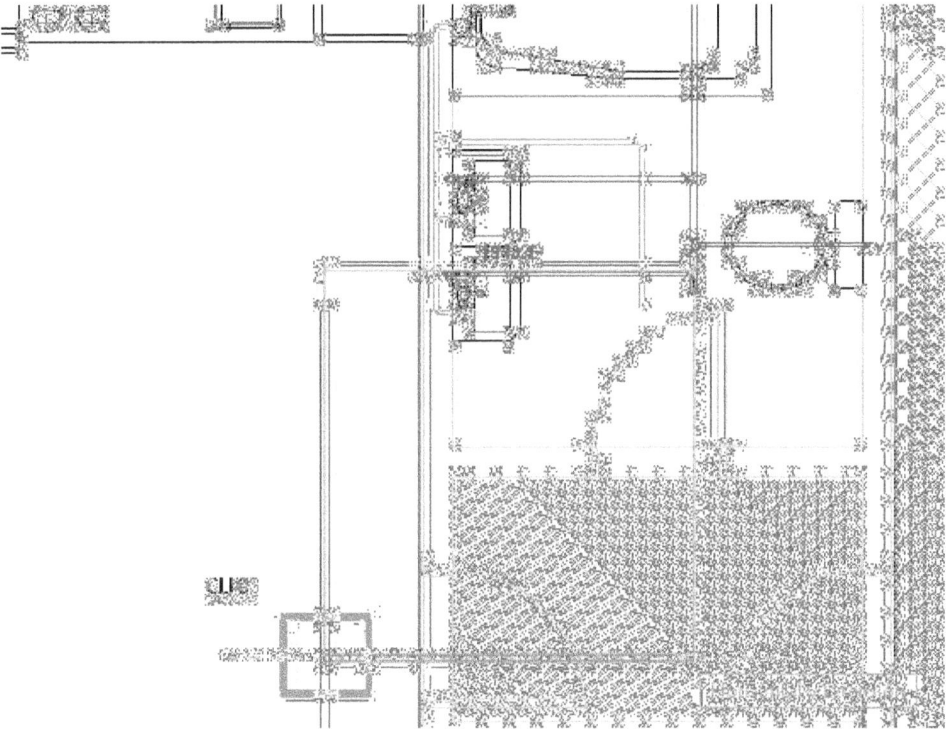

Para unirla con la tubería del baño únicamente tendremos que seleccionar la tubería del baño y con el extremo pulsado lo arrastraremos hasta el segmento recién trazado.

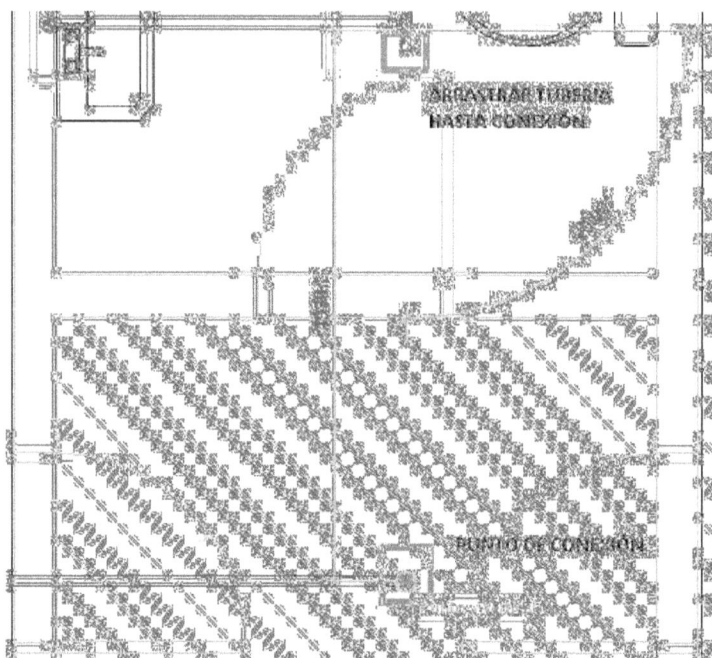

La unión se generará automáticamente y obtendremos algo parecido a la siguiente imagen.

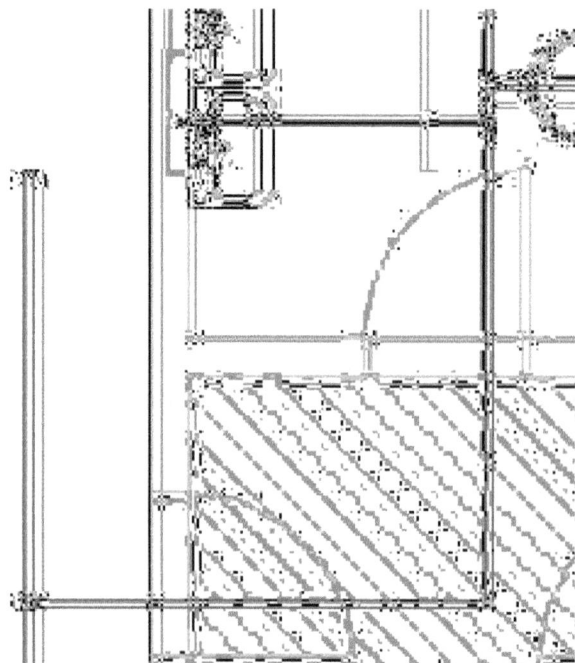

Modificaremos el diámetro del ramal que va hacia la cocina seleccionando un diámetro de 25 mm y lo prolongaremos hasta el muro Norte.

Para modificar el diámetro seleccionaremos el tramo de tubería y desde la barra modificar seleccionaremos el diámetro de 25 mm.

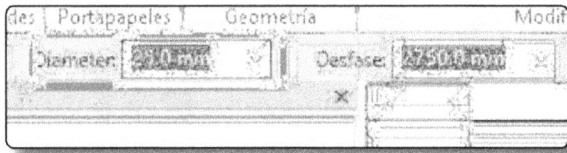

La tubería debe ser prolongada hasta el muro, para hacer esto bastará con tener seleccionada la tubería y arrastrar el cuadrado del extremo hasta el punto del muro que se indica en la imagen.

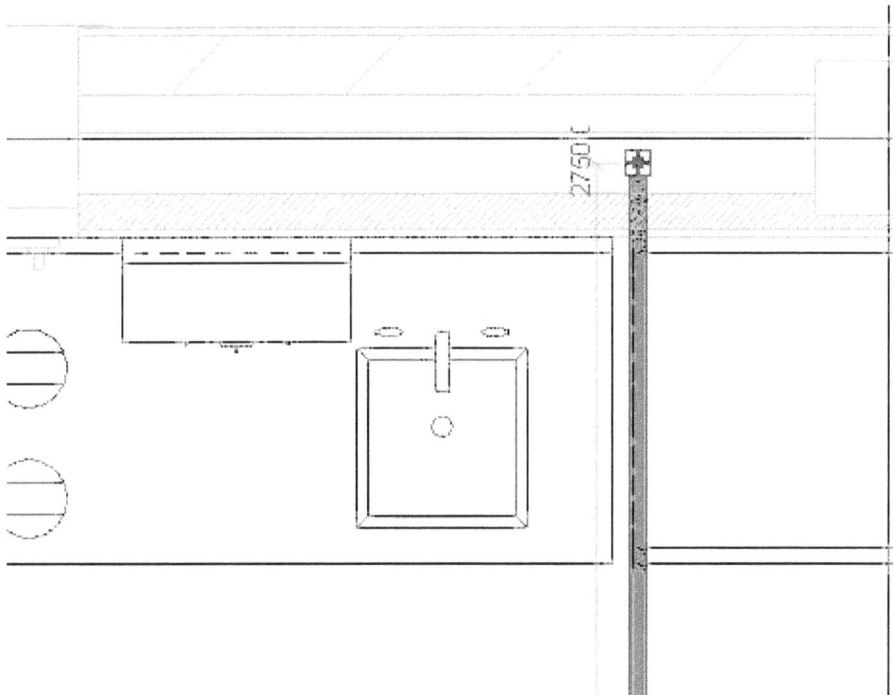

El siguiente paso será sacar un ramal para la caldera de AF y otro para los aparatos de la cocina.

Para ello crearemos una sección similar a la de la imagen.

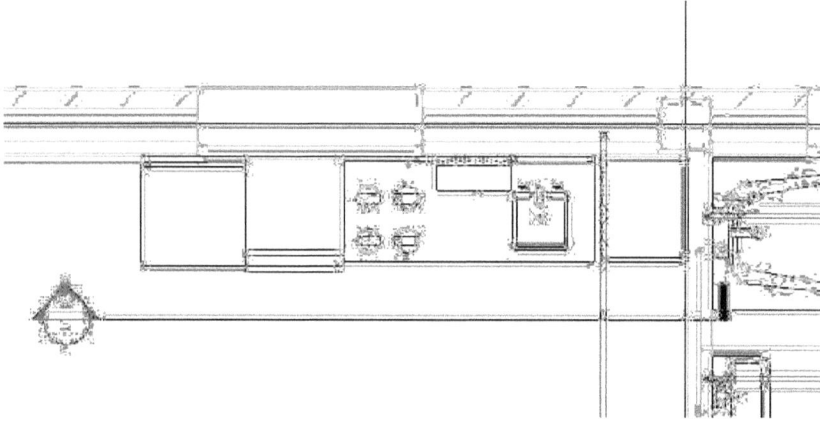

Abriremos la sección y seleccionaremos la caldera (nivel de detalle alto).

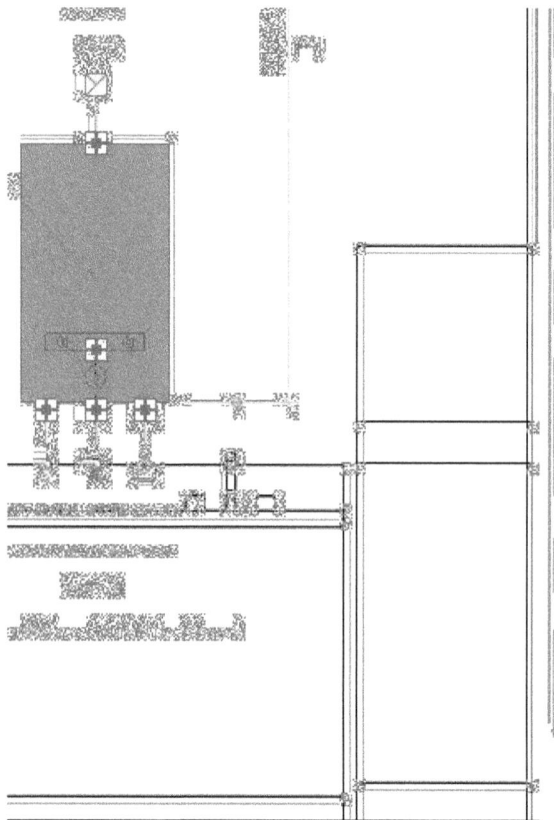

Haremos clic con el botón derecho del ratón sobre el cuadrado del conector de AF.

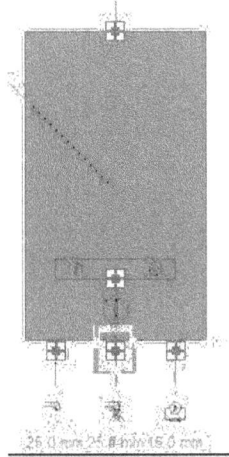

Se abrirá un menú donde seleccionaremos dibujar tubería.

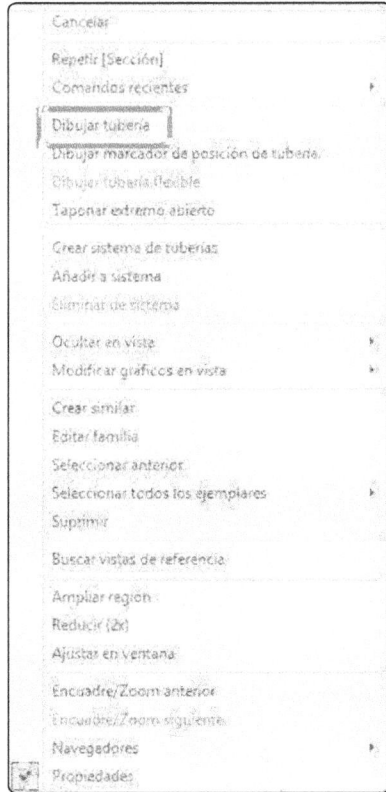

Automáticamente crearemos un tramo vertical hacia abajo, para finalizar el tramo haremos un clic cuando veamos que el segmento de tubería tiene la longitud que precisemos.

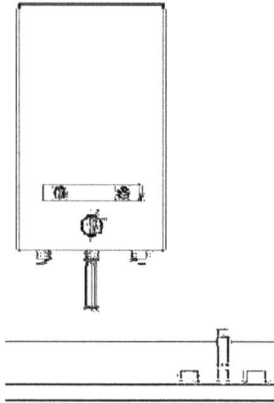

Con la herramienta medir comprobaremos a que altura se encuentra el final de la tubería.

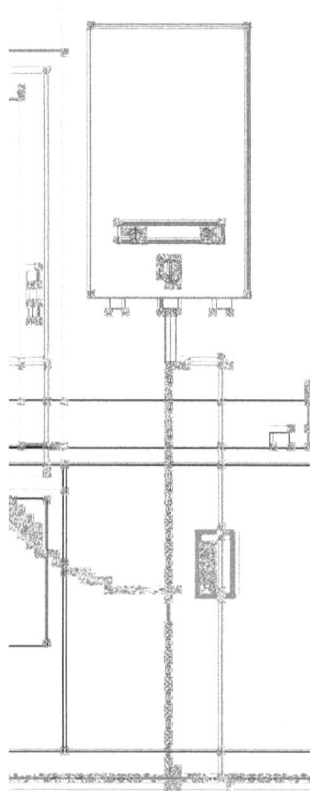

Desde la vista de planta trazaremos otra tubería con la cota que hayamos obtenido anteriormente en el caso del ejemplo 1155.8 mm.

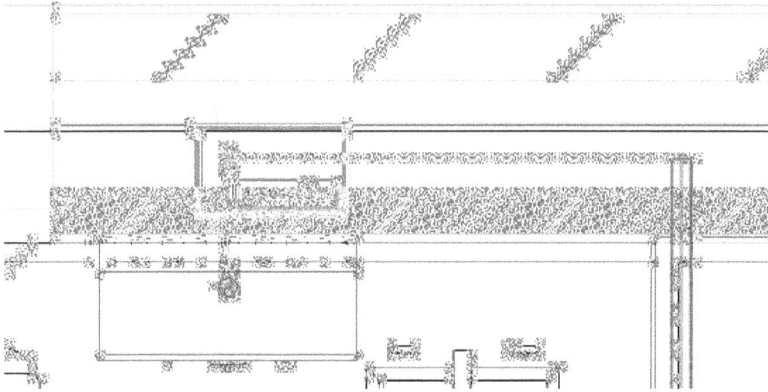

Seleccionaremos el punto de intersección como inicio del segmento de tubería.

Trazaremos la tubería hacia la izquierda hasta el punto medio de encuentro con el ramal que va por falso techo.

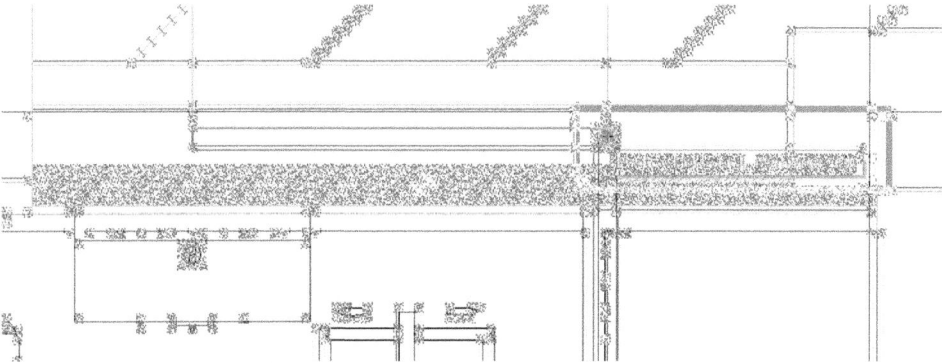

Si abrimos un 3d podremos observar que la tubería vertical se ha creado automáticamente al realizar la conexión desde la planta.

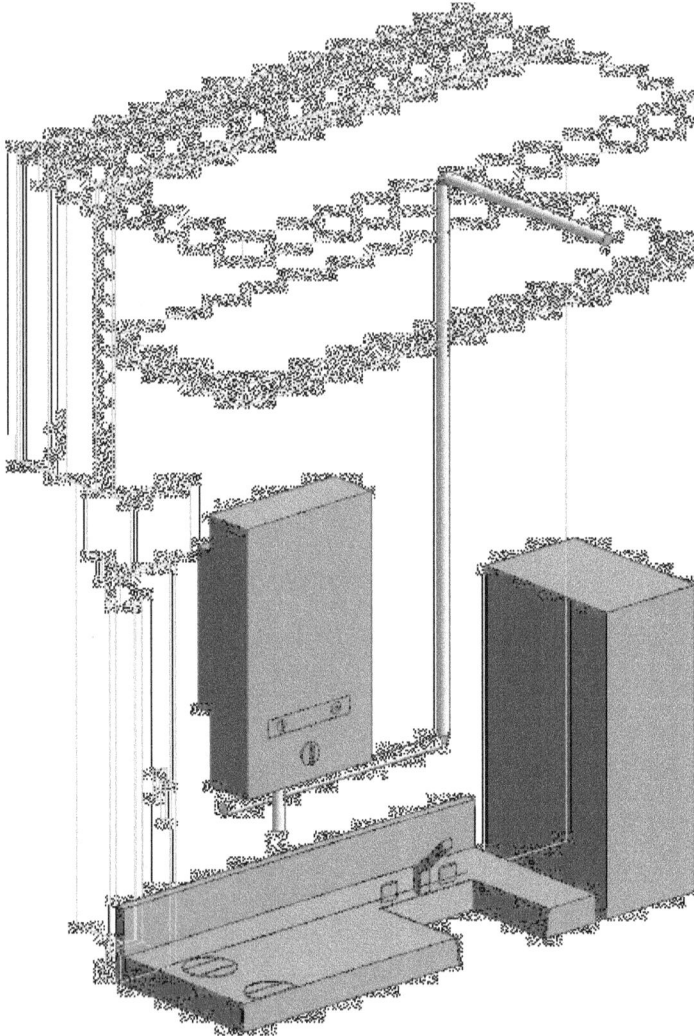

Por eso suele ser muy recomendable modelar con una ventana en planta y otra en 3D para ver instantáneamente los elementos que se van creando en su totalidad.

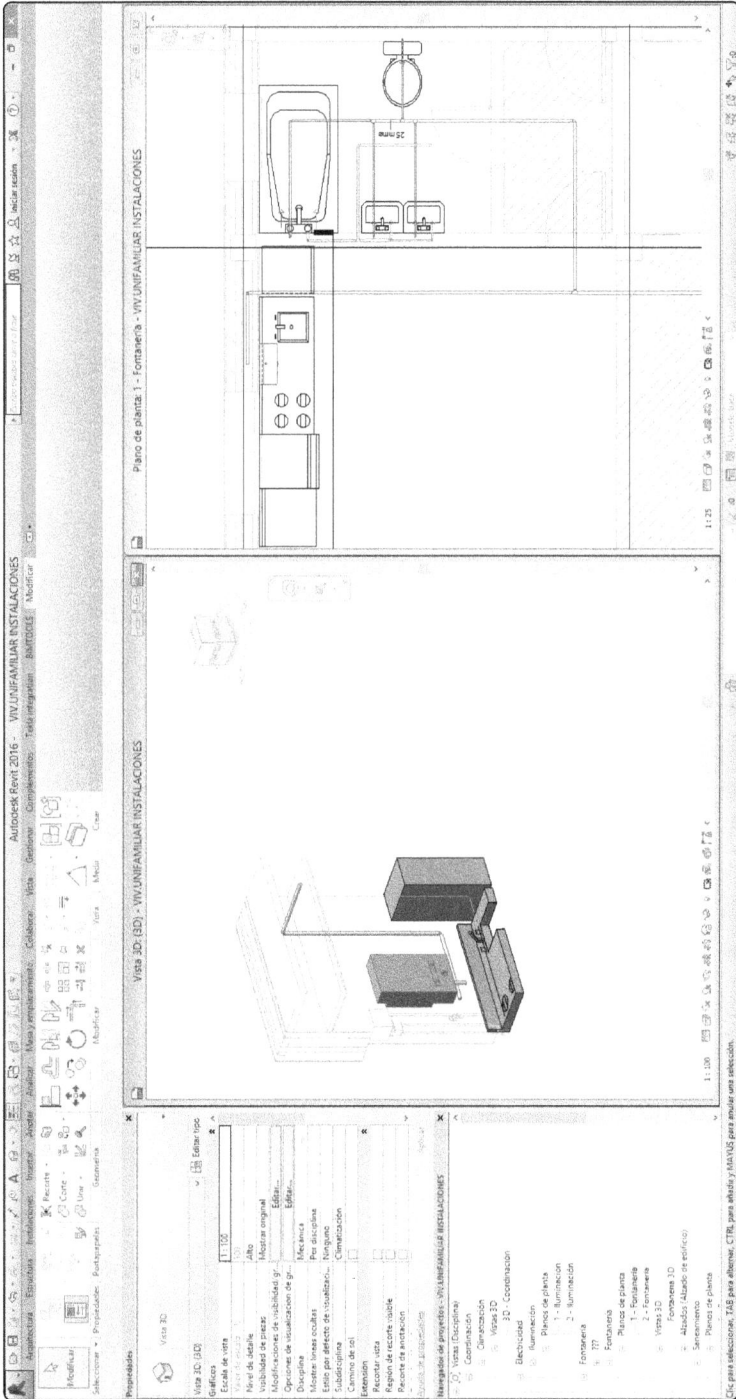

Faltaría dibujar la tubería de conexión con la caldera, esto puede hacerse desde una vista de planta o sección, en este caso se dibujará desde la planta.

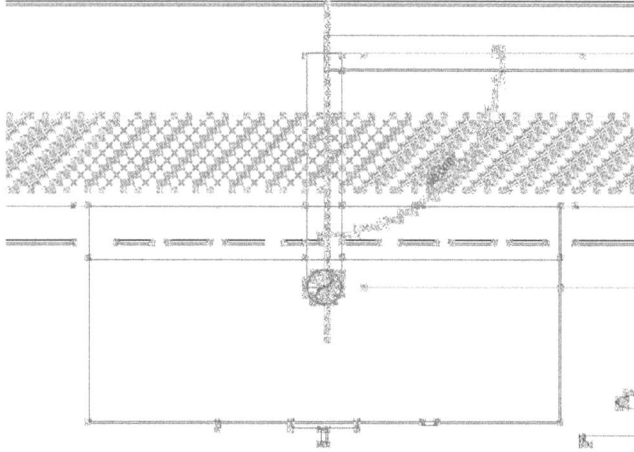

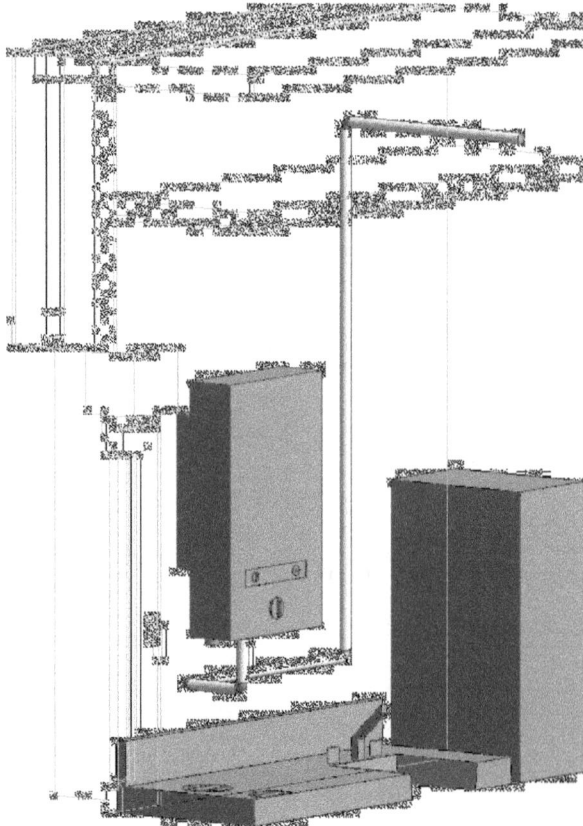

Siguiendo el procedimiento de modelado manual se podrá dibujar el resto de tuberías de AF y ACS, además del saneamiento.

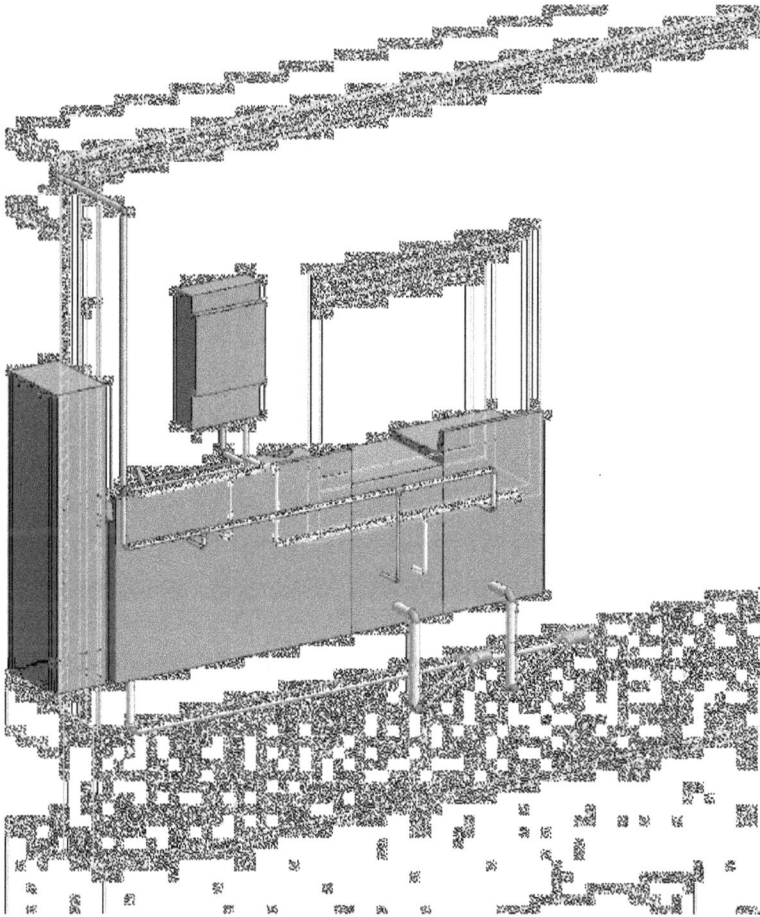

## 6.2 INTRODUCCIÓN DE ACCESORIOS DE TUBERÍA

El siguiente paso en el modelado de la instalación de fontanería será introducir las válvulas y elementos necesarios para el correcto funcionamiento de la instalación.

Por defecto, las plantillas de instalaciones que trae Revit no tienen cargadas las familias de accesorios de tuberías, por lo tanto será el primer paso a seguir.

Seleccionaremos la herramienta accesorios de tubería desde la Ficha Instalaciones, Grupo Fontanería y tuberías, Herramienta: Accesorio de tubería.

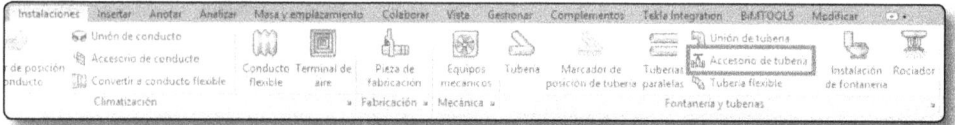

Cuando pulsemos en la herramienta al no haber por defecto ninguna familia carga se abrirá la siguiente ventana.

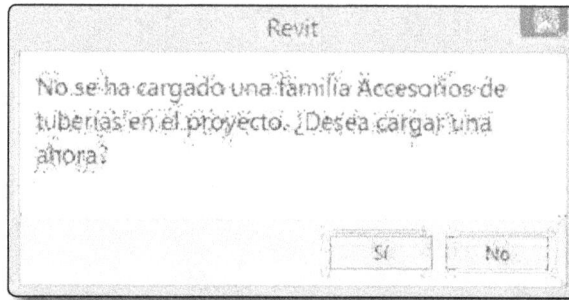

Pulsaremos en Sí y se abrirá la ventana con las carpetas de las familias, desde la cual seguiremos la ruta que se muestra en la imagen.

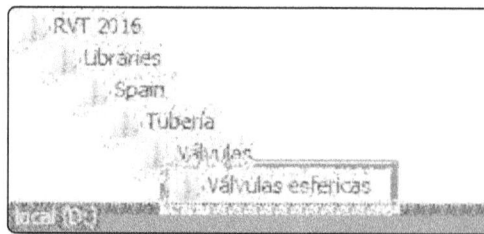

Desde la carpeta de válvulas esféricas abriremos la familia de M-válvula esférica 50-150 mm.

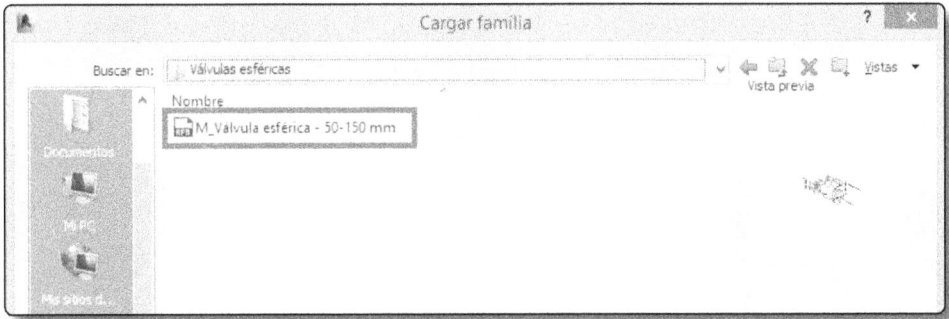

Al cargar la válvula seguirá al cursor y si nos fijamos le acompaña una leyenda, la cual explica como colocar esta familia.

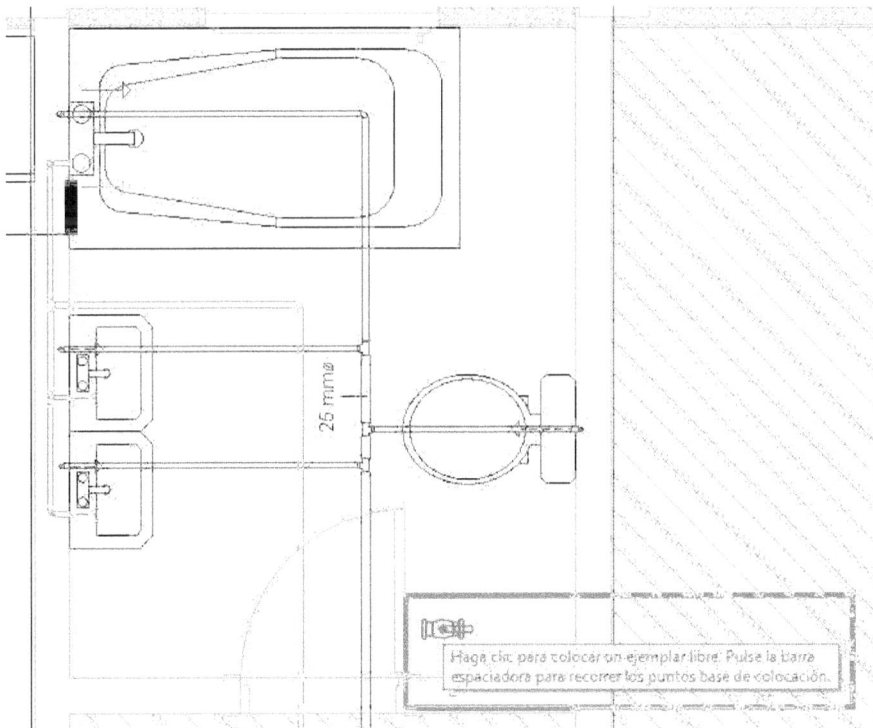

Para colocar la familia posicionaremos el cursor encima del eje de una tubería y haremos un clic con el botón izquierdo del ratón.

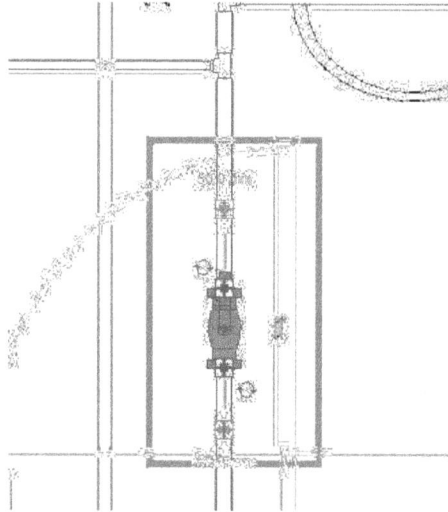

La válvula no es del tamaño correcto ya que los tipos disponibles van desde 50 a 150 mm, duplicaremos la familia y crearemos los tipos de 25-20-15 mm.

Automáticamente se ajustará al tamaño indicado correspondiendo con la sección de la tubería.

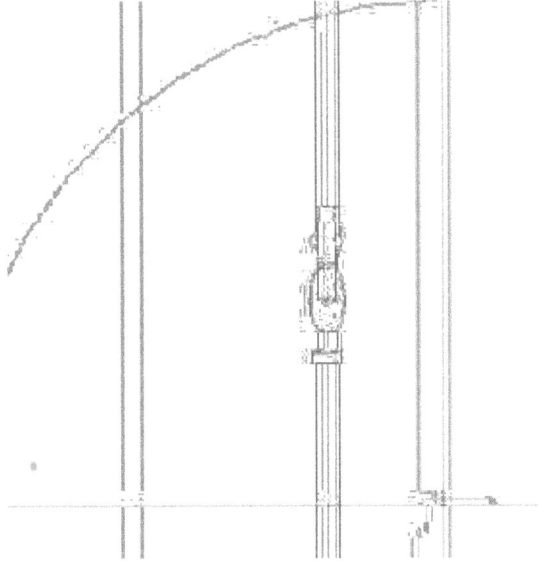

Por último, si seleccionamos la válvula podremos cambiarla de sentido o de orientación pulsado sobre las flechas de doble sentido.

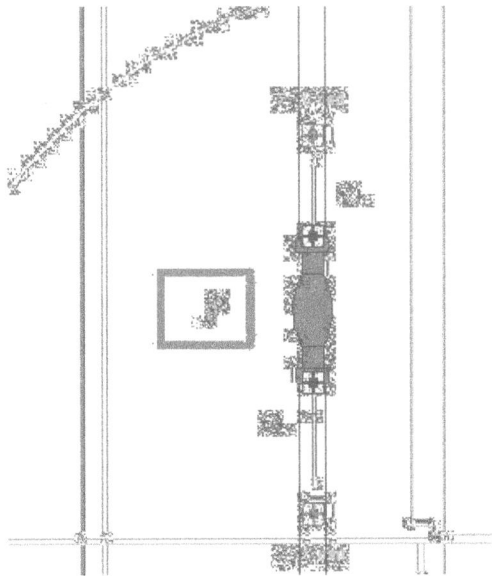

También puede rotarse haciendo uso de las flechas que se muestran en la imagen.

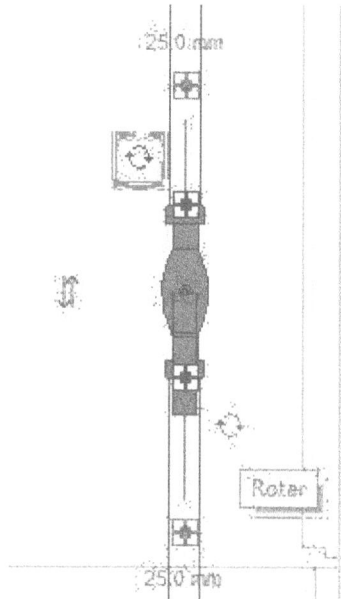

Aparte de las válvulas otros accesorios de tuberías como bridas y uniones especiales podemos encontrarlas en la carpeta que se muestra a continuación.

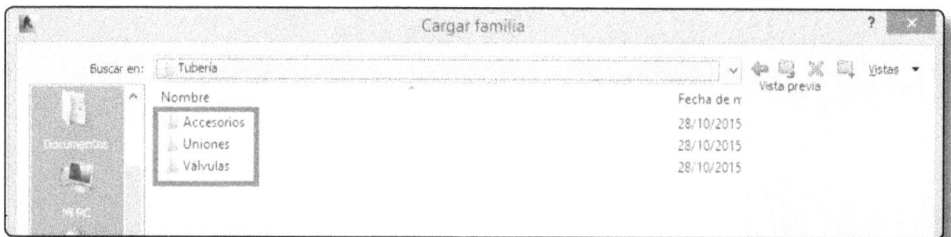

# 6.3  AISLAMIENTO DE TUBERÍAS

En determinados casos las tuberías, así como otros elementos dentro de las instalaciones tienen que disponer de un aislamiento.

En este apartado veremos cómo añadir aislamiento a un sistema de tuberías, así como a los elementos de unión y accesorios que lo componen.

El procedimiento es sumamente sencillo, seleccionaremos una tubería de ACS.

En la ficha Modificar aparecerá un icono que da la opción de añadir aislamiento, pulsaremos en dicha herramienta.

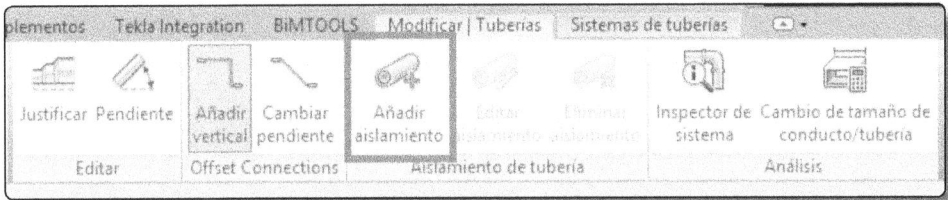

Se abrirá una ventana desde la cual podremos escoger qué tipo de aislamiento queremos utilizar.

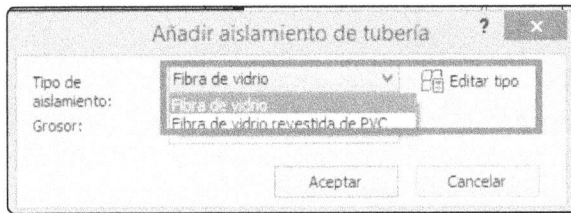

Por defecto, el programa solo trae dos tipos de aislamiento pero si pulsamos en Editar tipo se abrirá el editor de materiales y podremos crear el material que se ajuste a nuestras necesidades.

Por otro lado el campo grosor nos permite dar el espesor del aislamiento introduciendo el valor en la casilla.

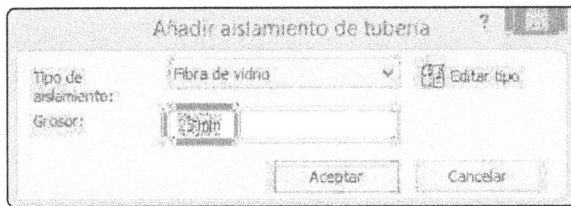

Pulsaremos en Aceptar y el aislamiento se colocará en ese segmento de tubería.

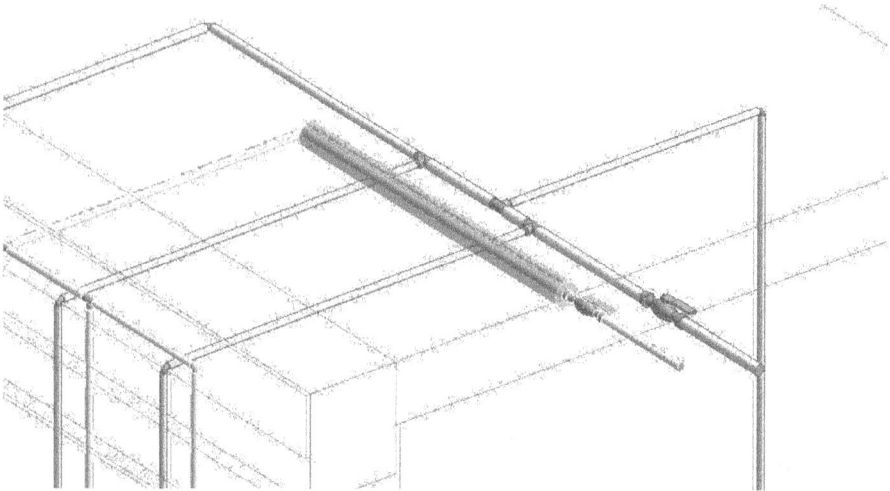

Para sistemas grandes y complejos sería imposible ir seleccionando uno a uno cada tramo, codo llave derivación, etc.

Por lo que la forma más habitual para añadir los aislamientos es mediante la selección del sistema de tuberías que se precise aislar desde el navegador de sistemas y posteriormente usar la herramienta de añadir aislamiento que se explicó anteriormente.

Para realizar la selección pulsaremos con botón derecho del ratón sobre el apartado que se ve en la imagen.

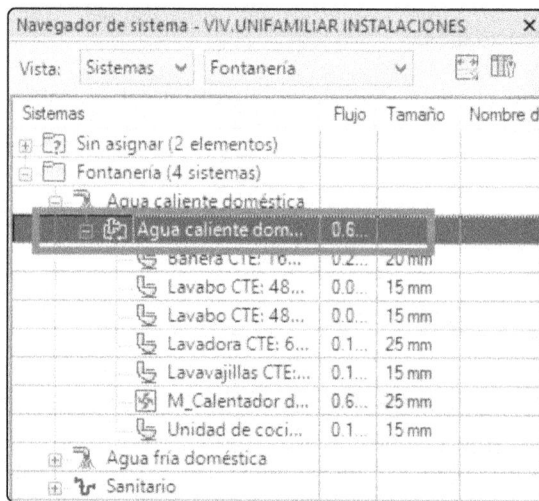

Se abrirá el siguiente menú en el cual escogeremos la opción de seleccionar todos los elementos.

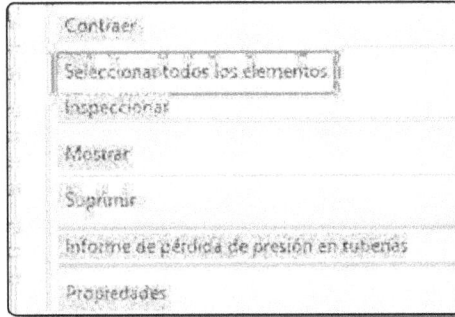

Usando la herramienta filtro.

Seleccionaremos únicamente las tuberías y los accesorios.

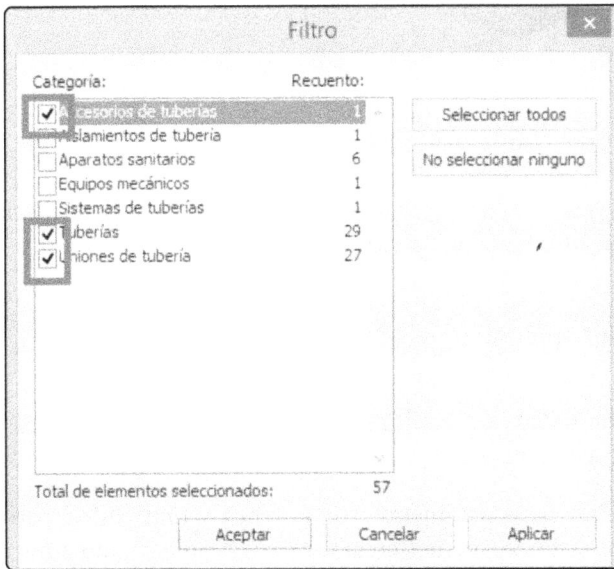

Pulsaremos sobre la herramienta añadir aislamiento y aceptaremos.

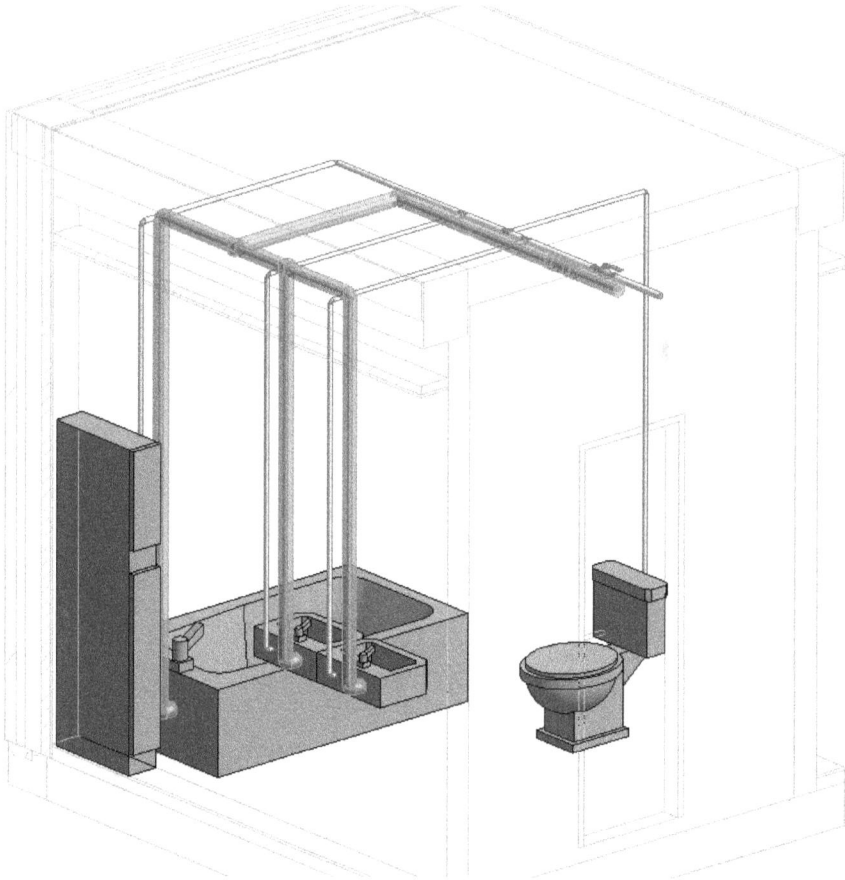

Como se puede observar todo el sistema de ACS dispone de aislamiento y se ha podido introducir de una única vez.

## 6.4 CREACIÓN DE NUEVOS PARÁMETROS PARA TUBERÍAS

En Revit todas las familias poseen parámetros comunes y parámetros particulares de cada categoría.

Por defecto estos parámetros son muchos y muy útiles, pero en ocasiones puede ser posible que necesitemos crear nuestros propios parámetros que se adapten a las necesidades específicas de cada proyecto.

En este tema veremos cómo crear un parámetro para la categoría de tuberías, conectores y accesorios de tuberías, con el que podremos designar los diferentes tramos de la instalación de fontanería.

Como es fundamental e indispensable que este parámetro se incluya en las tablas de planificación y se puedan crear familias de anotación con él, tendrá que ser un parámetro compartido.

Iremos viendo paso a paso como generarlo.

Primeramente, iremos a la Ficha Gestionar, Grupo Configuración, Herramienta Parámetros compartidos.

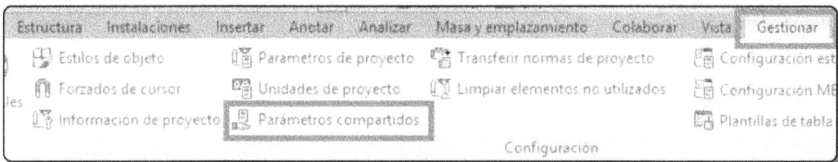

Al pulsar sobre el icono se abrirá la siguiente ventana.

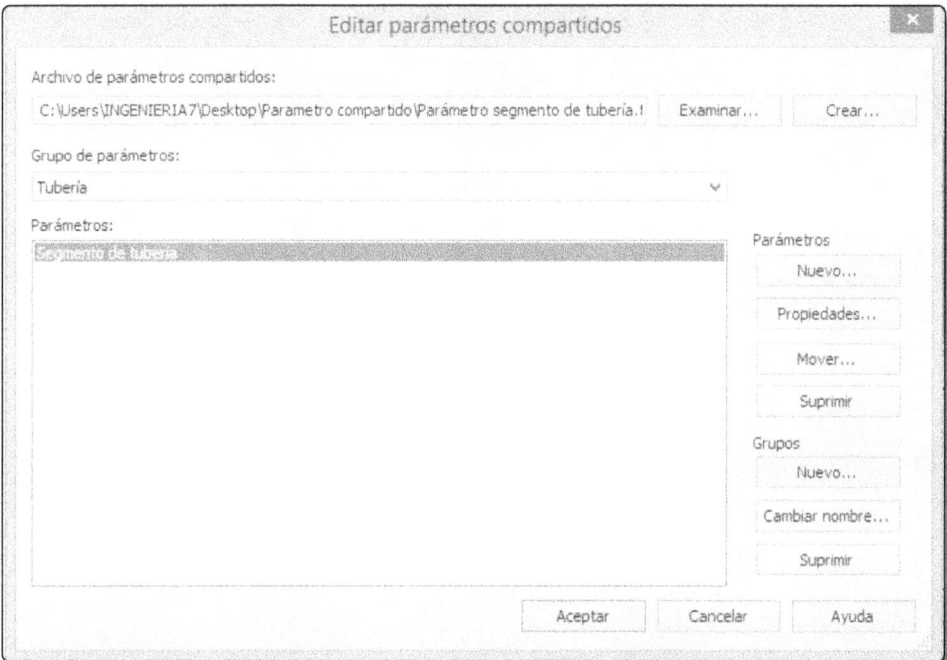

Es posible que la imagen no se corresponda exactamente ya que este proyecto ya disponía de un parámetro compartido.

Para crear uno nuevo desde el principio pulsaremos en el icono Crear.

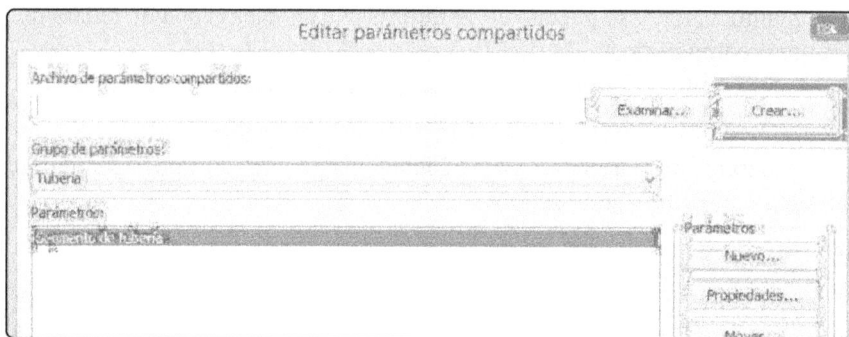

Se abrirá una ventana para guardar un archivo con la extensión, txt, que es generado automáticamente por Revit.

Llamaremos a ese archivo Tramo de tubería y pulsaremos en Guardar.

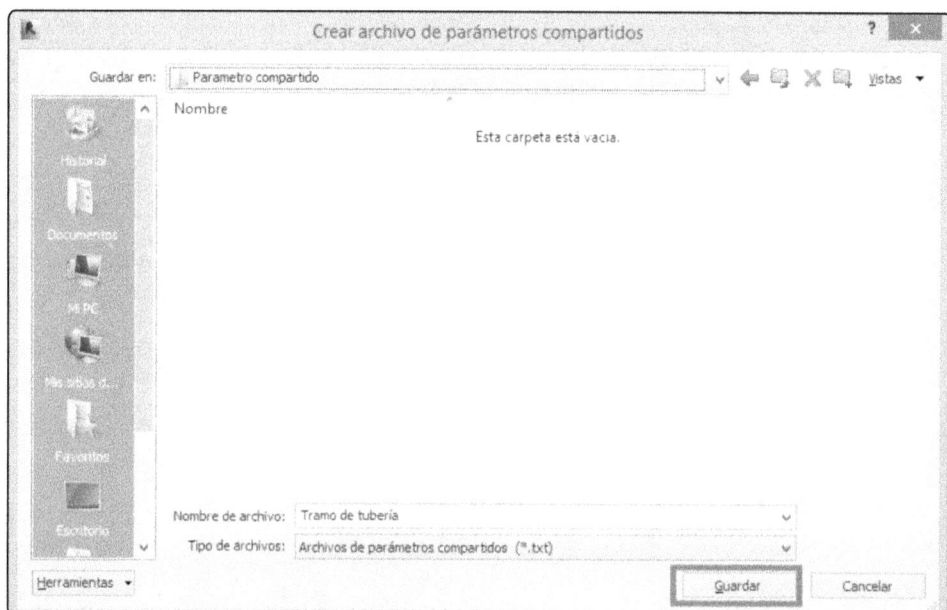

Automáticamente aparecerá la ubicación del archivo del parámetro compartido.

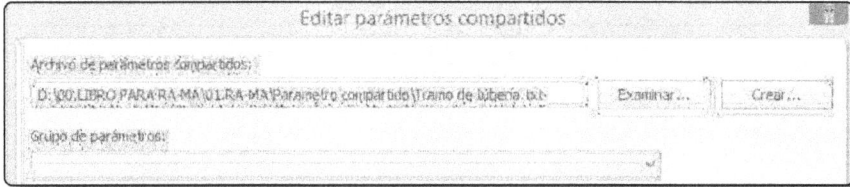

El siguiente paso será crear un nuevo grupo, para ello pulsaremos donde se indica.

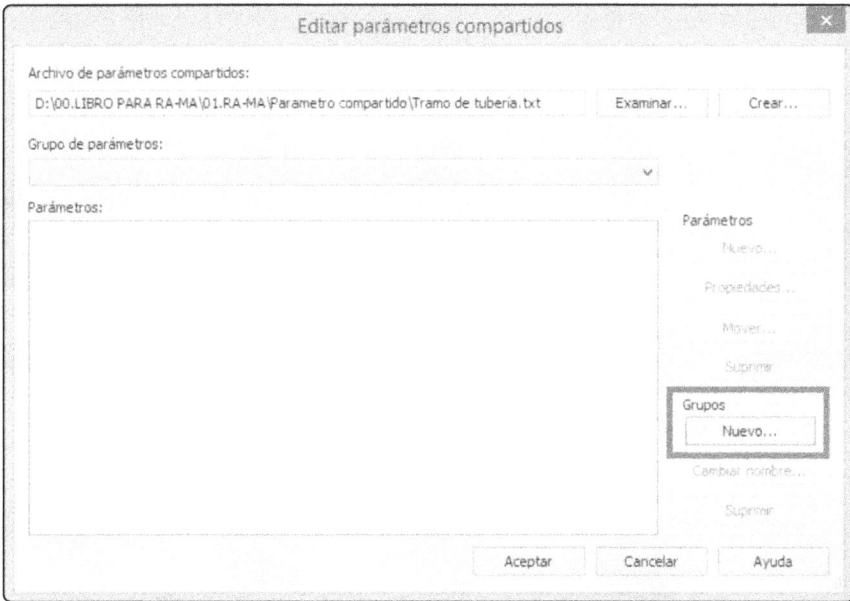

Escribiremos tubería en la pantalla emergente y aceptaremos.

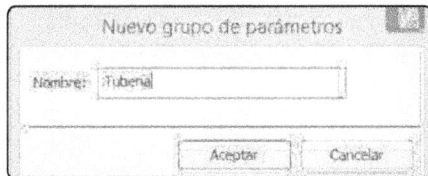

Se activará la opción de crear un parámetro nuevo y pulsaremos sobre el icono.

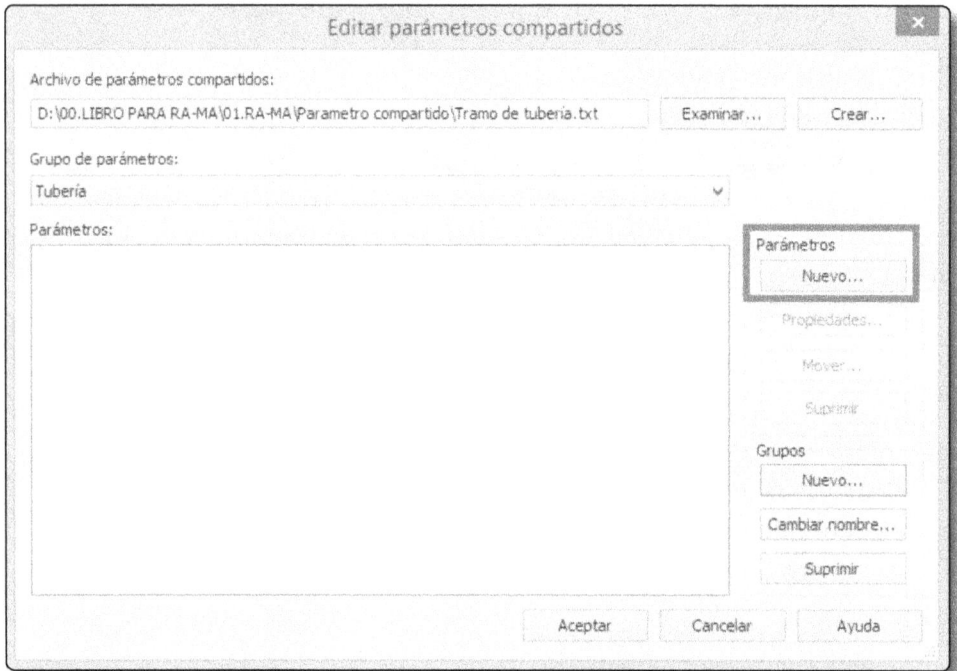

Se abrirá otra ventana que completaremos con los datos de la imagen.

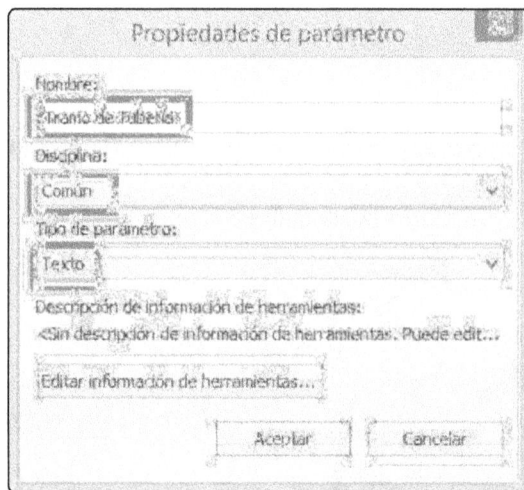

Pulsaremos en aceptar y otra vez en la pantalla de editar parámetros veremos el nuevo parámetro creado.

Aceptaremos esta última ventana y ya estará creado el parámetro.

El siguiente paso es incluir este parámetro dentro del proyecto y vincularlo a la categoría de familias que nosotros queremos.

Desde la Ficha Gestionar, Grupo Configuración, Herramienta Parámetro de proyecto.

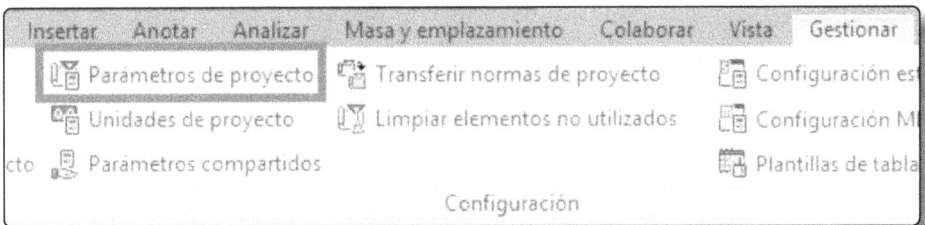

Al pulsar sobre la herramienta se abrirá una ventana y pulsaremos en Añadir.

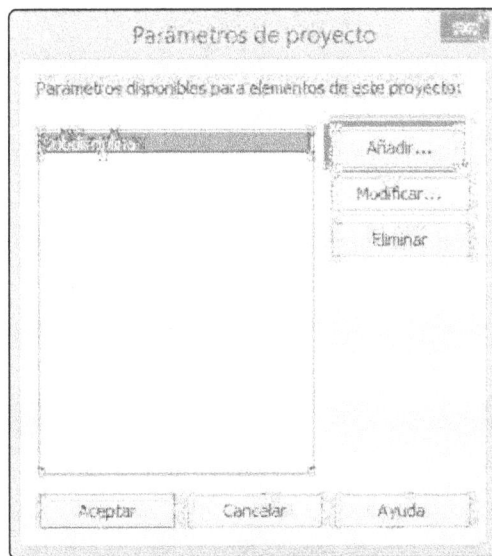

En la siguiente ventana tendremos que elegir entre parámetro de proyecto o compartido, en este caso seleccionaremos Parámetro compartido.

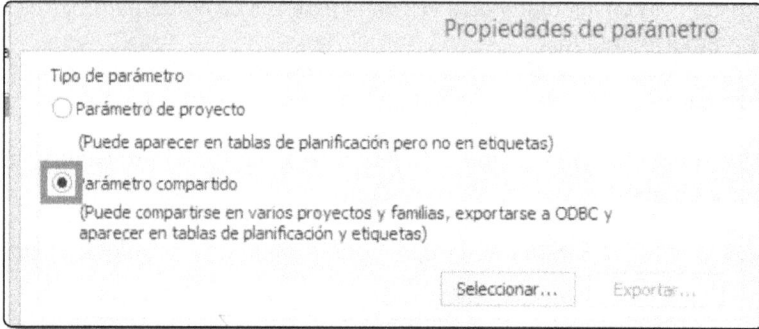

Pulsaremos en Seleccionar y seleccionaremos el parámetro en extensión txt que creamos anteriormente.

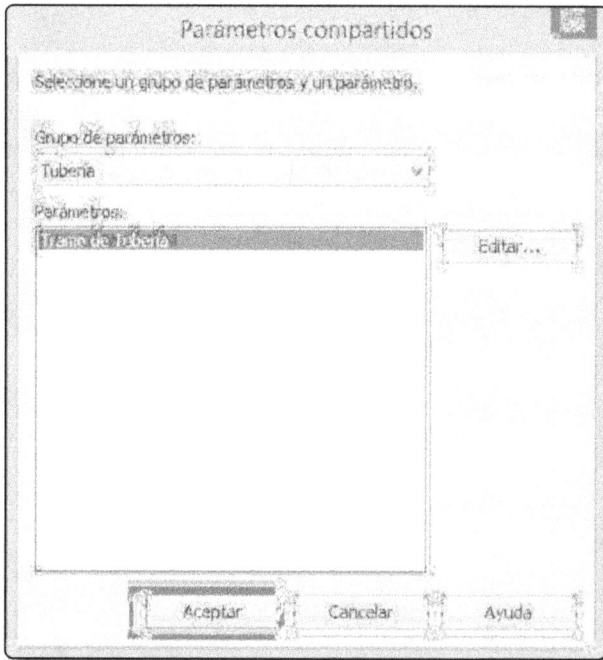

Las propiedades se autocompletarán y las dejaremos como aparecen.

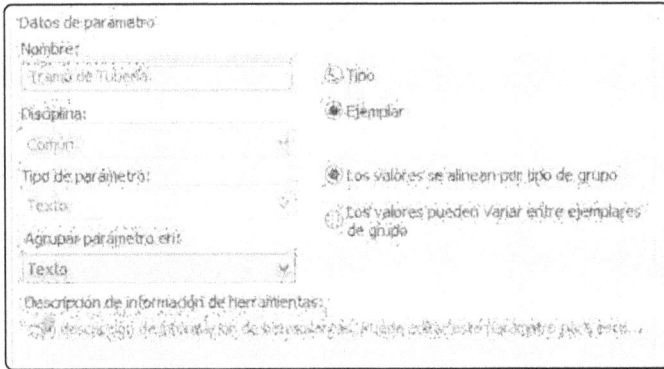

Por último, seleccionaremos las familias que queramos que incluyan el parámetro.

Seleccionaremos activando la casilla las categorías de:

▶ Accesorios de tuberías
▶ Tuberías
▶ Uniones de tubería

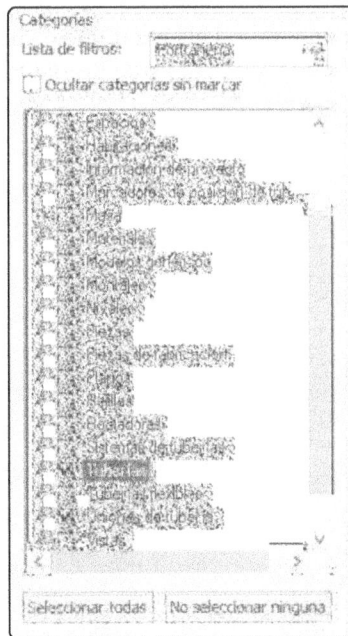

Pulsaremos en Aceptar en las dos ventanas y empezaremos a incluir el parámetro en las familias correspondientes.

Si seleccionamos un segmento de tubería en la tabla de propiedades veremos que aparece el parámetro recién creado el apartado de texto.

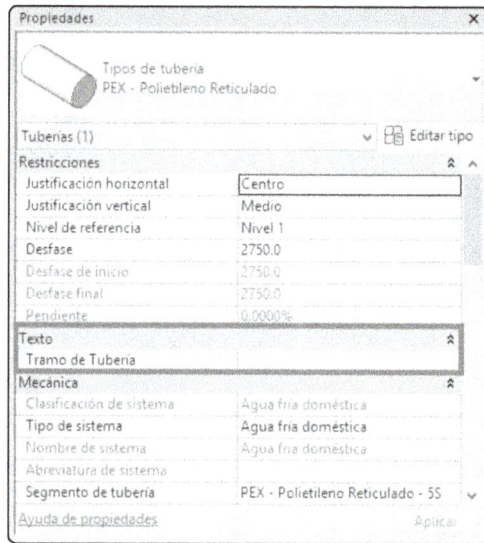

Desde el 3D seleccionaremos el primer tramo de tubería (con codos, válvulas y todos los elementos del tramo) y en la tabla de propiedades escribiremos AB.

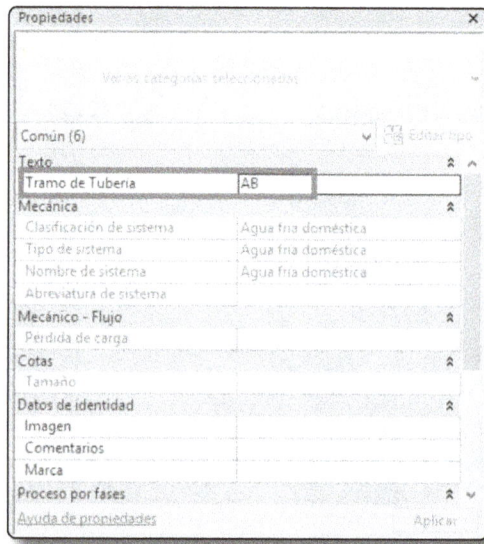

De la misma forma, nombraremos los diferentes tramos que van hacia el cuarto de baño.

En este caso se han nombrado como muestra la imagen, en el último capítulo de este libro veremos cómo obtener todos estos datos en una tabla de planificación.

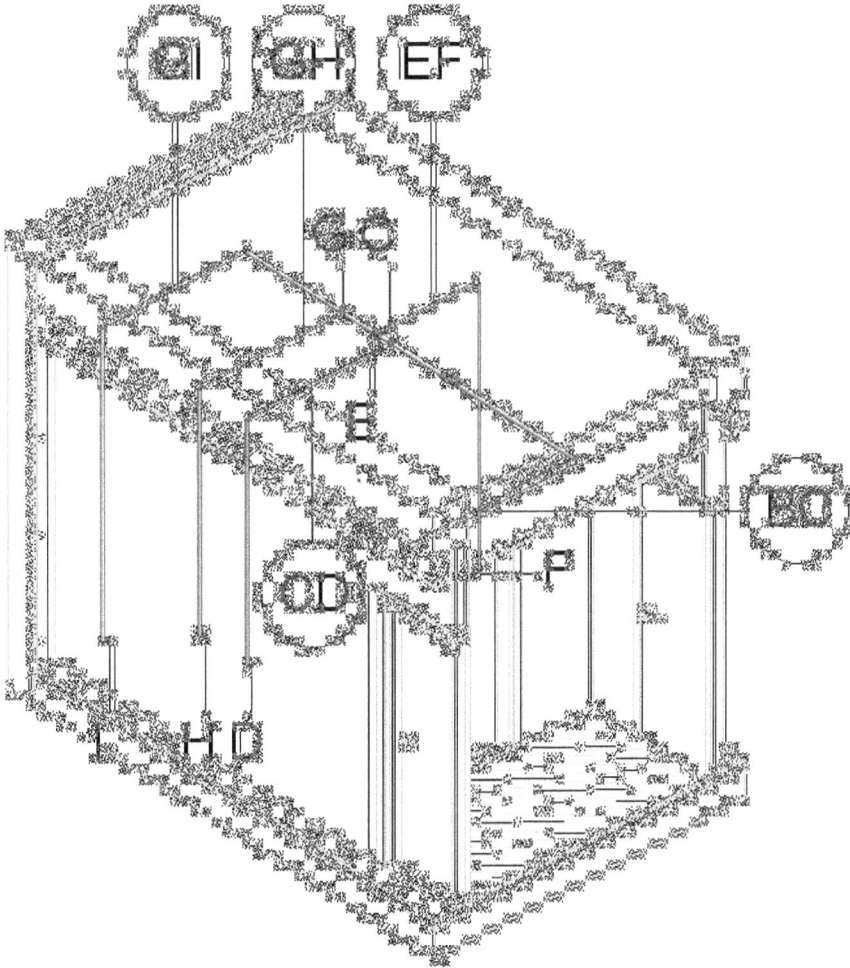

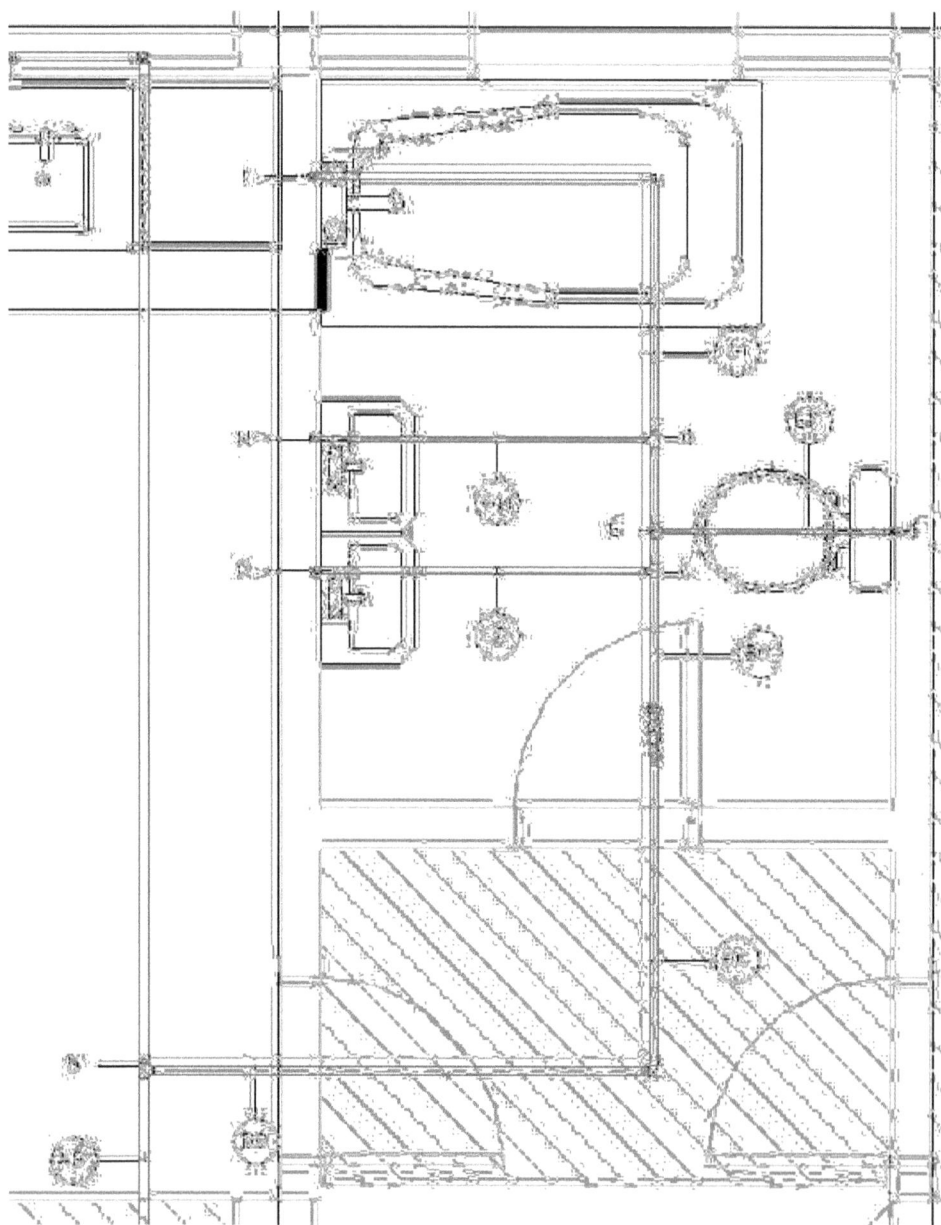

Los puntos de cambio de tramo han sido designados en el parámetro comentario, para luego ser etiquetados más fácilmente, como vemos a continuación en la imagen.

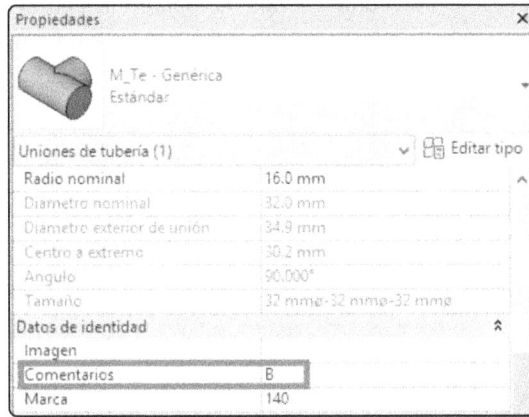

## 6.5 CHEQUEO DE INTERFERENCIAS

Un modelador BIM tiene una gran responsabilidad en la calidad final del modelo y por lo tanto en el proyecto completo y su posterior ejecución.

Aunque existan otras herramientas y otros perfiles profesionales que se dedican exclusivamente a chequear la calidad de los modelos, mientras vamos diseñando una instalación, es sumamente importante ir comprobando que no se estén cometiendo errores graves de interferencias.

Para explicar este caso veremos un ejemplo muy sencillo utilizando el proyecto que venimos desarrollando de la vivienda unifamiliar.

Comprobaremos que no existen interferencias entre las tuberías y la estructura del modelo vinculado.

Para ello acudiremos a la Ficha Colaborar, Grupo Coordinar, Herramienta Comprobación de interferencias.

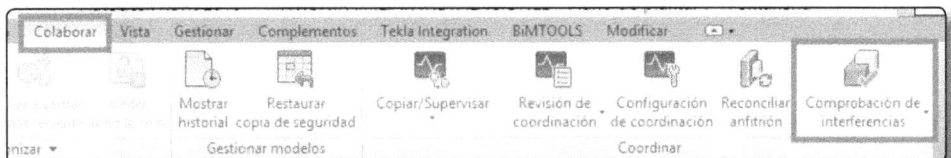

En el desplegable seleccionaremos la opción Ejecutar comprobación de interferencias.

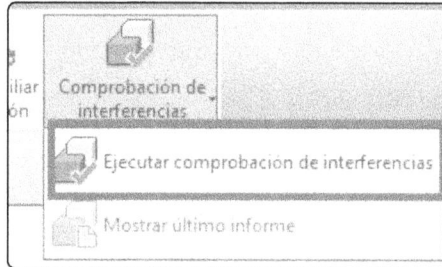

Se abrirá la siguiente ventana en la que tendremos que escoger en una columna el proyecto vinculado y en el otro el proyecto actual.

Abriremos el desplegable de la primera columna y seleccionaremos el vínculo.

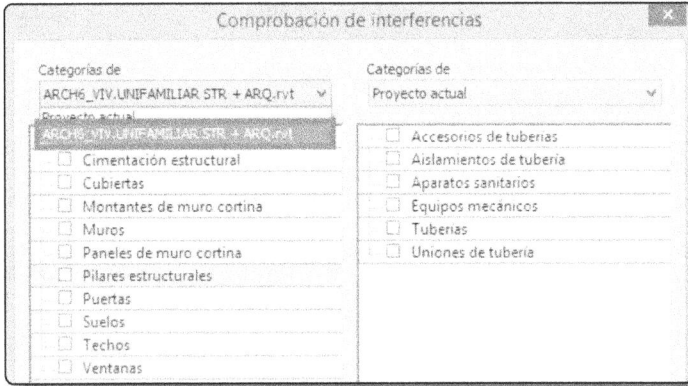

Lo siguiente que tendremos que hacer será marcar las categorías de los elementos que queremos estudiar que entran en conflicto.

Seleccionaremos del proyecto vinculado la categoría de armazón estructural y pilares y en proyecto actual tuberías.

Aceptaremos y automáticamente se generará un informe de interferencias, desde el cual podremos averiguar qué elementos están en conflicto.

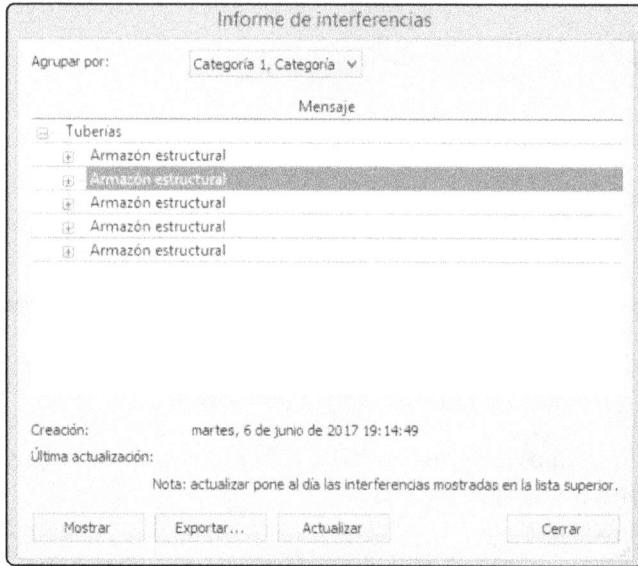

Si desplegamos uno de los conflictos y seleccionamos la tubería por ejemplo al pulsar sobre Mostrar se abrirá una vista con el elemento resaltado en naranja.

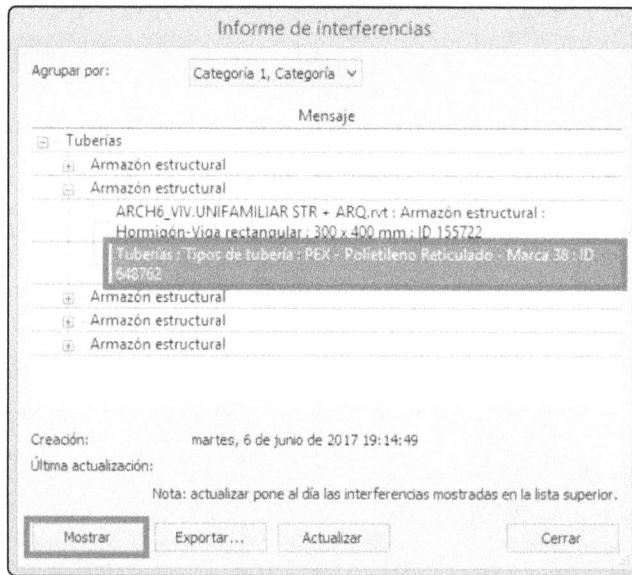

El error se encuentra en que un tramo de tubería de la red de ACS, para ser más exactos en el baño, queda embebida dentro de una viga.

Para arreglar esto deberemos cambiar la altura de cota de esas tuberías.

*Antes*

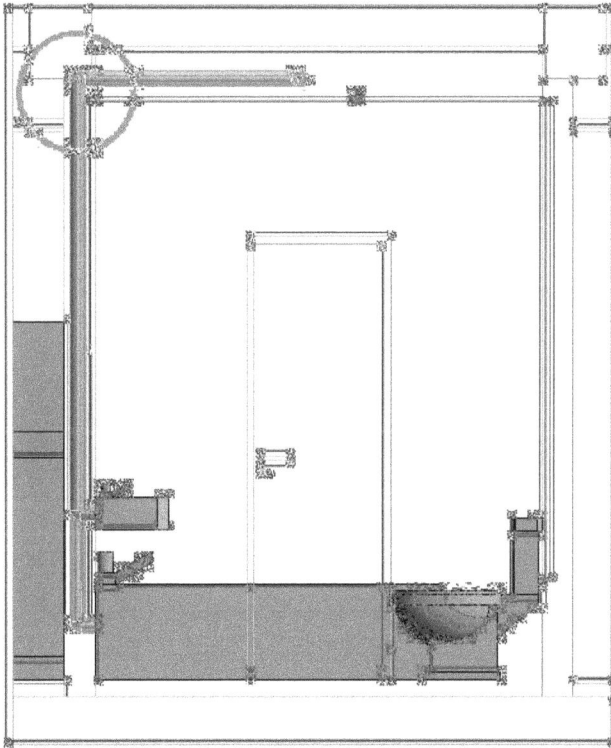

*Después*

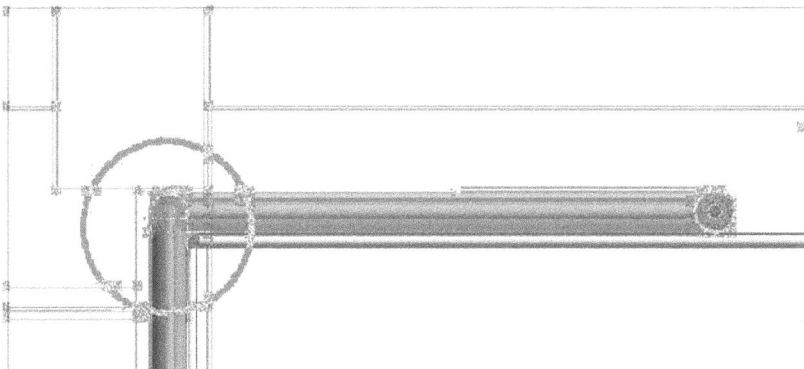

Volveremos a pasar el chequeador de colisiones pulsando sobre la herramienta Mostar último informe y después en Actualizar.

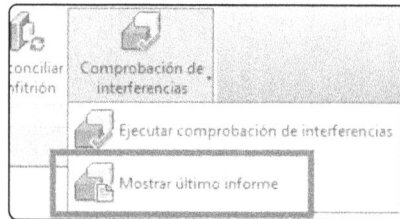

Con esta modificación podremos observar que ya no existe ninguna interferencia.

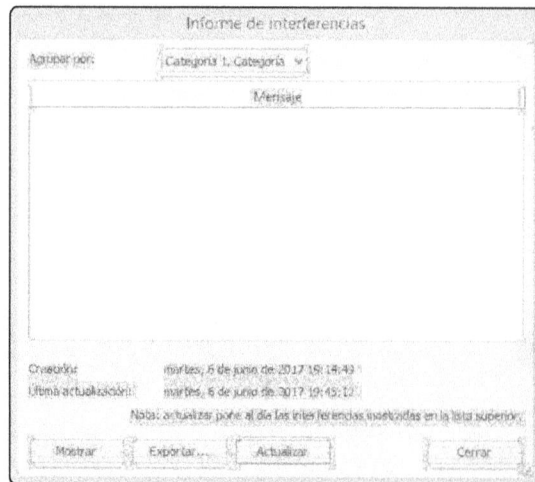

# 7

## DISEÑO DE INSTALACIONES DE CLIMATIZACIÓN

El modelado se sistemas de climatización mediante conducto no es muy diferente al modelado de tuberías, realmente lo único que cambiará, será la herramienta utilizada ya que el procedimiento de modelado es prácticamente el mismo.

Los elementos que compondrán un sistema de climatización serán básicamente.

➤ Conductos
➤ Equipos mecánicos
➤ Componentes de distribución de aire

## 7.1 TIPOS DE CONDUCTOS

Para comenzar a modelar un conducto iremos a la Ficha Instalaciones, Grupo Climatización, Herramienta Conducto.

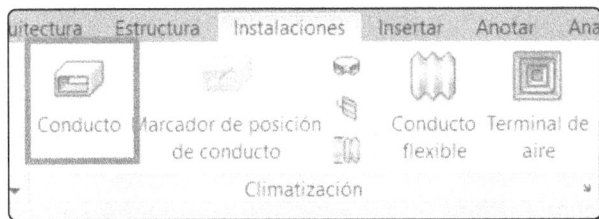

Al tener la herramienta activa veremos que podremos escoger desde la tabla de propiedades diferentes tipos de conductos.

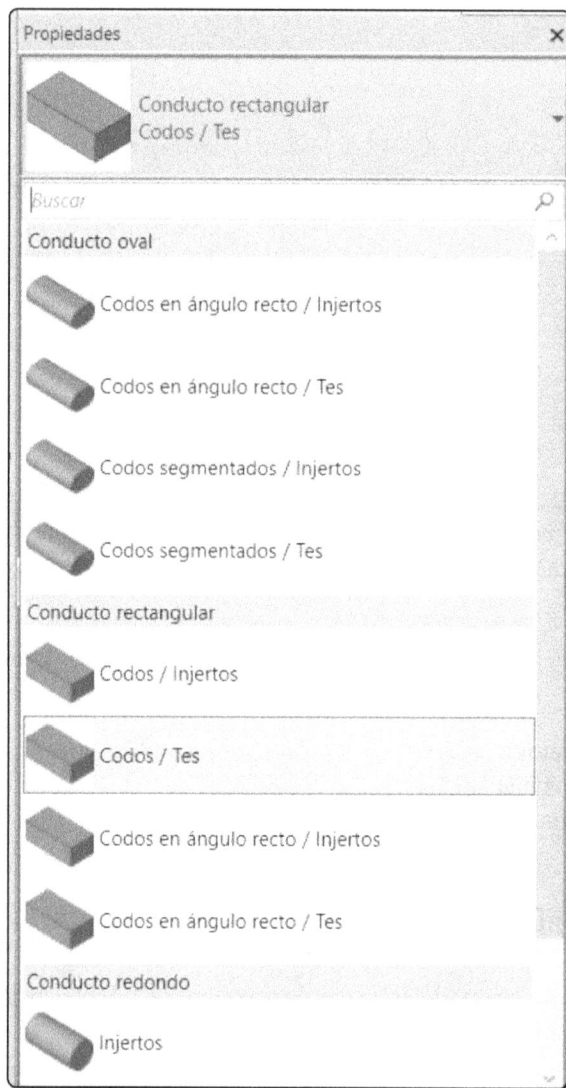

Fundamentalmente existen cuatro tipos de conductos.

- De sección rectangular
- De sección circular
- De sección ovalada
- Conducto flexible

Dentro de las diferentes secciones existen diferentes tipos atendiendo a las uniones que tengan configuradas por defecto.

▶ Tipos de conducto sección rectangular.

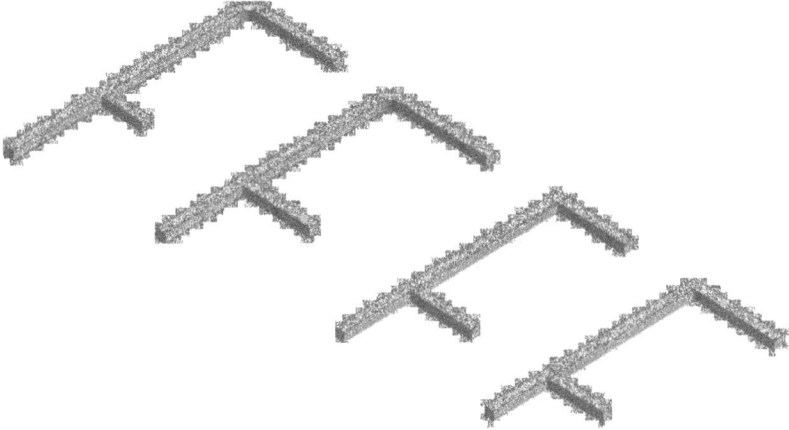

Ordenados de izquierda a derecha se corresponden con los siguientes tipos:

- Codos/injertos
- Codos/tes
- Codos en ángulo recto/injertos
- Codos en ángulo recto/tes

▶ Tipos de conducto sección circular.

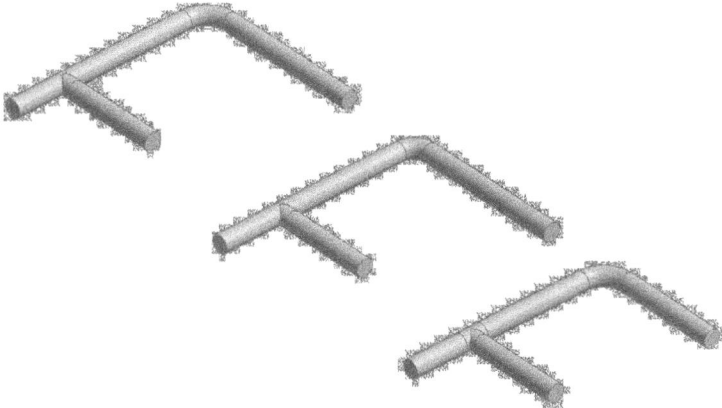

Ordenados de izquierda a derecha se corresponden con los siguientes tipos:

- Injertos
- Codos/tes
- Injertos radio reducido
- Tes

▼ Tipos de conducto sección oval.

- Codos en ángulo recto/injertos
- Codos en ángulo recto/tes
- Codos segmentados/injertos
- Codos segmentados/tes

## 7.2 EQUIPOS MECÁNICOS

Dentro de todos los diferentes sistemas de climatización que pueden proyectarse, Revit trae por defecto diferentes familias de equipos mecánicos que son las maquinarias fundamentales para hacer funcionar dichos sistemas.

Para acceder a estas familias iremos a la Ficha Instalaciones, Grupo Mecánica, Herramienta Equipos Mecánicos.

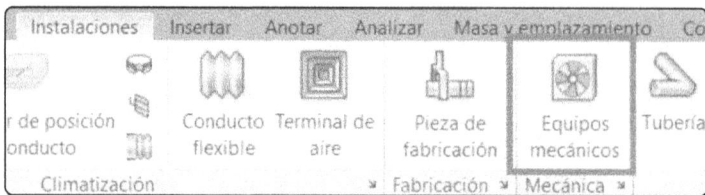

Si vamos a la tabla de propiedades veremos los diferentes elementos que aparecen precargados por defecto en una plantilla de mecánica estándar.

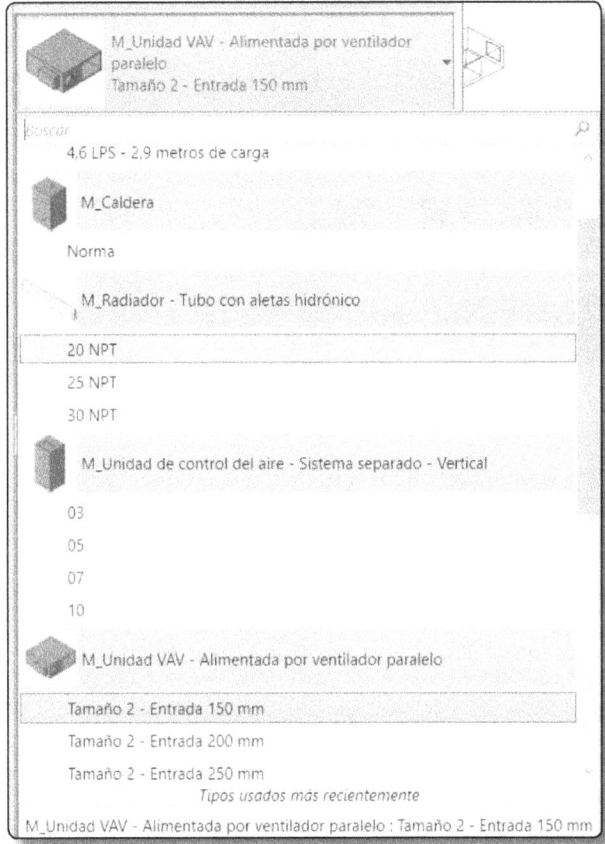

En el caso que queramos cargar familias diferentes, acudiremos después de seleccionar la herramienta descrita anteriormente, al icono Cargar familia.

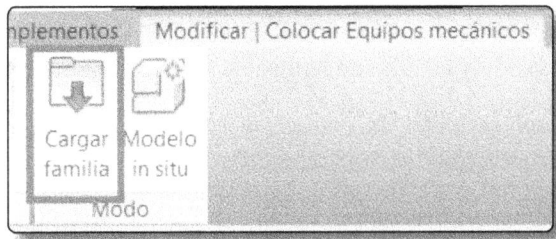

Se abrirá la ventana con las diferentes carpetas donde se ubican las familias dentro de la librería de Revit.

Seguiremos la ruta que se muestra a continuación para cargar nuevas familias.

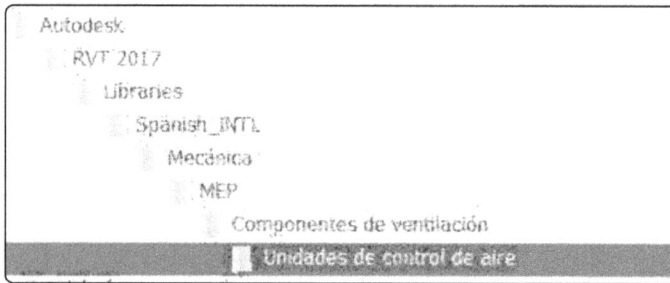

Existen otras carpetas con otras familias dentro de la categoría de equipos mecánicos, todas ellas se encuentran en la carpeta de mecánica, por lo que se recomienda una revisión y estudio de la misma.

Al existir tal variedad de equipos y sistemas dentro de la ventilación y climatización, podrían escribirse manuales enteros sobre el tema.

Vamos a ver cómo está representada una familia de unidad control de aire y los diferentes elementos que la componen ya que, al fin y al cabo, después el resto de familia mecánicas funcionarán de una forma similar.

Al seleccionar la familia dentro del proyecto veremos los diferentes conectores que posee.

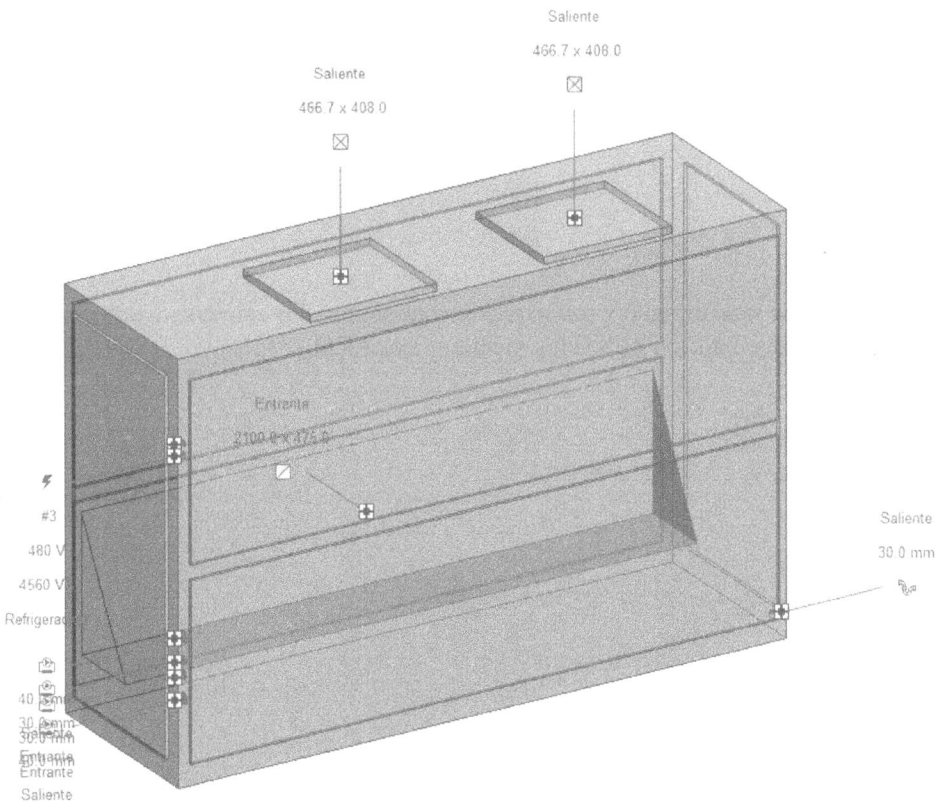

Los conectores definidos para esta familia son varios hidrónico los cuales se encargan de suministrar y aportar los fluidos correspondientes al sistema.

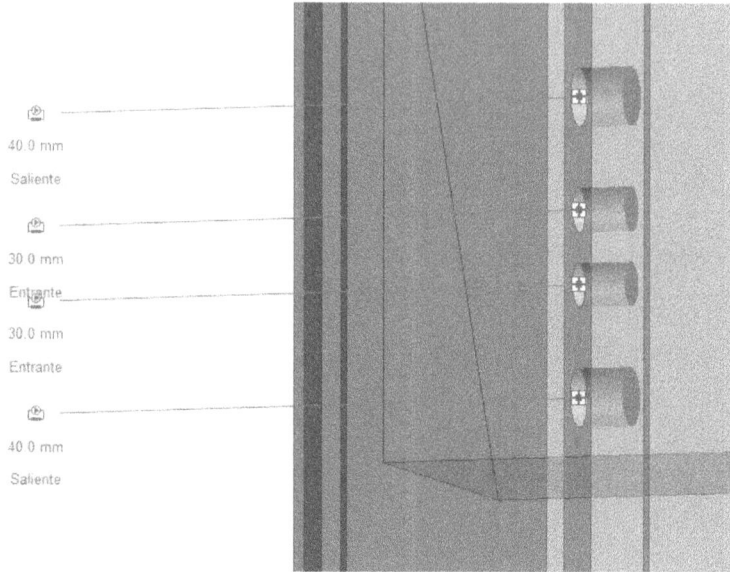

Uno de saneamiento y otros tres de ventilación, dos salientes y uno entrante, los cuales serán creados y utilizados mediante conducto.

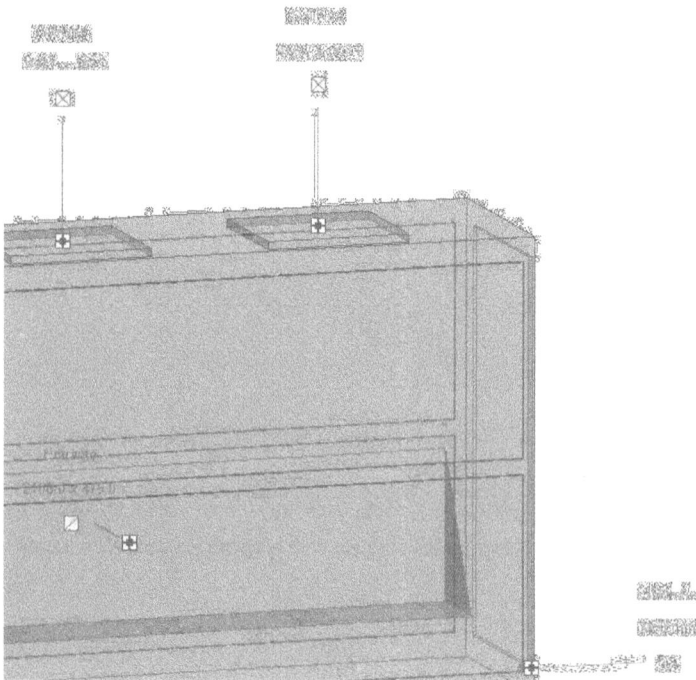

Por último, podremos encontrar un conector de potencia.

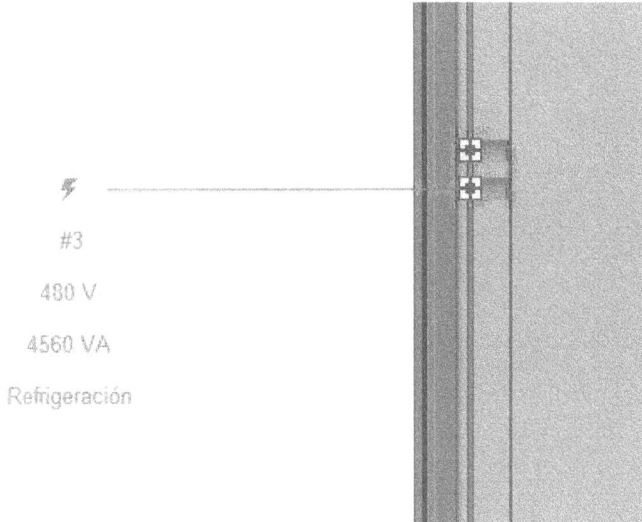

Todos los datos anteriores podrán ser modificados o editados desde el editor de familias.

## 7.3 COMPONENTES DE DISTRIBUCIÓN DE AIRE

Dentro de las diferentes familias de la disciplina de mecánica, una de las más importantes son los componentes de distribución de aire.

Estos elementos pueden ser de diferentes tipos dependiendo si son elementos suministradores de aire o extractores o también pueden clasificarse por el anfitrión al que estén relacionados.

Para acceder a las familias de difusores iremos a la Ficha Instalaciones, Grupo Climatización, Herramienta Terminal de aire.

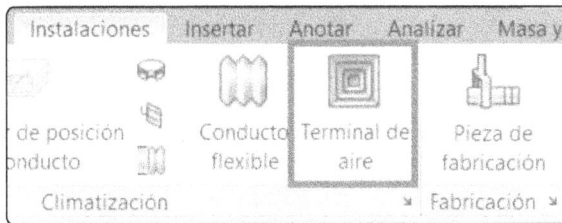

Los difusores que vienen cargados por defecto en una plantilla de Revit, son los que se muestran en la siguiente imagen.

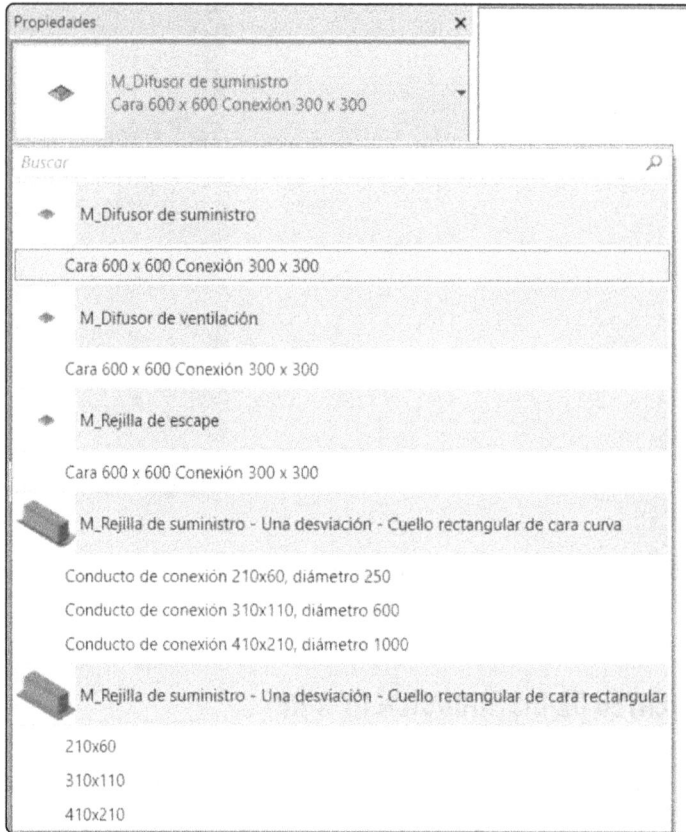

En el caso que queramos cargar más de la biblioteca de Revit podremos seguir la siguiente ruta.

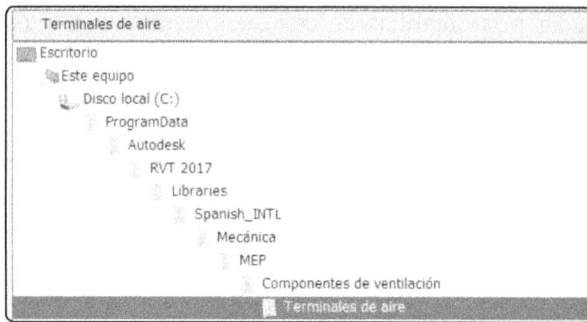

Dentro de las familias de difusores es posibles que algunas estén vinculadas a un anfitrión como, por ejemplo, un falso techo, ya que estos elementos son necesarios para su colocación en obra.

## 7.4 MODELADO DE SISTEMAS DE CLIMATIZACIÓN

Revit dispone de diferentes herramientas y medios para modelar sistemas de climatización, fundamentalmente encontraremos tres procedimientos.

1. Modelado automático de red de conductos
2. Modelado manual de red de conductos
3. Modelado de red de conductos con piezas de fabricación

### 7.4.1 Modelado automático de red de conductos

Cuando usamos este procedimiento de modelado lo primero que deberemos hacer será introducir los diferentes equipos y componentes que definirán el sistema.

Para ello en este caso crearemos un pequeño ejemplo de una red de impulsión de aire.

Introduciremos en primer lugar la maquina principal, para ello iremos a la Ficha Instalaciones, Grupo Mecánica, Herramienta Equipos Mecánicos.

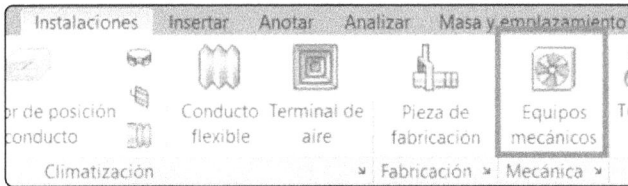

Seleccionaremos el equipo que se muestra en la imagen.

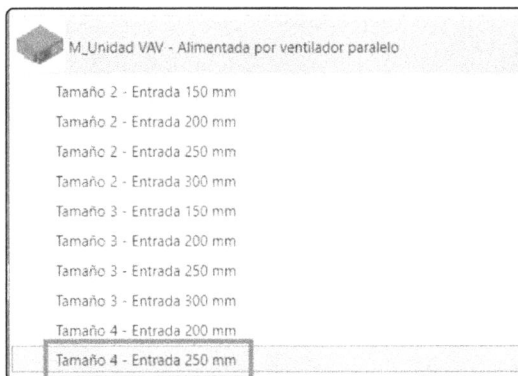

Para insertarla en el modelo, no tendremos más que ubicarla con el cursor y hacer clic con el botón izquierdo del ratón, el desfase de altura será en este caso de 2800 mm y el nivel de referencia el 1.

La vista de colocación utilizada será la de planta de mecánica que viene por defecto.

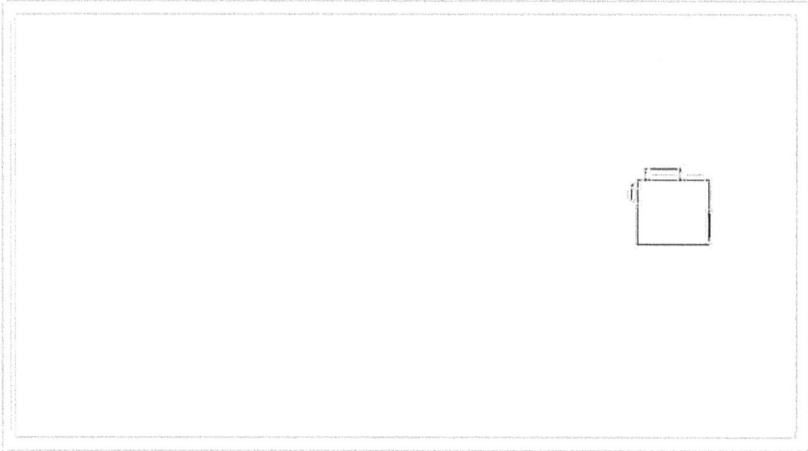

Es importante que el conector saliente se encuentre apuntando hacia la izquierda de la estancia, para que a la hora de trazar la red de conductos no se cree ninguna ruta con forma extraña.

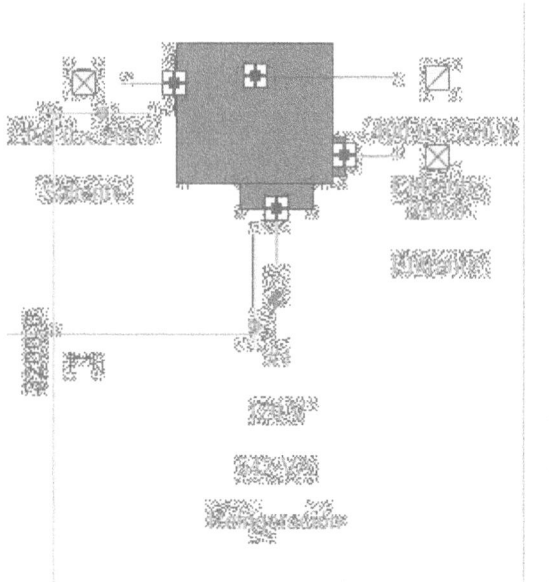

Lo siguiente será insertar los terminales de aire, para ello iremos a la Ficha Instalaciones, Grupo Climatización, Herramienta Terminal de aire.

Usaremos la familia que se muestra en la imagen.

Colocaremos cuatro unidades con una disposición similar a la siguiente.

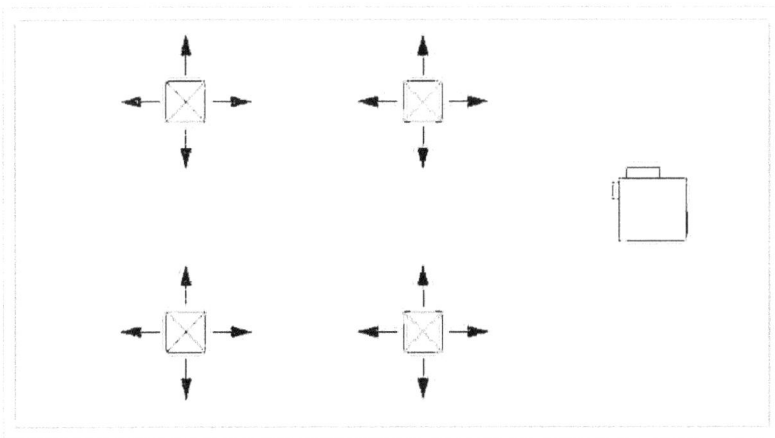

La altura de los difusores será de 2500 mm sobre el nivel 1 (este dato será introducido desde la tabla de propiedades antes de insertar la familia), en el caso que surjan problemas de espacio podrá modificarse más adelante.

Una vez introducidos los elementos procederemos a crear el sistema de climatización.

Para ello seleccionaremos los cuatro terminales de aire y pulsaremos en la herramienta Conducto, del grupo Crear sistema.

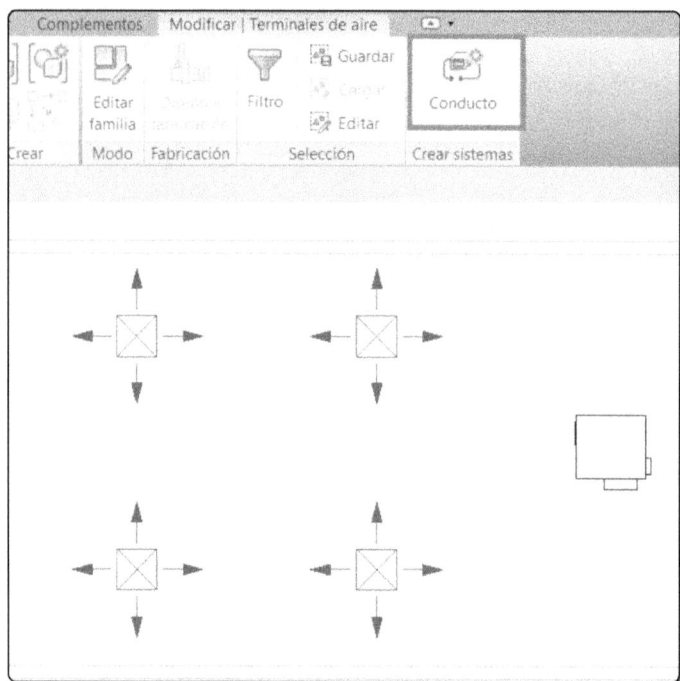

Se abrirá una ventana en la que podremos escoger el tipo de sistema y el nombre con el que se va a designar, dejaremos los parámetros y el nombre que vienen por defecto.

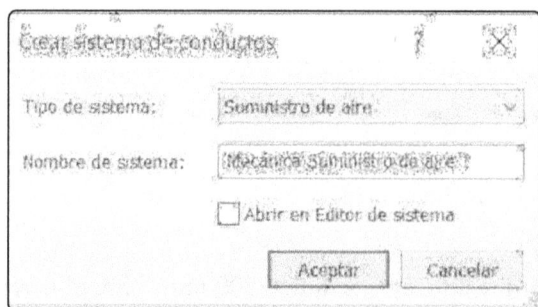

Pulsaremos en aceptar.

Automáticamente los cuatro difusores aparecerán rodeados por un cuadro de líneas discontinuas.

Se abrirá una nueva barra de herramientas en la parte de las fichas donde seleccionaremos la herramienta

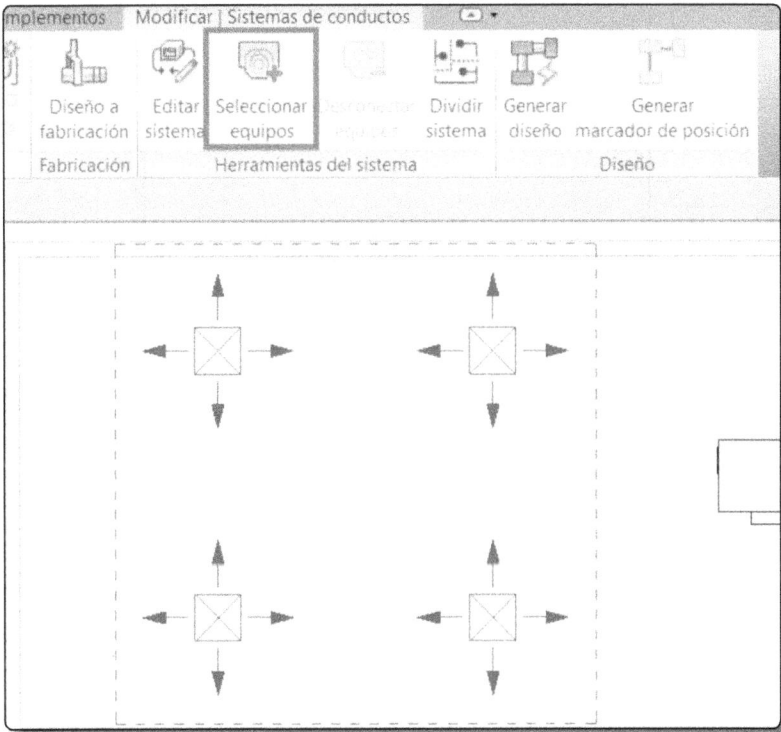

Seguidamente seleccionaremos el equipo haciendo clic sobre el con el botón izquierdo del ratón.

Cuando todos los elementos estén referidos a un único sistema se colorearán de tal forma como estén definidos en ese sistema.

Para volver a seleccionar el sistema creado en caso que sea necesario podrá hacerse desde el navegador de sistemas (se abrirá pulsando F9).

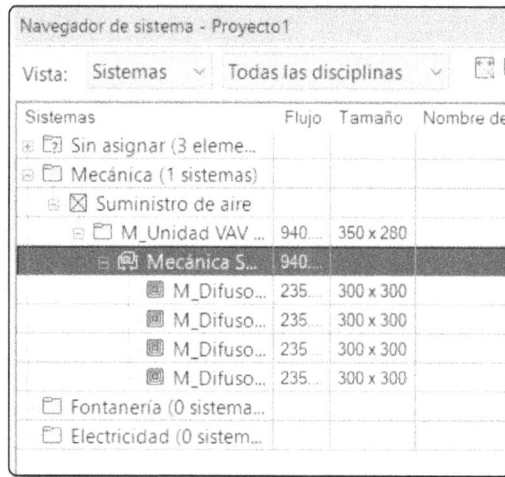

Con el sistema seleccionado pulsaremos en la herramienta Generar diseño.

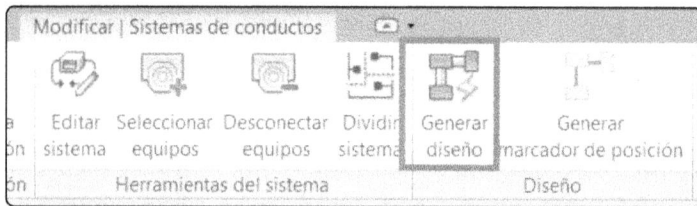

Se abrirá la barra de modificaciones en color verde donde podremos seleccionar la opción de autodiseño que más nos convenga, pulsando en Configuración… podremos escoger el tipo de conducto a generar, así como otros parámetros.

Cuando nos hayamos decidido por una pulsaremos en Finalizar.

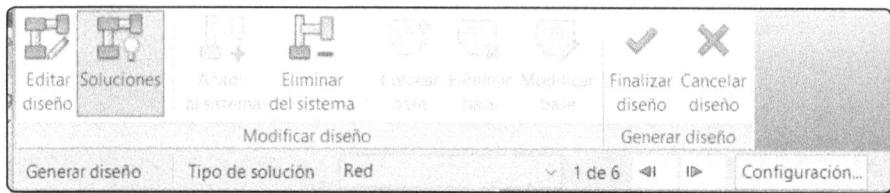

Es posible que surja algún error, en este caso en la ventana emergente podremos leer el siguiente aviso.

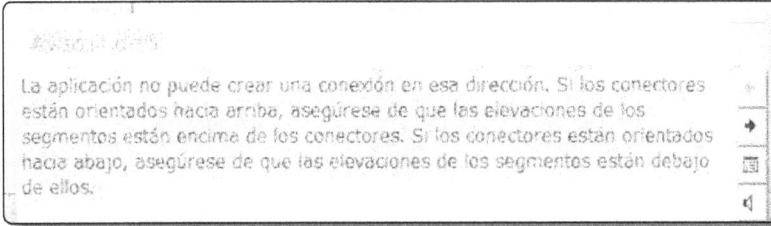

Acudiremos al modelo desde una vista 3D y resolveremos los conflictos.

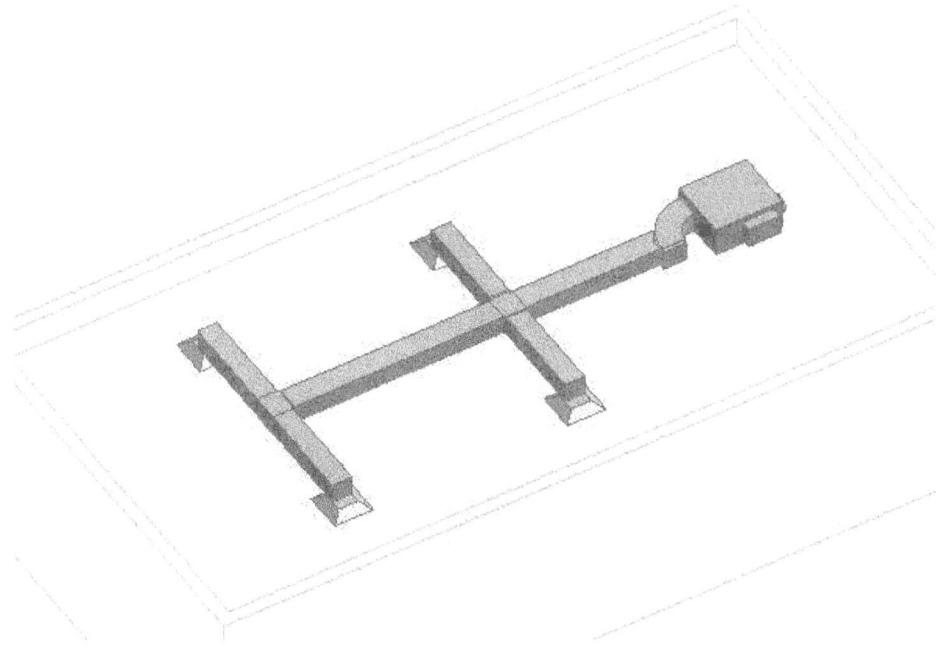

Como se puede observar hay varios errores.

1. El conector de salida de la maquina no está alineado con el conducto principal.

   Esto se arreglará eliminando el codo y alineando con el conector.

Haremos clic en el
cuadrado (pinzamineto)
y sin soltar el botón izq.
del ratón arrastraremos
el elemento hasta que
se ajuste con el eje del
conducto.

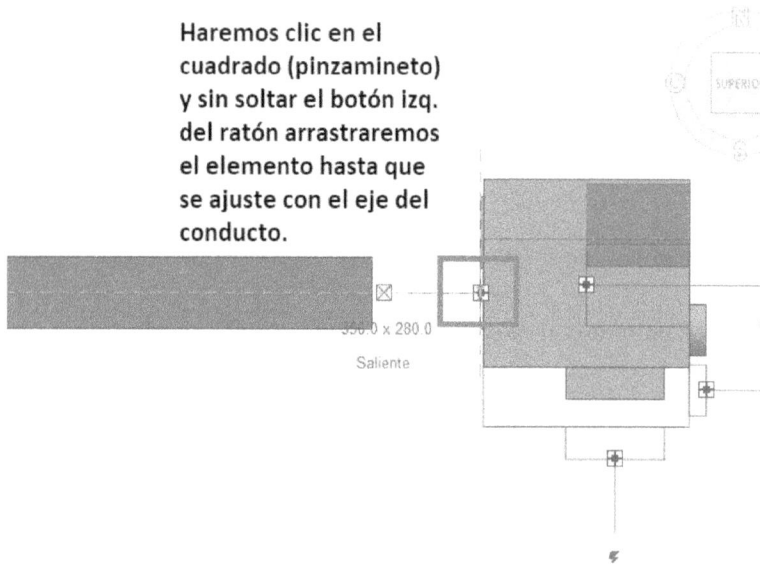

350.0 x 280.0

Saliente

Seguidamente podremos prolongar el conducto (de la misma forma que se explicó en las tuberías) hasta la máquina.

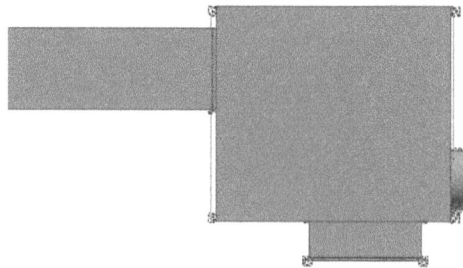

2. No existe suficiente espacio entre los conductos y los difusores para crear el elemento de unión.

   Esto se resolverá dando mayor cota en altura a la máquina. Por ejemplo, otorgaremos un desfase de 3500 mm.

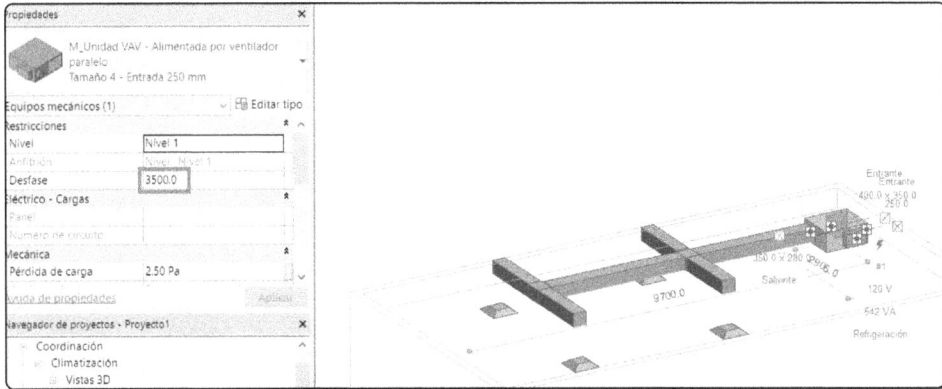

Automáticamente cambiarán de cota los conductos.

Cambiaremos el rango de vista para poder visualizar todos los elementos con la nueva cota.

Otorgaremos los siguientes parámetros.

Conectaremos los conductos con los difusores seleccionado la derivación y con el cuadrado del extremo del conducto posicionándolo sobre el conector del difusor.

Cuando aparezca el símbolo de una circunferencia con un aspa soltaremos el conducto y automáticamente se generará la unión.

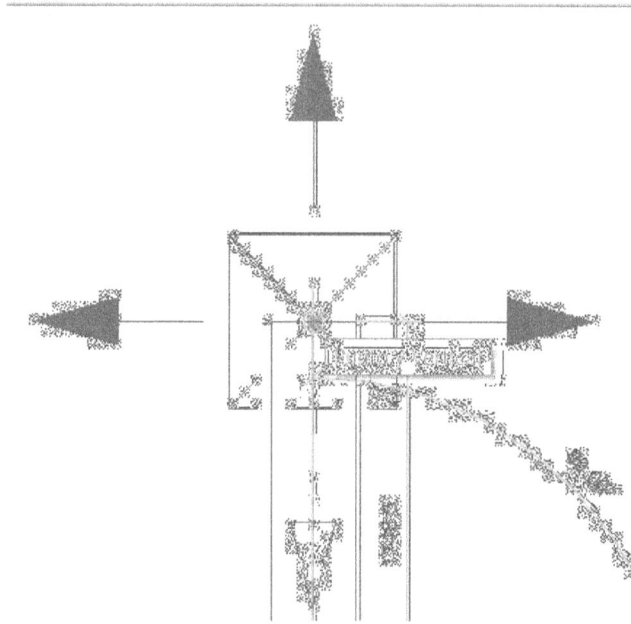

Haremos esto con los cuatro difusores hasta obtener algo similar a lo que muestra la imagen.

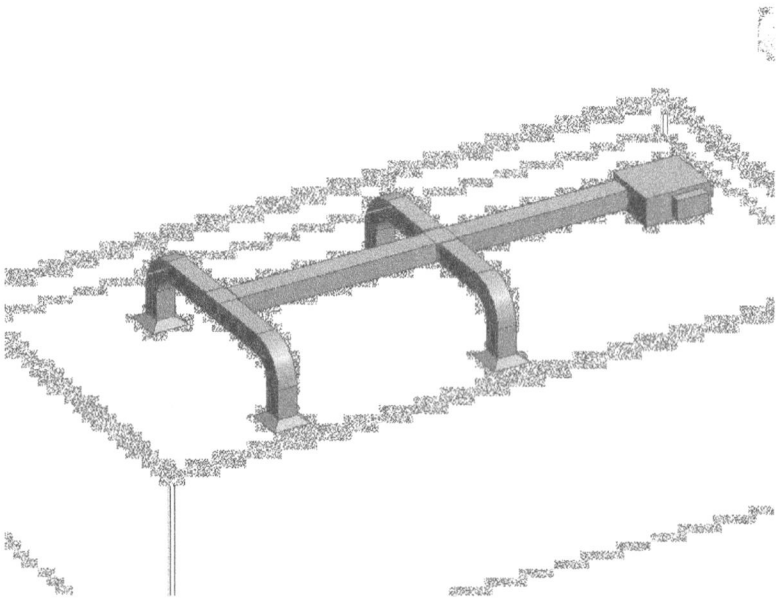

## 7.4.2 Modelado manual de red de conductos

El modelado de forma manual suele ser el más común dentro de Revit, ya que para proyectar tal y como deseamos es la forma más rápida y sencilla que existe.

Para este caso usaremos el mismo ejemplo desarrollado en el modelado automático de conductos y partiremos de los difusores y maquinaria iniciales.

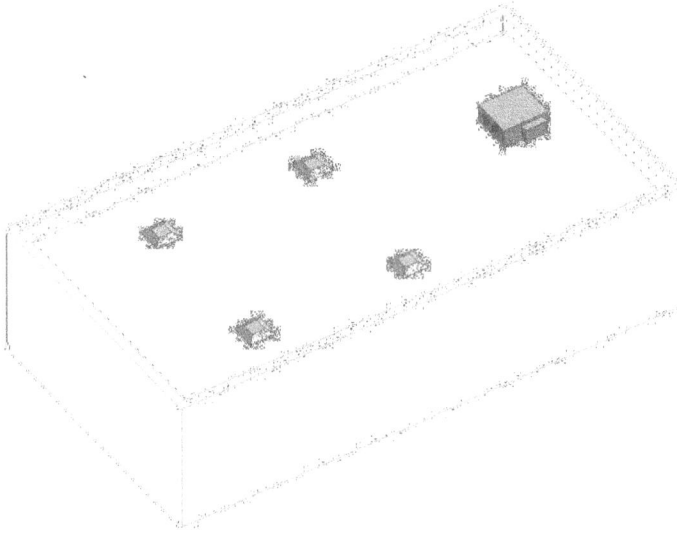

Abriremos una vista de planta, en particular, 1-Mecánica, que tendrá que tener definidos los rangos de vista correctos dada la cota de las familias.

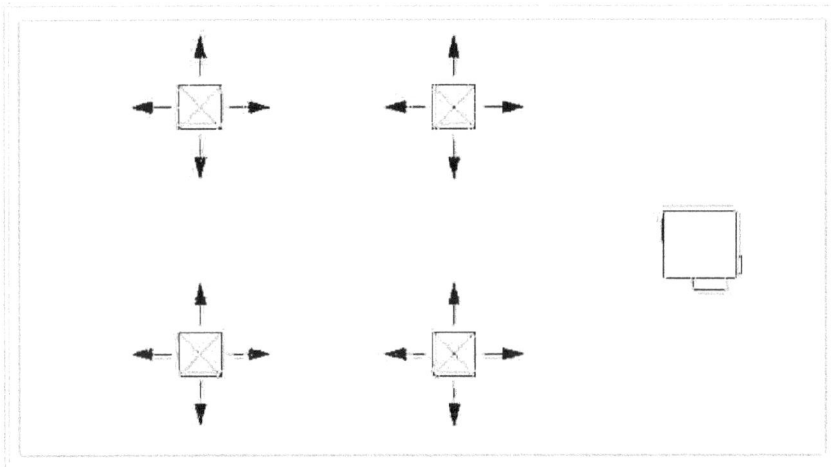

Para crear el primer tramo de conducto seleccionaremos la máquina y pulsaremos con botón derecho del ratón sobre el cuadrado del conector.

Se abrirá el desplegable en el que escogeremos la opción Dibujar conducto.

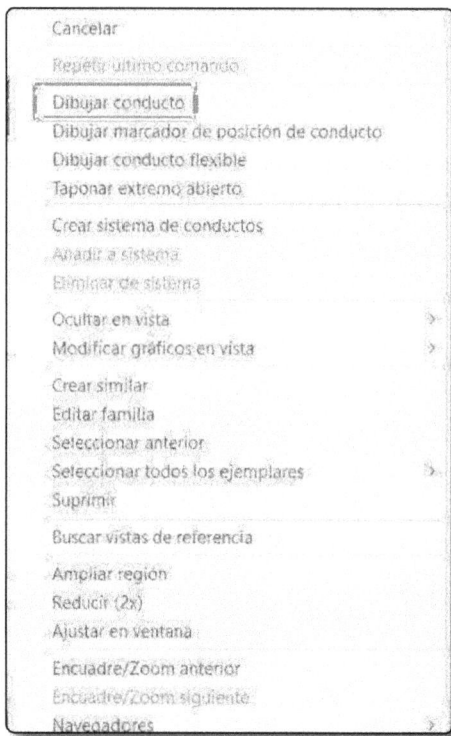

Automáticamente aparecerá enlazado al cursor un conducto, el cual podremos modificar el tipo desde la tabla de propiedades, en este caso seleccionaremos el tipo codos en ángulo recto/injertos.

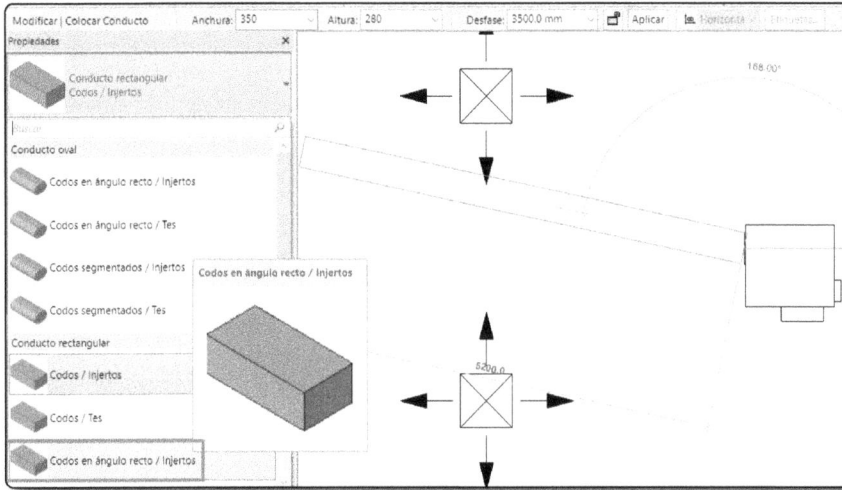

Cambiaremos la anchura y altura del conducto seleccionando 450 mm en ambos casos.

Desplazaremos el cursor seguido por el conducto y haremos un primer clic con el botón izquierdo del ratón aproximadamente donde muestra la imagen.

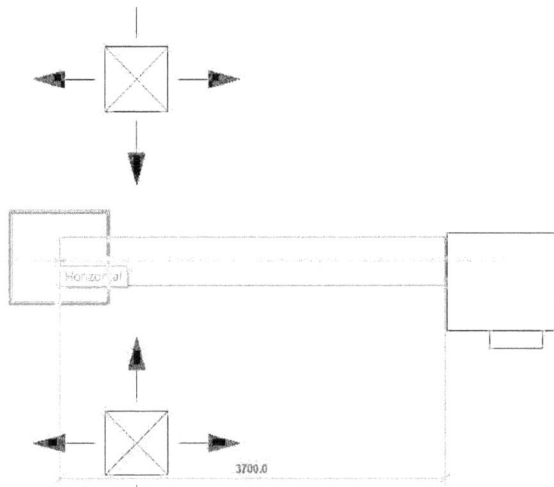

Automáticamente se creará el conducto en color azul, ya que el conector era de salida.

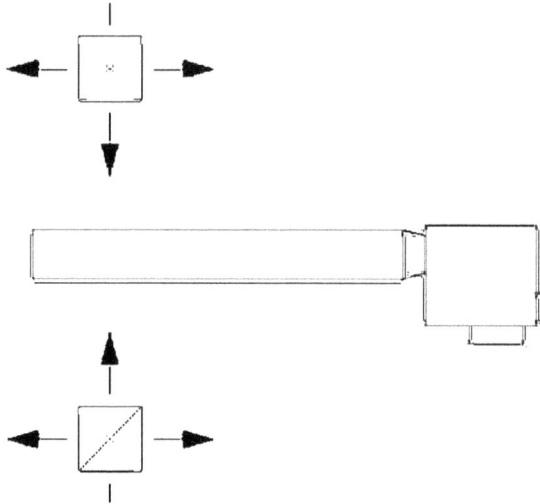

Seguidamente iremos a la Ficha Instalaciones, Grupo Climatización, Herramienta Conducto.

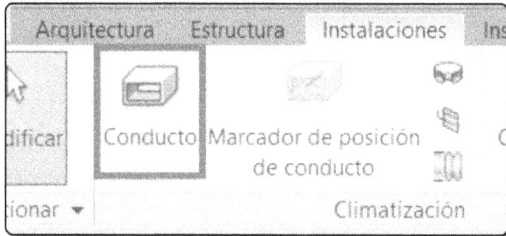

Seleccionaremos el mismo tipo de conducto que escogimos para el anterior tramo y otorgaremos los siguientes parámetros de dimensiones y altura.

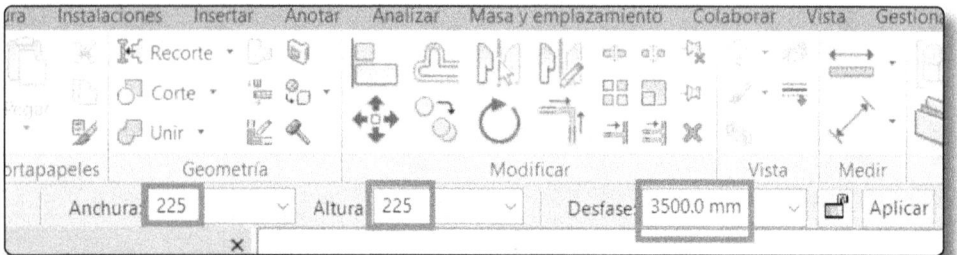

Haremos un primer clic con el botón izquierdo del ratón en el eje del conducto principal cuando veamos una línea discontinua azul, eso significará que el conducto se alineará con el difusor.

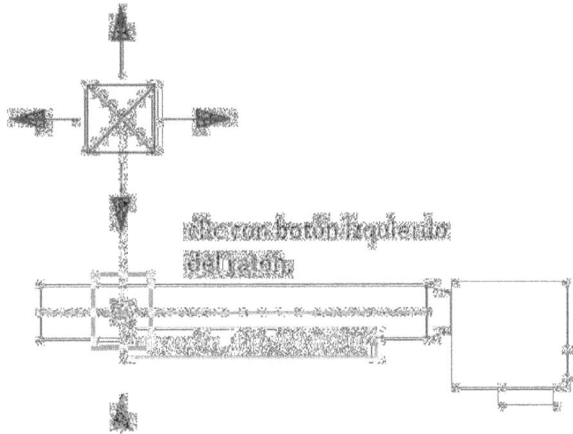

Haremos un segundo clic en la circunferencia con un aspa del difusor.

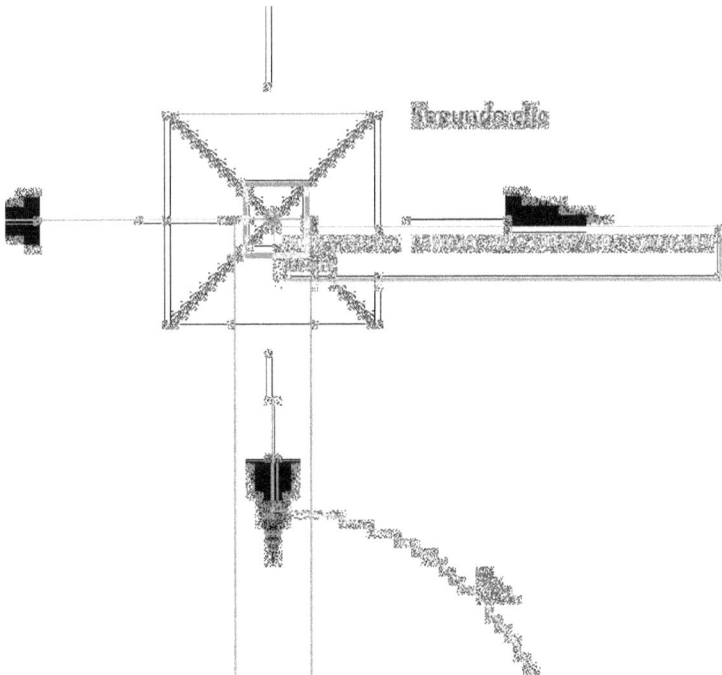

Automáticamente se habrá modelado algo similar a lo que muestra la imagen.

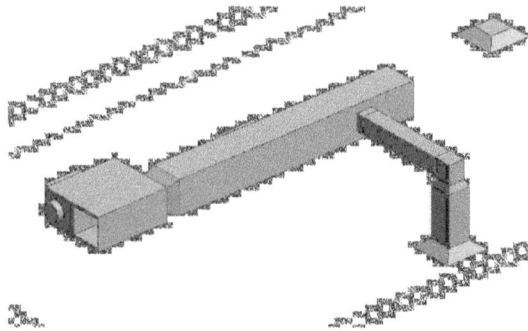

Tendremos que seleccionar el tramo que baja hacia el difusor y cambiarlo por uno de dimensiones 225x225 mm.

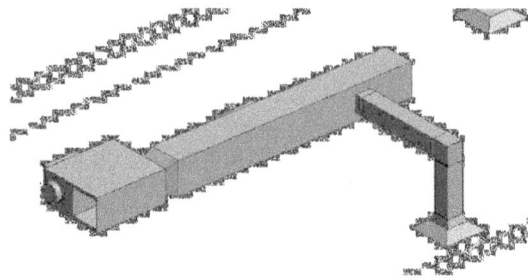

Desde la vista de 3D seleccionaremos el otro difusor que se encuentra alineado con el que acabamos de conectar al conducto principal.

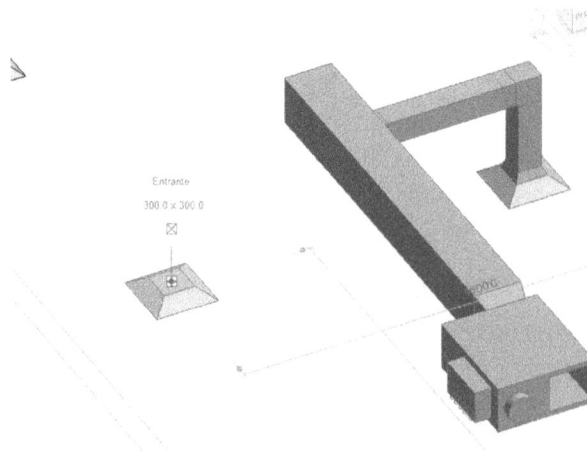

Pulsaremos en la herramienta conectar a, con el difusor seleccionado.

Seguidamente seleccionaremos el conducto principal.

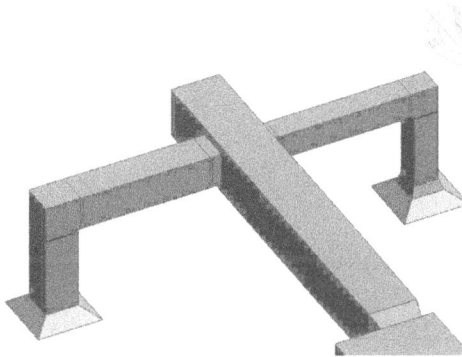

Automáticamente se creará el conducto, únicamente faltaría cambiar las dimensiones.

Para ello seleccionaremos todos los elementos a redefinir.

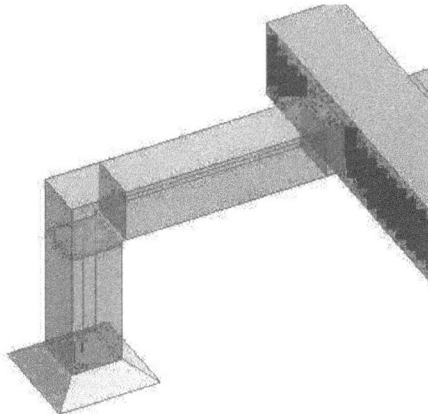

Y otorgaremos las dimensiones de 225x225 mm.

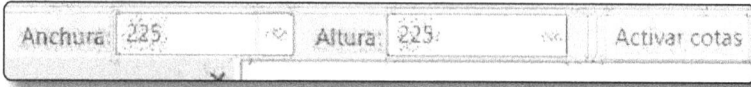

Seguiremos modelando el conducto principal, pero al surtir ya a dos difusores lo más lógico es que por cálculo debamos reducir la sección del conducto.

Para ello seleccionaremos el conducto principal y usaremos la herramienta dividir elemento.

Realizaremos la división por donde vemos en la imagen.

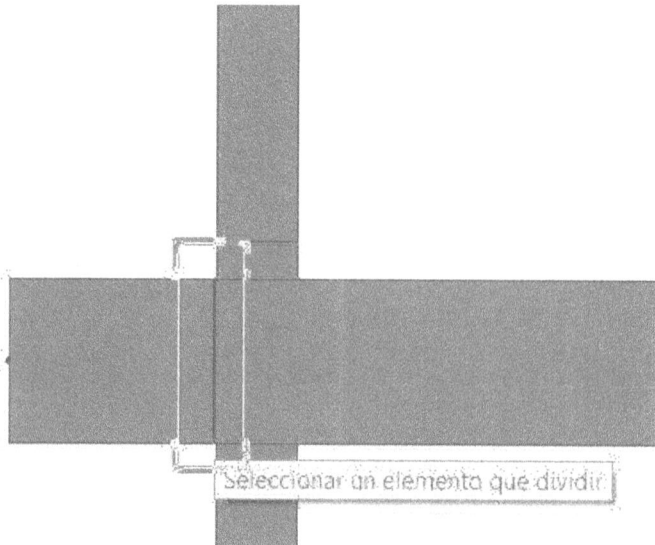

Daremos al tramo de después de las derivaciones la sección de 325x325 mm.

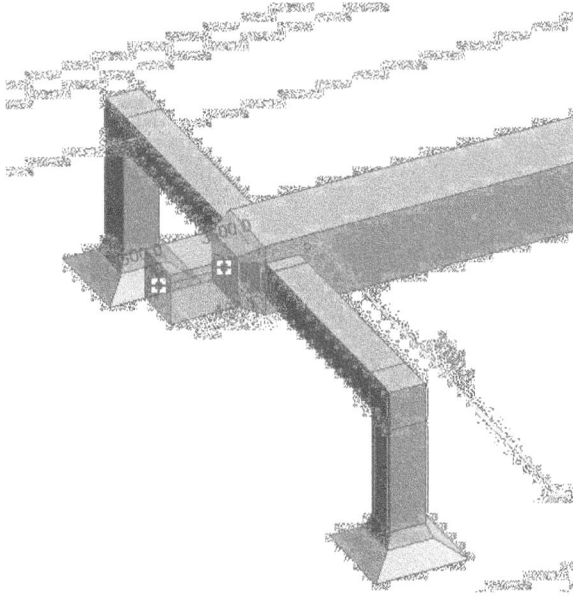

Automáticamente se generará la transición o pieza de reducción.

Prolongaremos el conducto hasta alinearlo con los dos últimos difusores, para ello usaremos el icono del cuadrado del extremo.

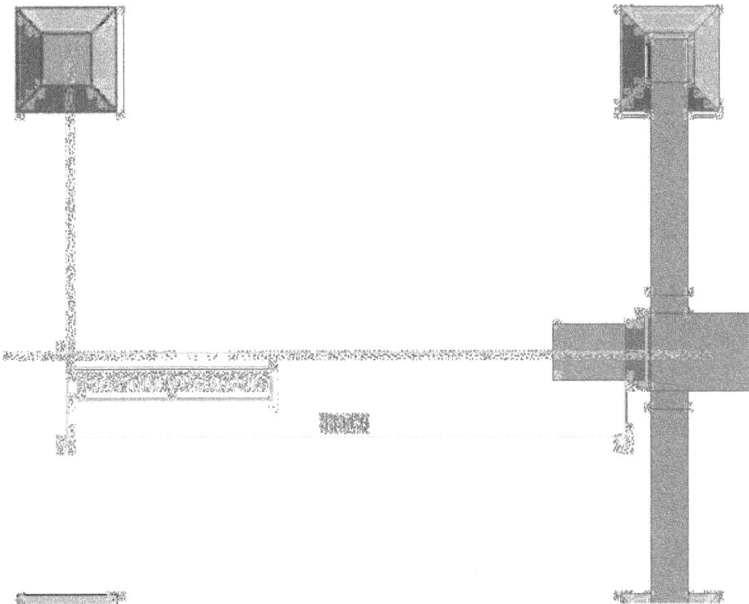

De la misma forma que hicimos anteriormente trazaremos un conducto de dimensiones 225x225 mm hasta donde se muestra en la imagen.

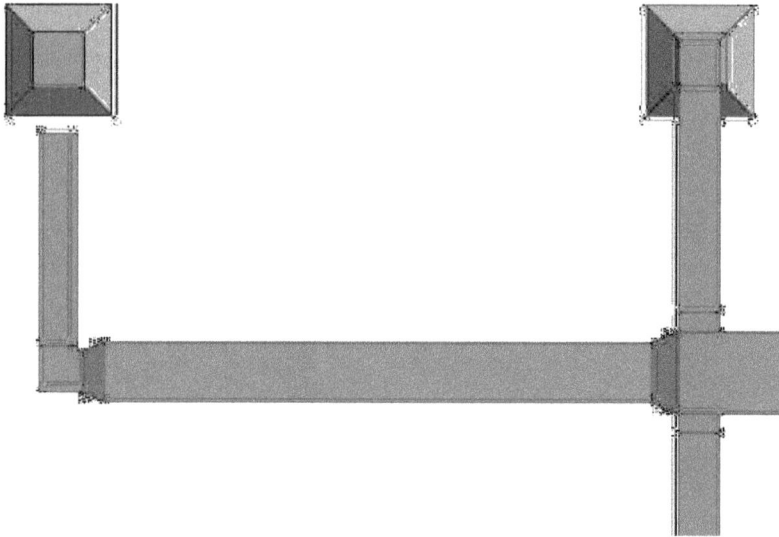

Seleccionaremos el conducto recién creado y pulsaremos con botón derecho del ratón sobre el cuadrado del extremo del conducto, seleccionaremos la opción del desplegable de dibujar conducto flexible.

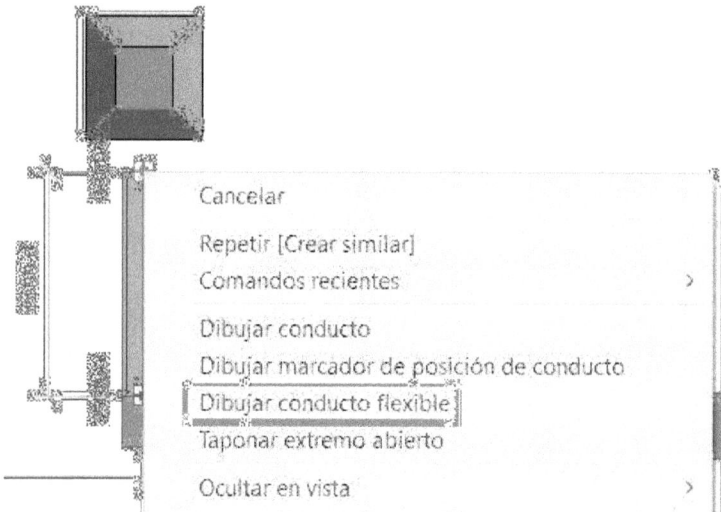

Haremos clic en el conector del difusor.

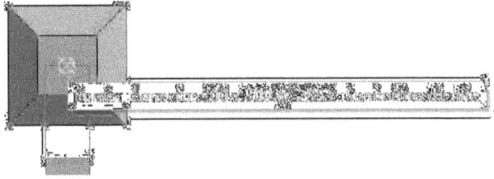

Automáticamente se modelará lo que refleja la imagen.

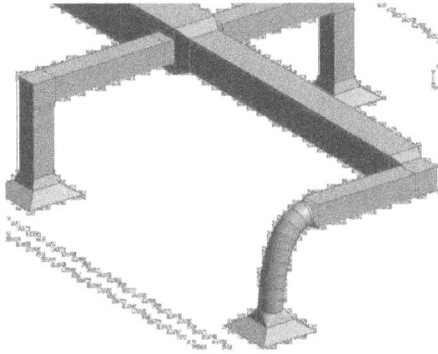

Trazaremos el último conducto seleccionando el codo y pulsando sobre el signo +.

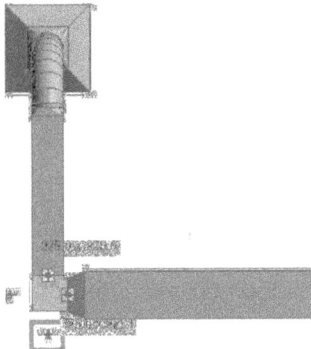

La pieza se convertirá automáticamente en una T de la que podremos sacar otro conducto de la misma forma que se ha explicado en las situaciones anteriores.

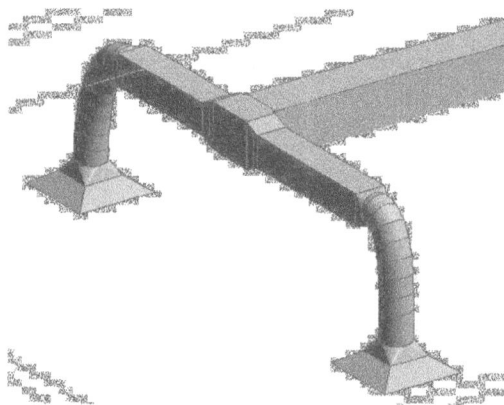

## 7.4.3 Modelado de red de conductos con piezas de fabricación

En las últimas versiones de Revit, a partir de la 2016, la mayoría de las mejoras del software han ido enfocadas hacia el modelado para la fabricación, lo que es lo mismo, un LOD 400.

Las Piezas de fabricación en Revit, pueden definirse como una herramienta que convierte un modelo genérico de conductos o tuberías en un elemento de fabricación real, con la capacidad de añadir todo tipo de elementos, así como codos, uniones, tes, soportes y un largo etcétera.

Para utilizar este tipo de piezas no es necesario tener instalado, ni saber usar ningún otro software, lo único que debemos tener en cuenta es que tenemos que tener cargadas las bibliotecas correspondientes a cada versión de Revit.

En este caso aprenderemos como cargar las piezas de fabricación para Revit 2018.

Es posible que en algunos casos el programa no traiga por defecto instaladas el contenido de las piezas de fabricación.

De ser así, deberemos ejecutar una aplicación con la que se instalarán las bibliotecas por defecto.

Dependiendo la versión el enlace de descarga variará en la fecha.

▶ **Para Revit 2017**

*www.autodesk.com/revit-2017-mep-fab-sample-content-imperial*
*www.autodesk.com/revit-2017-mep-fab-sample-content-metric*

▶ **Para Revit 2018**

*www.autodesk.com/revit-2018-mep-fab-sample-content-imperial*
*www.autodesk.com/revit-2018-mep-fab-sample-content-metric*

Para comenzar a modelar con piezas de fabricación iremos a la Ficha Instalaciones, Grupo Fabricación, Herramienta Pieza de fabricación.

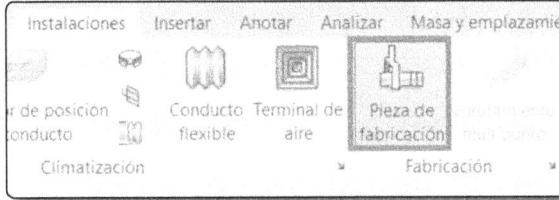

Al pulsar en la herramienta se abrirá la siguiente ventana.

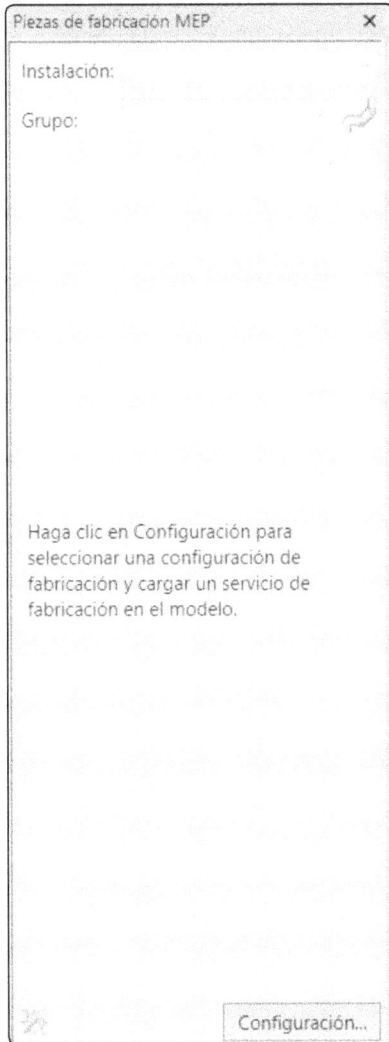

Aparece en blanco debido a que todavía no se ha asignado una configuración de fabricación.

Pulsaremos sobre el icono Configuración.

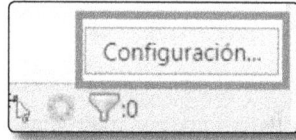

Se abrirá automáticamente la siguiente ventana en la que seleccionaremos en el desplegable de configuraciones d fabricación la biblioteca de Revit MEP Imperial Content V2.1

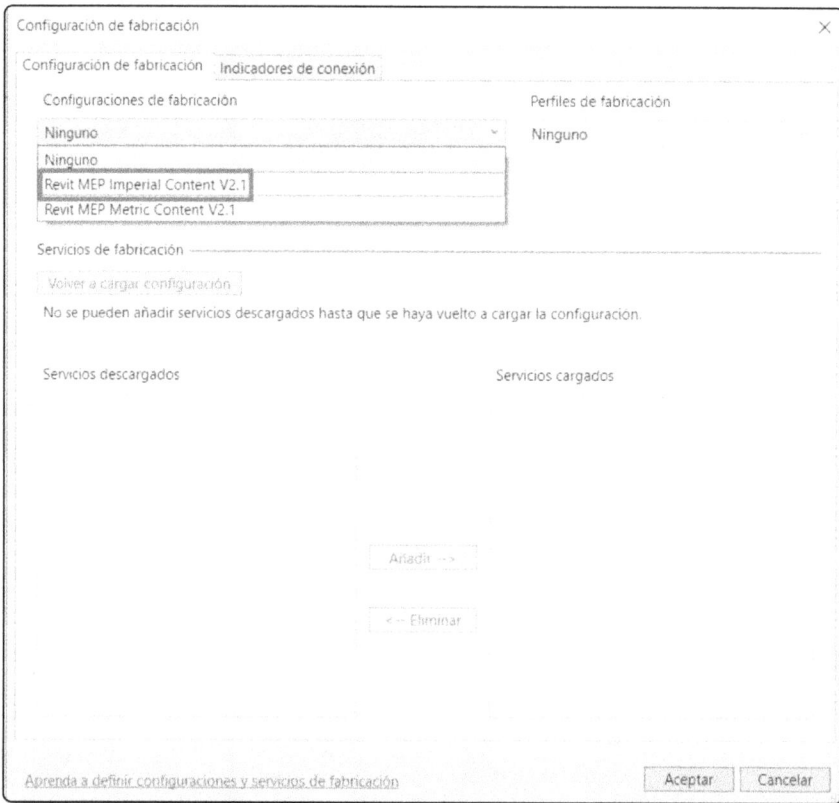

Aparecerán en el cuadro izquierdo inferior los servicios descargados.

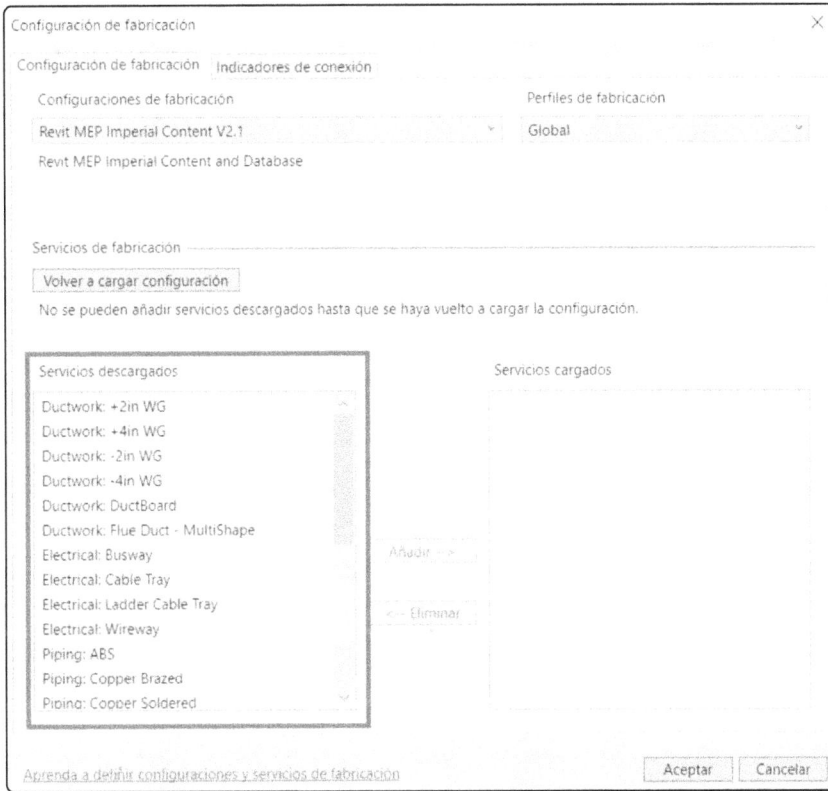

En este caso seleccionaremos los correspondientes al modelado de climatización y conductos.

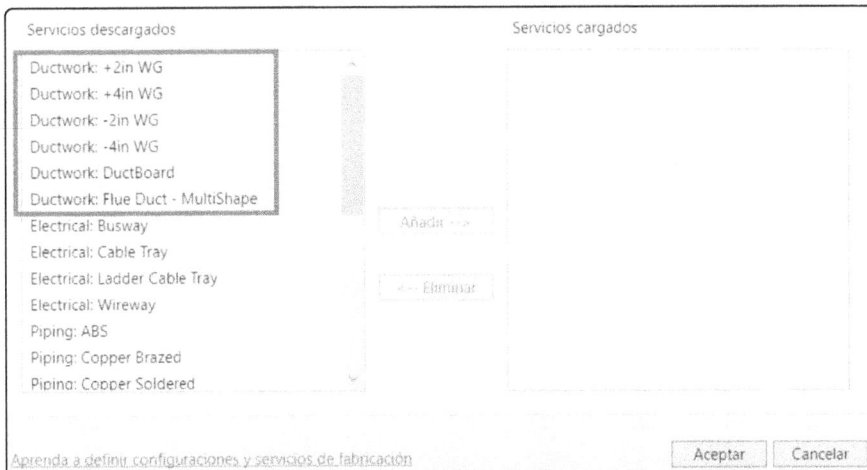

Seleccionaremos los seis servicios indicados y pulsaremos en Añadir, apareciendo estos en el cuadro de servicios cargados.

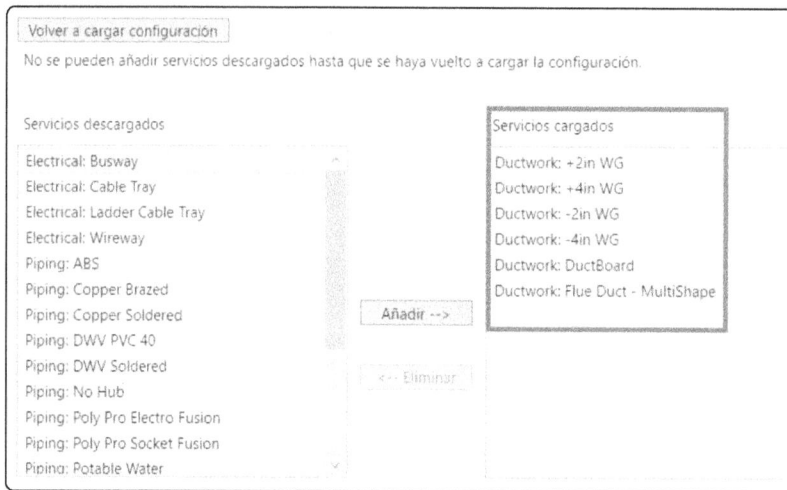

Pulsaremos en Aceptar y el cuadro que se abrió en un principio, al pulsar en la herramienta de Piezas de fabricación, ya tendrá elementos para proceder al modelado.

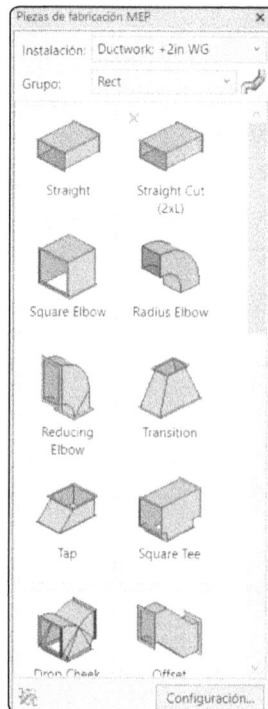

En el desplegable de Instalación podremos seleccionar la categoría de las piezas de fabricación, para cambiar de una a otra en el caso que sea necesario.

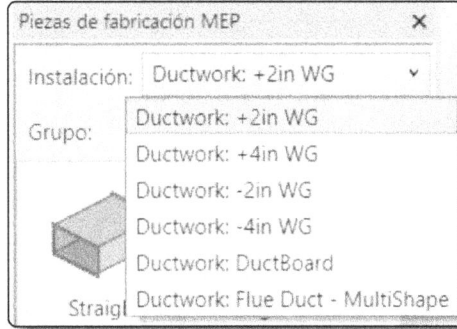

En el desplegable de grupo podremos seleccionar entre diferentes tipos de piezas correspondientes a esa categoría.

Para insertar una pieza únicamente deberemos seleccionarla desde la tabla y hacer un clic en la ventana de Trabajo.

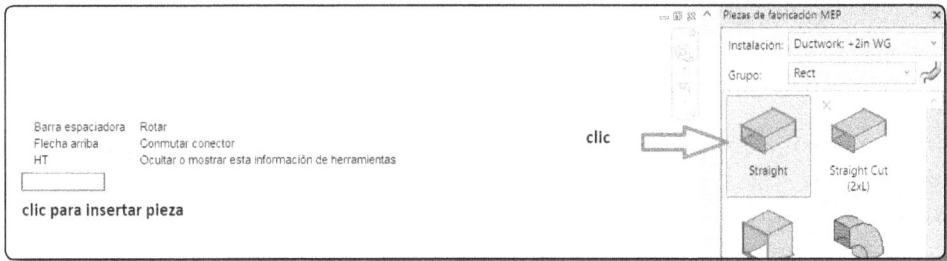

Si seleccionamos la pieza podremos acceder a sus parámetros desde la tabla Propiedades.

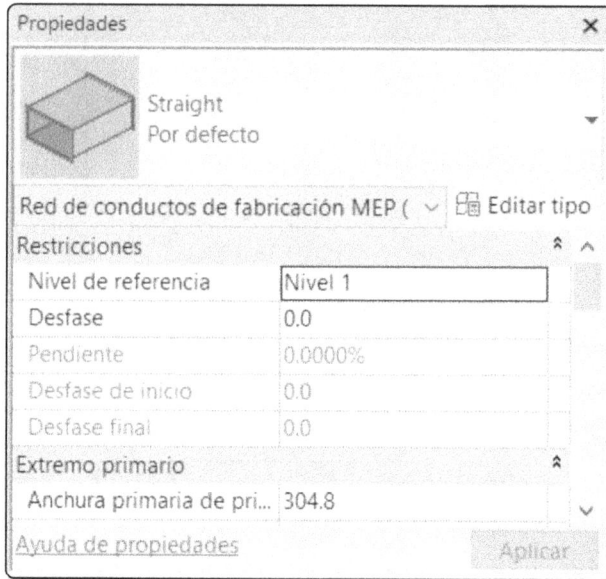

Una de las novedades que presenta la versión de Revit 2018 es poder trazar varios tramos de conducto generando automáticamente las piezas, tales como codos, tés, transiciones, etc., como si se tratará de un modelado de conducto al uso con piezas genéricas.

Esto facilita sumamente el trabajo, ya que anteriormente tendríamos que seleccionar cada pieza cuando quisiéramos introducirla en el modelo y adaptarla.

A continuación, veremos un pequeño ejemplo para entender el procedimiento de modelado (tenemos que tener en cuenta que el uso de piezas de fabricación es algo complejo y se requieren conocimientos avanzados y gran fluidez y soltura en el uso del software en la disciplina de instalaciones y explicarlo a fondo sería algo sumamente complejo y extenso, por lo que procederemos a ver una introducción simple a esta forma de modelado).

Iremos a la tabla de Piezas de fabricación MEP y seleccionaremos el tramo recto Straight antes de introducir la pieza seleccionaremos el icono, que se encuentra en esa misma tabla, de Iniciar enrutamiento multipunto.

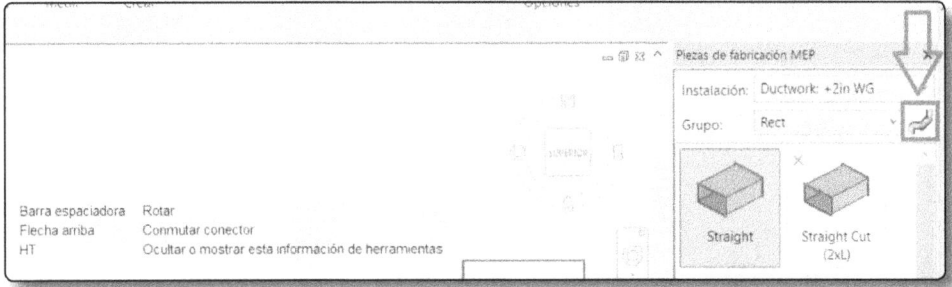

Haremos un primer clic en cualquier parte de la zona de trabajo desde una vista de planta o 3D posicionado en planta desde el view cube.

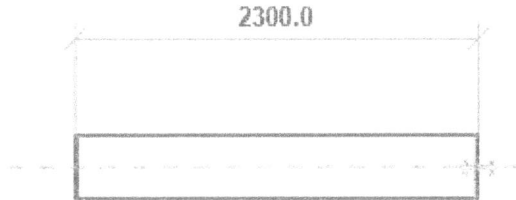

La forma de modelar ahora será igual a la explicada con conductos genéricos.

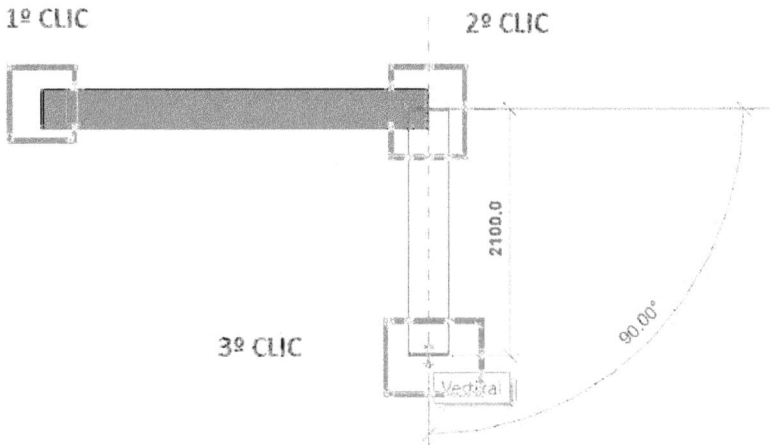

Automáticamente se generará un codo por defecto.

Es posible que no queramos un codo radial sino en ángulo recto.

Para cambiar esta configuración deberemos seleccionar el icono dentro de la tabla de Piezas de fabricación MEP que se muestra a continuación.

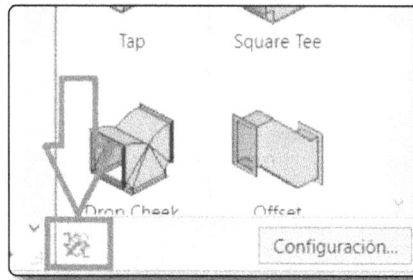

Se visualizarán unas casillas en cada pieza que podremos marcar con un aspa al pulsar sobre la imagen, en este caso seleccionaremos la pieza de codo radial.

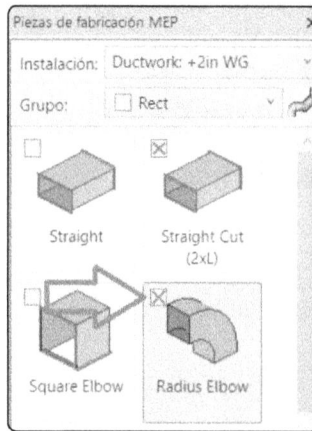

Si repetimos el proceso de modelado de conducto, obtendremos algo similar a lo siguiente.

El uso de las piezas de fabricación sigue siendo igual que en versiones anteriores, por lo que podremos insertar las piezas donde estimemos oportuno.

Para ello seleccionaremos desde la tabla la pieza de la imagen.

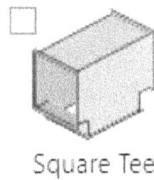

Square Tee

Nos acercaremos a un conducto y haremos un clic con el botón izquierdo del ratón, para orientar la pieza en la dirección correcta pulsaremos la barra espaciadora.

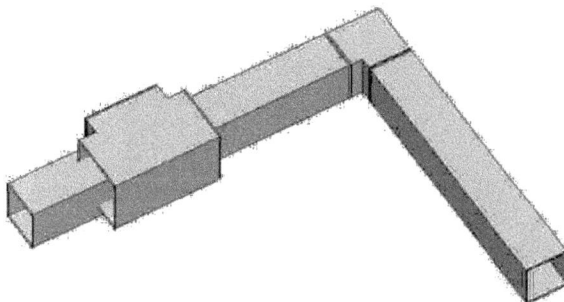

Si vemos lo modelado desde una vista en 3D, podremos observar que no se inserta de forma correcta.

Para que no ocurra este error antes de insertar la pieza haciendo clic en el conducto deberemos seleccionar la herramienta Inserta pieza.

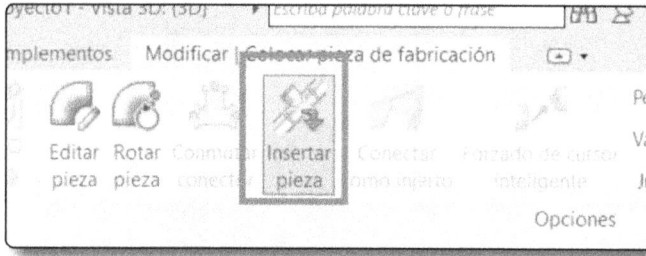

De esta forma la pieza se adaptará perfectamente al conducto.

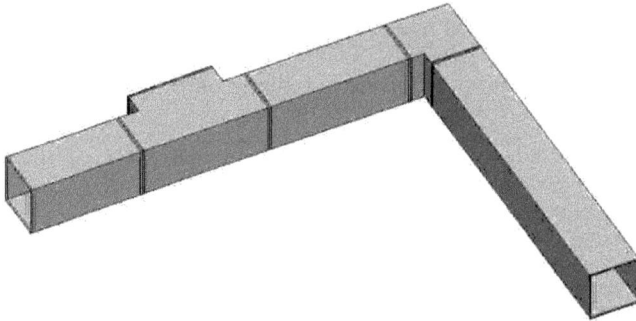

Por último, veremos cómo cambiar las dimensiones de un conducto y como crear reducciones automáticamente.

Primeramente, introduciremos una pieza de tramo recto.

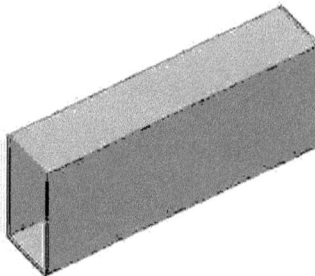

Seleccionaremos la pieza y en la tabla de propiedades marcaremos las dimensiones siguientes.

Automáticamente el conducto adquirirá esas dimensiones.

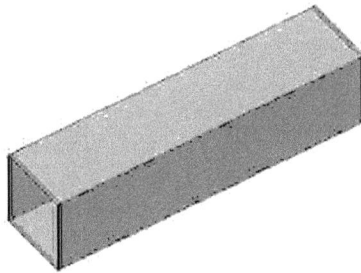

Para unir conductos de piezas de fabricación con dimensiones diferentes y que se generen las transiciones automáticamente, tendremos que proceder de la siguiente manera.

Partiremos de dos conductos sin unir, uno de dimensiones 350x350 mm y otro 500x500 mm.

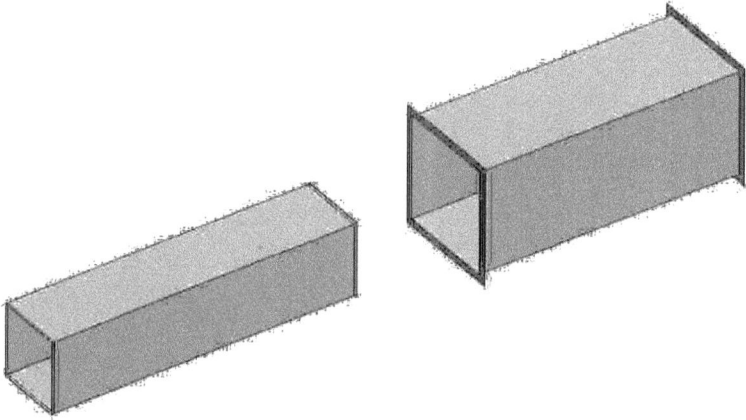

Si desde una planta seleccionamos uno de los conductos y lo estiramos haciendo uso de los pinzamientos hasta el conector del otro veremos que no se unen como pasaba con los conductos genéricos.

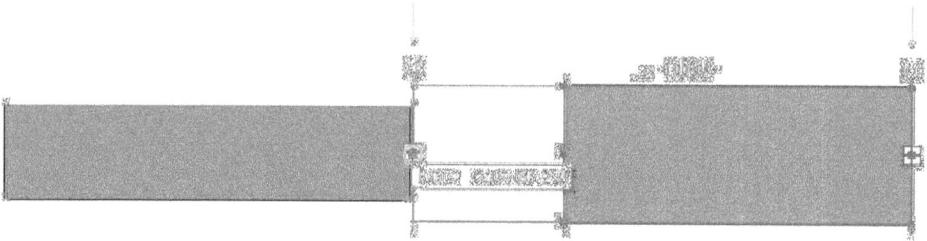

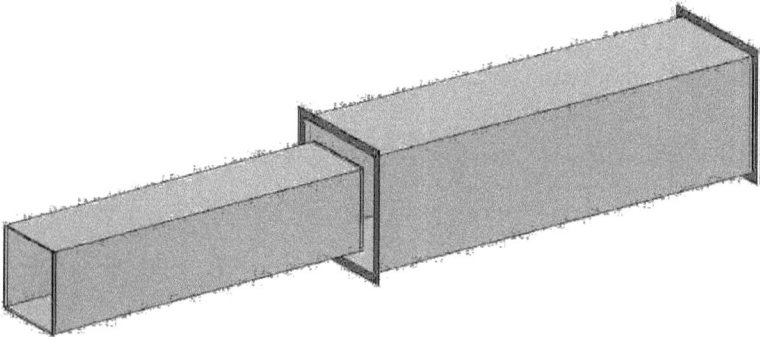

Seleccionaremos uno de los conductos, en este caso se ha elegido el de dimensiones 500x500 mm, tendremos que asegurarnos que no estén unidos los dos.

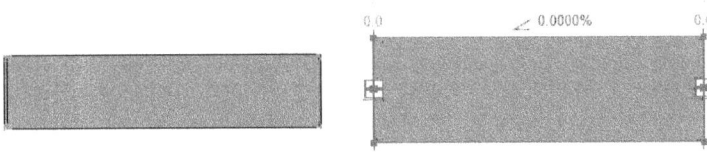

Pulsaremos la herramienta Enrutamiento y relleno.

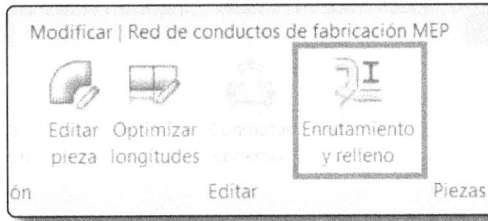

Se biselará la pantalla y se tornará la zona de trabajo en un color grisáceo.

Haremos un primer clic en el conector del conducto que se muestra.

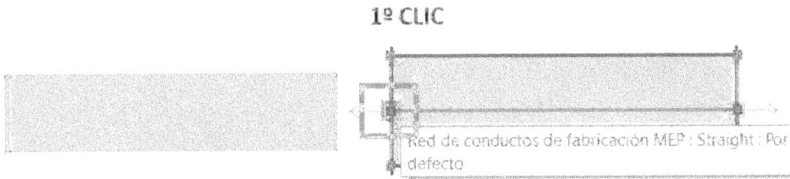

1º CLIC

Haremos un segundo clic en el conector del otro conducto.

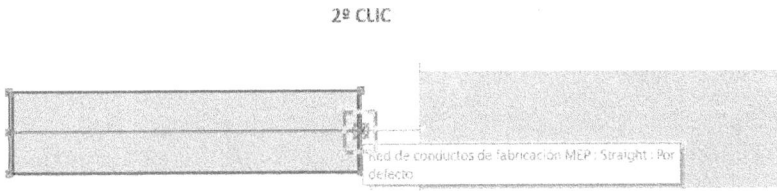

2º CLIC

Automáticamente se generará una transición, para terminar únicamente deberemos pulsar en finalizar.

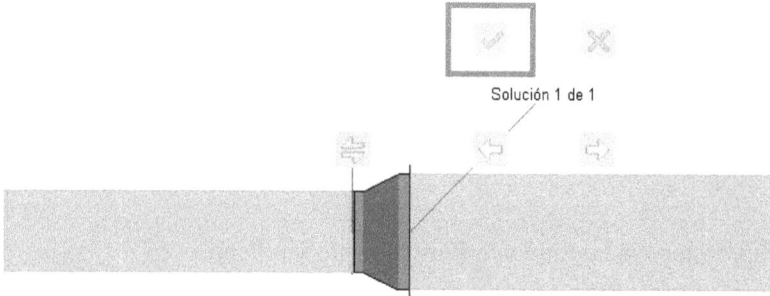

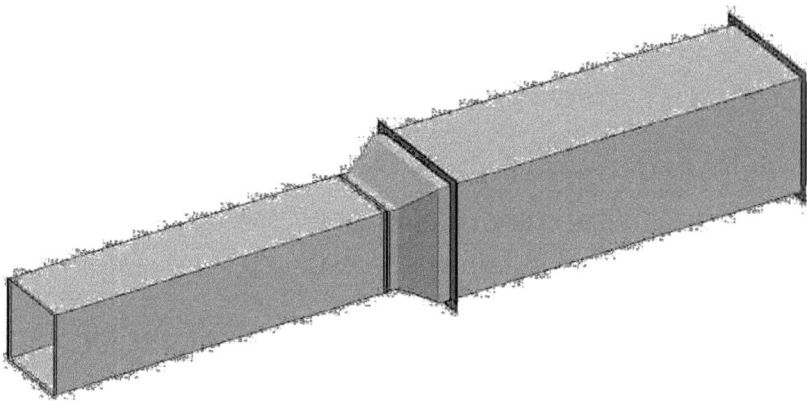

# 8

# DISEÑO DE INSTALACIONES ELÉCTRICAS

Revit permite el diseño completo de proyectos de electricidad y telecomunicaciones, gracias a la potencia del software permite inclusive realizar múltiples cálculos y comprobaciones.

En los siguientes apartados se explicará como modelar e introducir algunos elementos en el proyecto para definir de una forma básica la instalación.

Por otro lado no debemos olvidar que Revit es un programa de origen estadounidense por lo que la normativa aplicable y el diseño de las instalaciones deberá ser la propia de cada país en el que se ejecute la obra. Esto es importante tenerlo en cuenta ya que las plantillas y familias, en este caso de electricidad, concuerdan con los parámetros y estándares del país mencionado anteriormente.

En nuestro caso trabajaremos bajo el Reglamento Electrotécnico de Baja Tensión (REBT), que dispone de las especificaciones necesarias para proyectar instalaciones eléctricas domésticas.

Nos ocuparemos a continuación del diseño eléctrico de los cuartos principales, siendo estos espacios de uso común, dormitorios, cocina y baños.

| Estancia | Circuito | Mecanismo | nº mínimo | Superf./Longitud |
|---|---|---|---|---|
| Acceso | $C_1$ | pulsador timbre | 1 | |
| Vestíbulo | $C_1$ | Punto de luz | 1 | --- |
| | | Interruptor 10 A | 1 | --- |
| | $C_2$ | Base 16 A 2p+T | 1 | --- |
| Sala de estar o Salón | $C_1$ | Punto de luz | 1 | hasta 10 m² (dos si S > 10 m²) |
| | | Interruptor 10 A | 1 | uno por cada punto de luz |
| | $C_2$ | Base 16 A 2p+T | 3 [1] | una por cada 6 m², redondeado al entero superior |
| | $C_8$ | Toma de calefacción | 1 | hasta 10 m² (dos si S > 10 m²) |
| | $C_9$ | Toma de aire acondicionado | 1 | hasta 10 m² (dos si S > 10 m²) |
| Dormitorios | $C_1$ | Puntos de luz | 1 | hasta 10 m² (dos si S > 10 m²) |
| | | Interruptor 10 A | 1 | uno por cada punto de luz |
| | $C_2$ | Base 16 A 2p+T | 3 [1] | una por cada 6 m², redondeado al entero superior |
| | $C_8$ | Toma de calefacción | 1 | --- |
| | $C_9$ | Toma de aire acondicionado | 1 | --- |
| Baños | $C_1$ | Puntos de luz | 1 | --- |
| | | Interruptor 10 A | 1 | --- |
| | $C_5$ | Base 16 A 2p+T | 1 | --- |
| | $C_8$ | Toma de calefacción | 1 | --- |
| Pasillos o distribuidores | $C_1$ | Puntos de luz | 1 | uno cada 5 m de longitud |
| | | Interruptor/Conmutador 10 A | 1 | uno en cada acceso |
| | $C_2$ | Base 16 A 2p + T | 1 | hasta 5 m (dos si L > 5 m) |
| | $C_8$ | Toma de calefacción | 1 | --- |
| Cocina | $C_1$ | Puntos de luz | 1 | hasta 10 m² (dos si S > 10 m²) |
| | | Interruptor 10 A | 1 | uno por cada punto de luz |
| | $C_2$ | Base 16 A 2p + T | 2 | extractor y frigorífico |
| | $C_3$ | Base 25 A 2p + T | 1 | cocina/horno |
| | $C_4$ | Base 16 A 2p + T | 3 | lavadora, lavavajillas y termo |
| | $C_5$ | Base 16 A 2p + T | 3 [2] | encima del plano de trabajo |
| | $C_8$ | Toma calefacción | 1 | --- |
| | $C_{10}$ | Base 16 A 2p + T | | secadora |
| Terrazas y Vestidores | $C_1$ | Puntos de luz | 1 | hasta 10 m² (dos si S > 10 m²) |
| | | Interruptor 10 A | 1 | uno por cada punto de luz |
| Garajes unifamiliares y Otros | $C_1$ | Puntos de luz | 1 | hasta 10 m² (dos si S > 10 m²) |
| | | Interruptor 10 A | 1 | uno por cada punto de luz |
| | $C_2$ | Base 16 A 2p + T | 1 | hasta 10 m² (dos si S > 10 m²) |

## 8.1 INTRODUCCIÓN DE TOMAS DE CORRIENTE

Las tomas de corriente serán las primeras familias eléctricas que introduciremos en el modelo.

Partiremos del proyecto de vivienda unifamiliar que se viene utilizando a lo largo de todo el libro.

Para introducir las familias de tomas de corriente, acudiremos a la Ficha Instalaciones, Grupo electricidad, Herramienta Dispositivo, Subherramienta Aparato eléctrico,

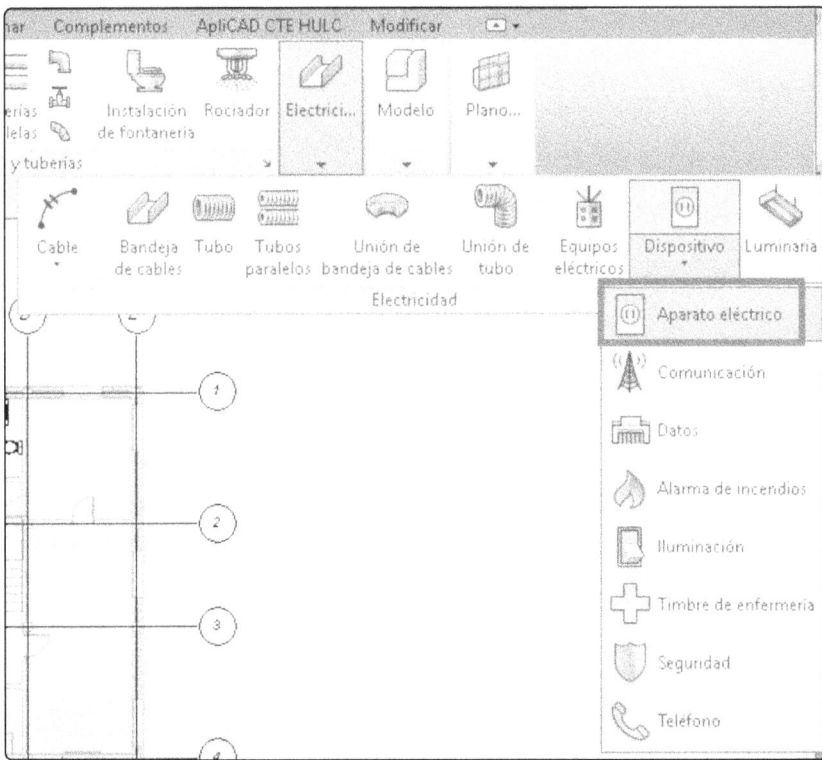

En el caso que no se encuentren cargadas las familias, modificadas a la simbología estándar (REBT), tendremos que proceder a cargarlas desde la ubicación en la que se encuentren.

En este caso cargaremos la familia de toma de corriente.

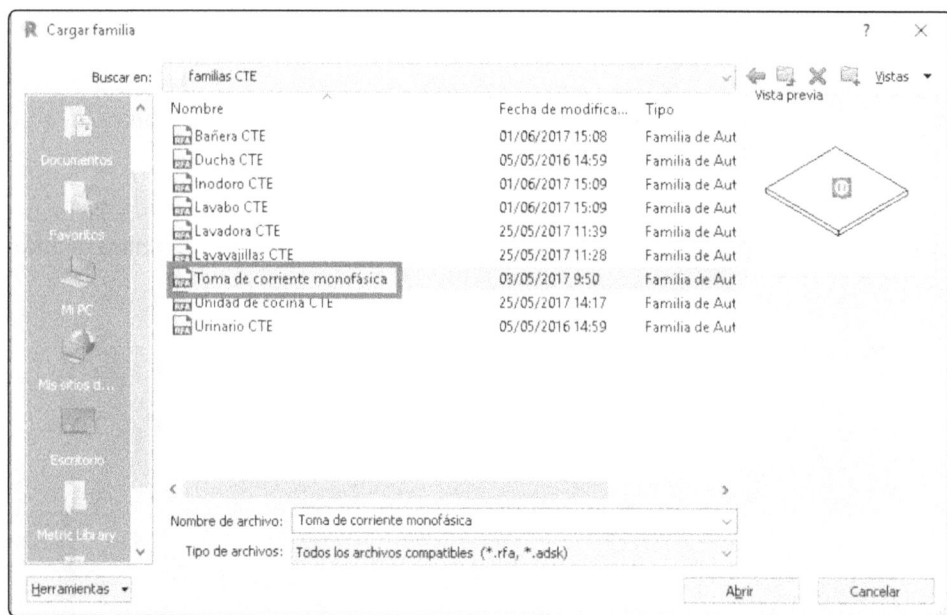

Una vez cargada podremos insertarla en el proyecto acercándonos a cualquier muro (ya que esta familia tiene anfitrión de muro) y pulsando el botón izquierdo del ratón.

Para ubicar las tomas de corriente seguiremos los siguientes criterios de confort y ajustado a normativa.

▶ Prever puntos de utilización superiores a los mínimos, así evitamos el uso de conectores multivía o prolongadores.

▶ Colocar a una altura mínima de 30 cm.

▶ Colocar en todas las paredes que tengan muebles.

▶ Colocar en pasillos para limpieza (aspiradora, enceradora, etc.).

▶ Bases de calefacción eléctrica en paredes exteriores, bajo ventanas.

▶ No instalar en los volúmenes 0, 1, y 2 de los cuartos de baño2.

▶ En la cocina no instalar las bases auxiliares sobre el plano de trabajo a menos de 50 cm. del fregadero ni de la zona de cocción.

▶ Las bases instaladas en el exterior deben ser estancas.

En este colocaremos las tomas de la cocina.

Dada la morfología de la familia, para que la cota del elemento quede al menos a 30 cm de altura, tendremos que otorgar en la tabla de propiedades la siguiente cota.

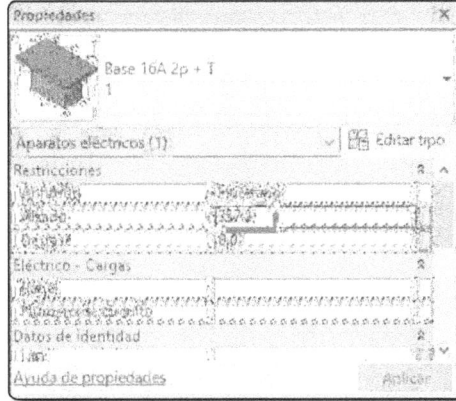

Para el posterior recuento de elementos y clasificación por circuitos sería interesante crear un parámetro de proyecto que fuera circuitos.

Iremos a la Ficha Gestionar, Grupo Configuración, Herramienta Parámetros de proyecto.

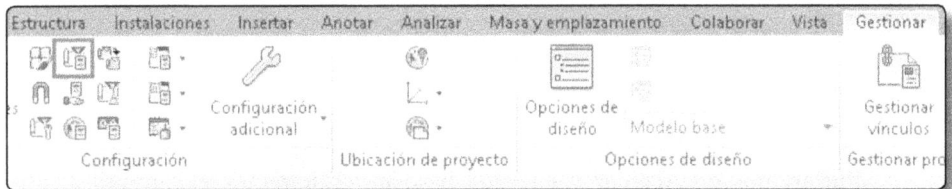

Se abrirá la siguiente ventana y pulsaremos sobre el icono Añadir.

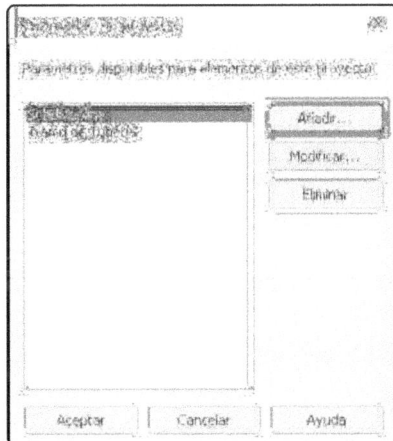

En la siguiente ventana seleccionaremos los campos, parámetros y nombres, tal y como se muestra en la imagen.

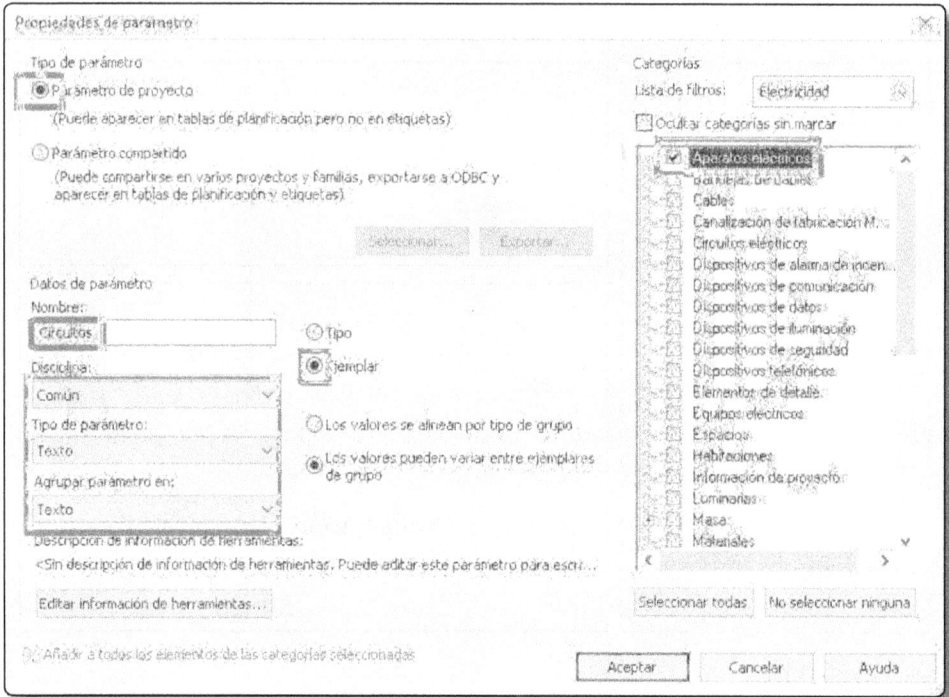

Pulsaremos en Aceptar y en cada base introduciremos el circuito al que corresponda.

| | | | | |
|---|---|---|---|---|
| Cocina | $C_1$ | Puntos de luz | 1 | hasta 10 m² (dos si S > 10 m²) |
| | | Interruptor 10 A | 1 | uno por cada punto de luz |
| | $C_2$ | Base 16 A 2p + T | 2 | extractor y frigorífico |
| | $C_3$ | Base 25 A 2p + T | 1 | cocina/horno |
| | $C_4$ | Base 16 A 2p + T | 3 | lavadora, lavavajillas y termo |
| | $C_5$ | Base 16 A 2p + T | 3 [2] | encima del plano de trabajo |
| | $C_8$ | Toma calefacción | 1 | --- |
| | $C_{10}$ | Base 16 A 2p + T | 1 | secadora |

La distribución de las tomas puede ser algo similar a lo que muestra la imagen.

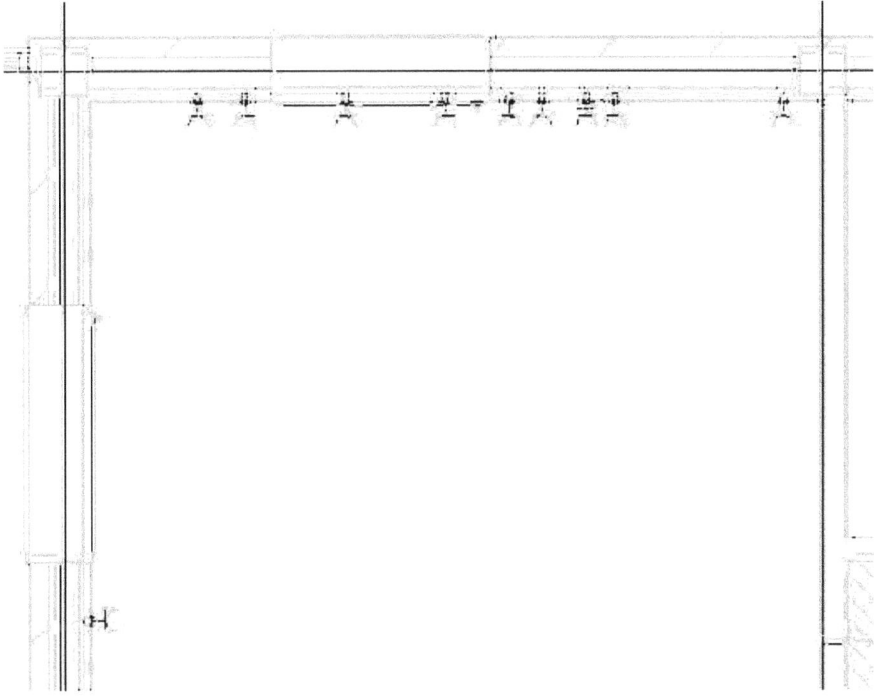

Es importante que cada vez que coloquemos una toma recordemos escribir a que circuito pertenece para no olvidarlo más tarde.

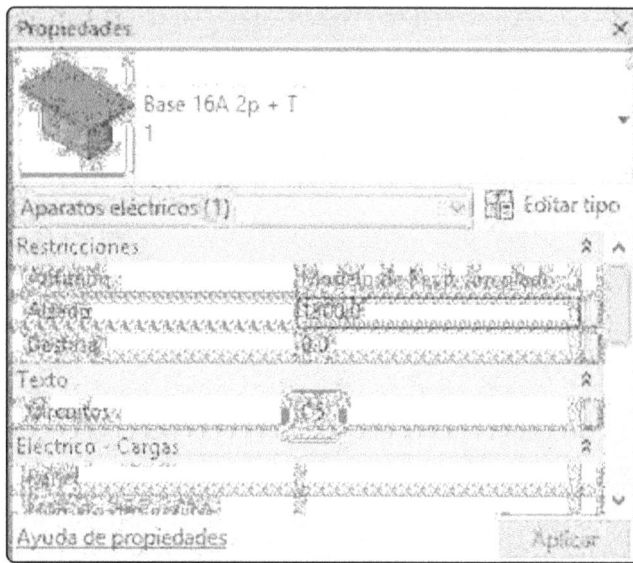

## 8.2 INTRODUCCIÓN DE LUMINARIAS E INTERRUPTORES

Para la colocación de luminarias dentro del proyecto deberemos tener en cuenta unos puntos clave.

1. Que la vista en la que nos encontremos tenga un rango de vista adecuado, ya que las luminarias suelen ir en anfitriones de falso techo, por lo que la cota de plano de corte suele ser mayor de lo habitual.

2. Que la categoría de familias de iluminación se encuentren activa en la vista desde donde vamos a introducirlas.

3. La disposición de las luminarias deberá planificarse previamente, en función de los requisitos necesarios para cada estancia y se realizarán diferentes cálculos lumínicos.

Primeramente, abriremos la vista de planta de iluminación.

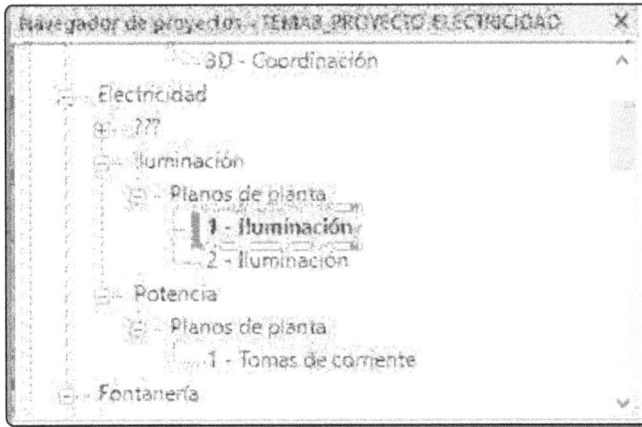

Desde la tabla de propiedades acudiremos al rango de vista y otorgaremos los siguientes parámetros.

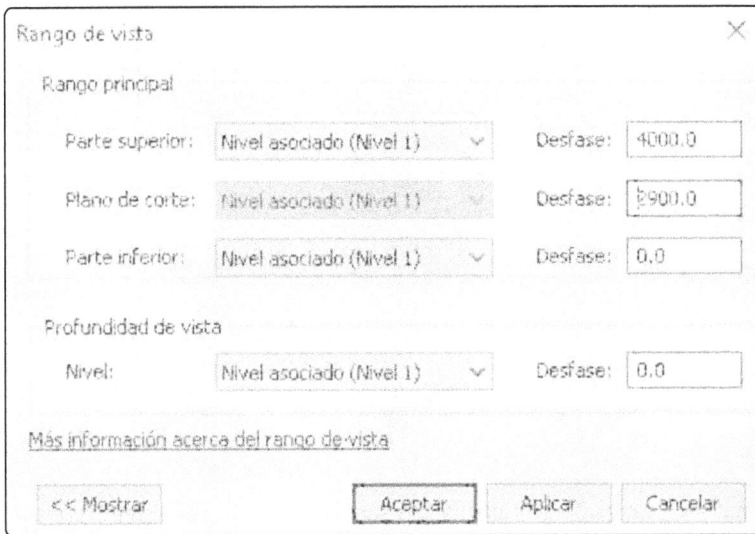

Iremos a la Ficha Instalaciones, Grupo Electricidad, Herramienta Luminarias.

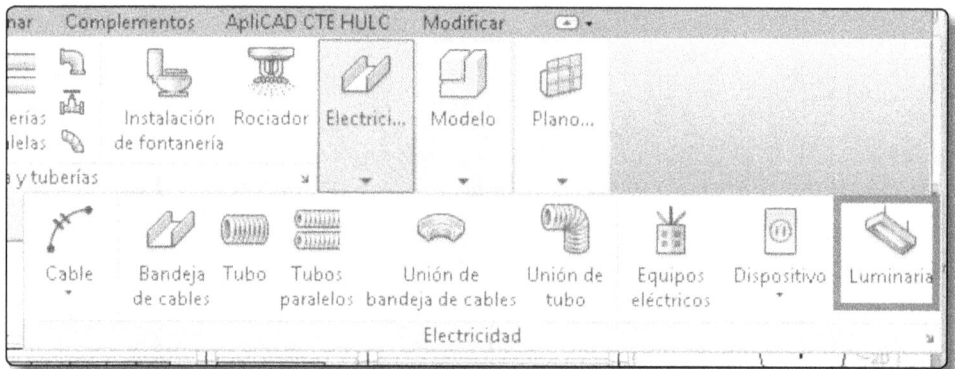

Cargaremos en el proyecto la familia M_Foco empotrado-tira desde la biblioteca de Revit, siguiendo la siguiente ruta.

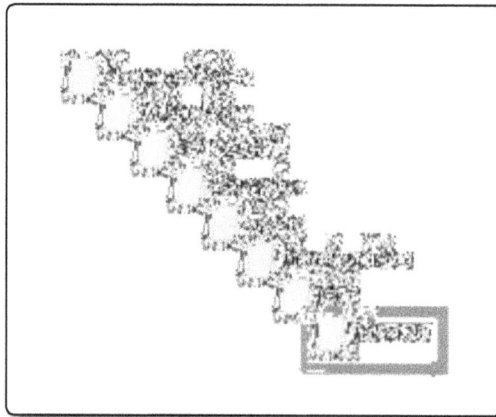

Una vez cargada la familia pulsaremos vv y nos aseguraremos que la categoría de luminarias es visible en la vista.

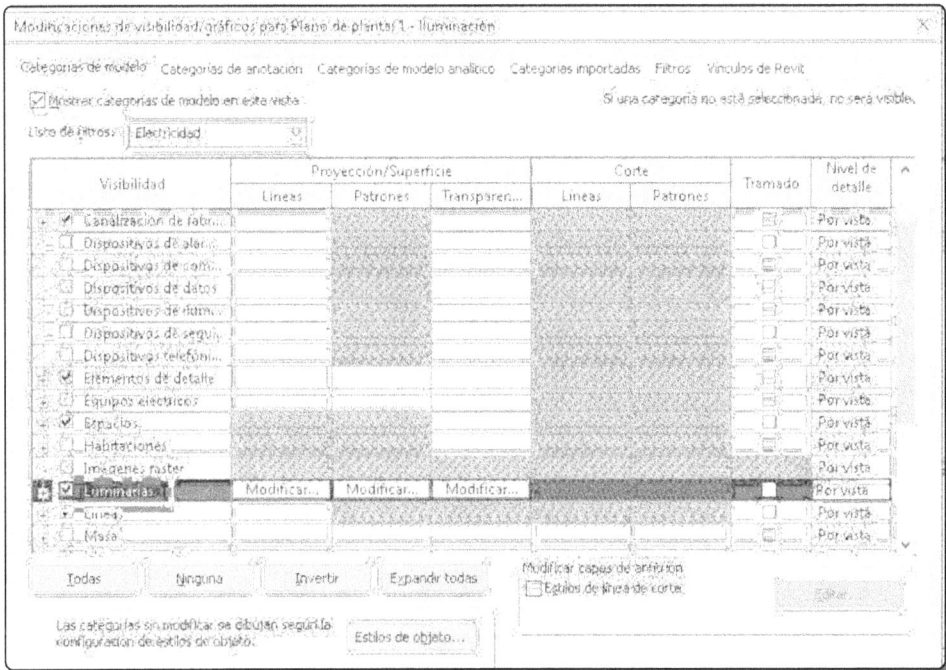

Recomendaciones para ubicación de puntos de luz.

▶ Colocar en todo espacio que pueda cerrarse.

▶ Baños: instalar uno general y otro en el espejo.

▶ Cocinas: instalar uno general y otro en el plano de trabajo.

▶ Dormitorios: instalar uno general y otros en las mesillas. Podemos sustituir los de las mesillas por bases de enchufe.

▶ Instalar luz dirigida hacia el interior de los armarios.

▶ Instalar iluminación indirecta si interesa en algunos puntos.

Dispondremos las luminarias como muestra la siguiente imagen.

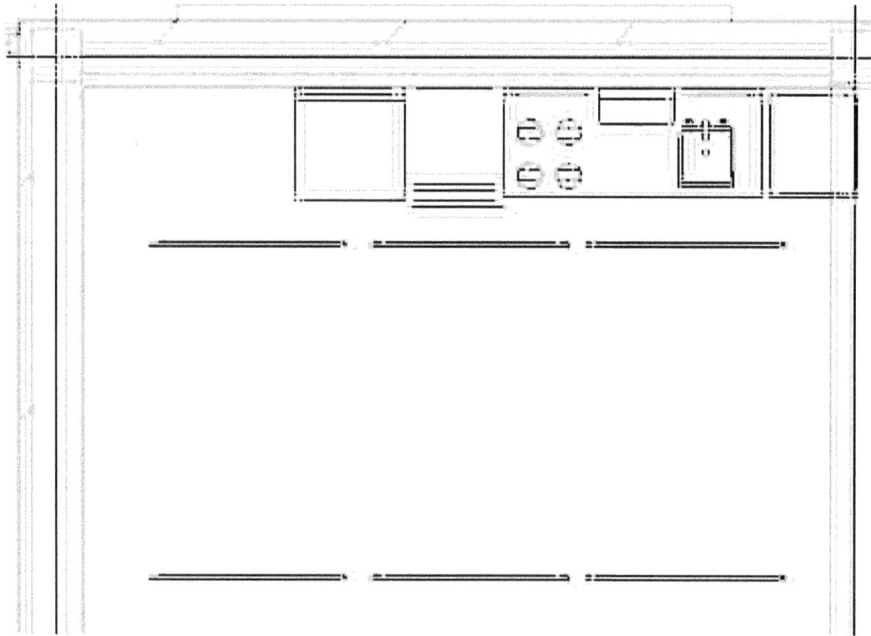

Si abrimos una vista de 3D veremos que la altura por defecto de las luminarias era 0,00 m, por lo que la cambiaremos seleccionando las familias y dando una cota.

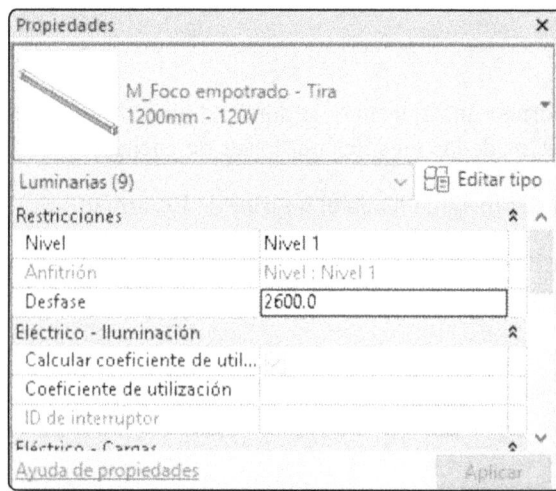

Veremos cómo las luminarias han quedado ubicadas correctamente en la parte inferior del falso techo.

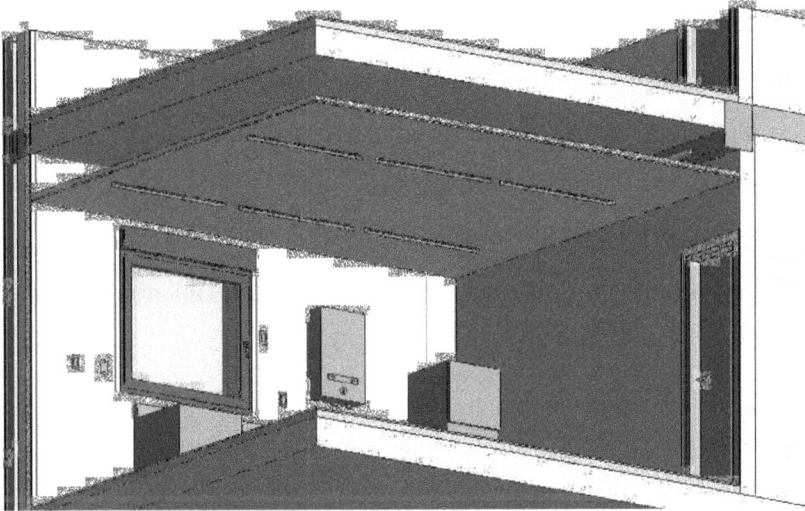

Por último quedará introducir los interruptores.

Para ello cargaremos la familia de interruptor adaptada su simbología.

Recomendaciones para ubicación de interruptores.

Interruptores y conmutadores: - Altura: a 1,00 - 1,10 m. del suelo.

▶ Localización:

- Preferiblemente dentro del local donde sirven.
- En baños y aseos pueden ir fuera.
- Para luces exteriores, colocar interruptor mejor en el interior.
- Desde él se ha de poder ver la luz que se ha encendido.
- Siempre que se pueda encender una luz debe poder apagarse la anterior (distancia máxima de 1,50 m. entre ambos interruptores).
- No situar nunca detrás del batiente de una puerta.
- En caso de puertas dobles, mejor colocar en el exterior de la estancia.
- En el exterior emplearemos interruptores estancos.

- No instalar en los volúmenes 0, 1, y 2 de los cuartos de baño2.

- El volumen 2 es el más crítico. El volumen 2 es el limitado por el plano vertical exterior a bañera o ducha y el plano vertical paralelo situado a una distancia de 0,6 m; y el limitado por el suelo y el plano horizontal situado a 2,25 m por encima del suelo.

▼ Emplearemos conmutadores y cruzamientos en los siguientes casos:

- Siempre que se tengan varias entradas al local.

- Desde la cama en dormitorios.

- En pasillos y escaleras.

▼ Ordenación: Si en un mismo lugar aparecen varios interruptores establecer un orden lógico recordable.

En este caso colocaremos dos interruptores a una altura de 1,10 m como muestra la imagen.

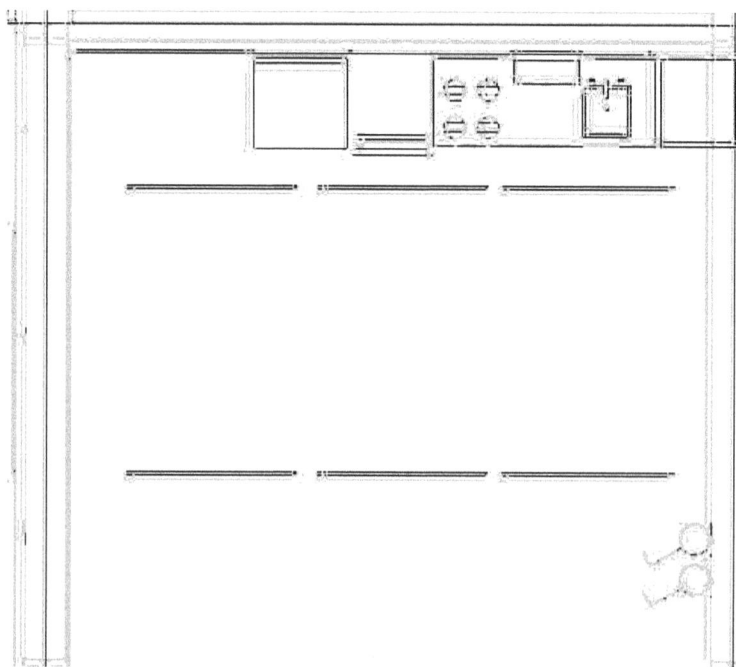

Es importante asegurarse que la vista tenga activada la visibilidad de la categoría de dispositivos de iluminación.

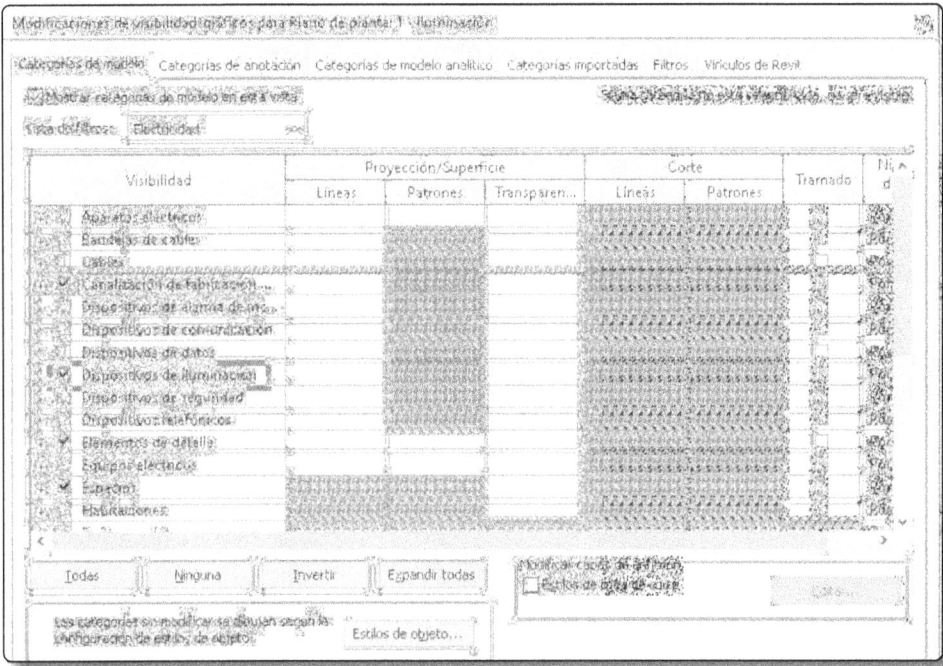

Para trazar los cables puede hacerse de varias formas y Revit dispone de herramientas destinadas propiamente a esta labor.

Pero una forma muy sencilla y rápida es utilizar líneas de anotación.

Para ello iremos a la Ficha Anotar, Grupo Detalle, Herramienta Línea de detalle.

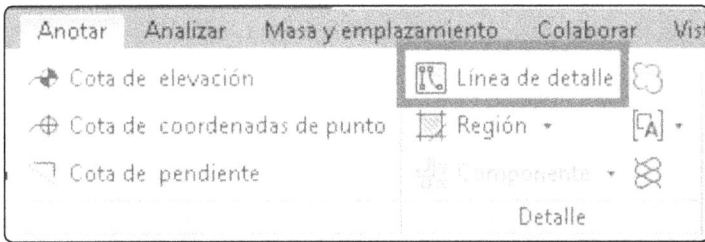

Podremos trazar el cableado usando por ejemplo el tipo de línea fina.

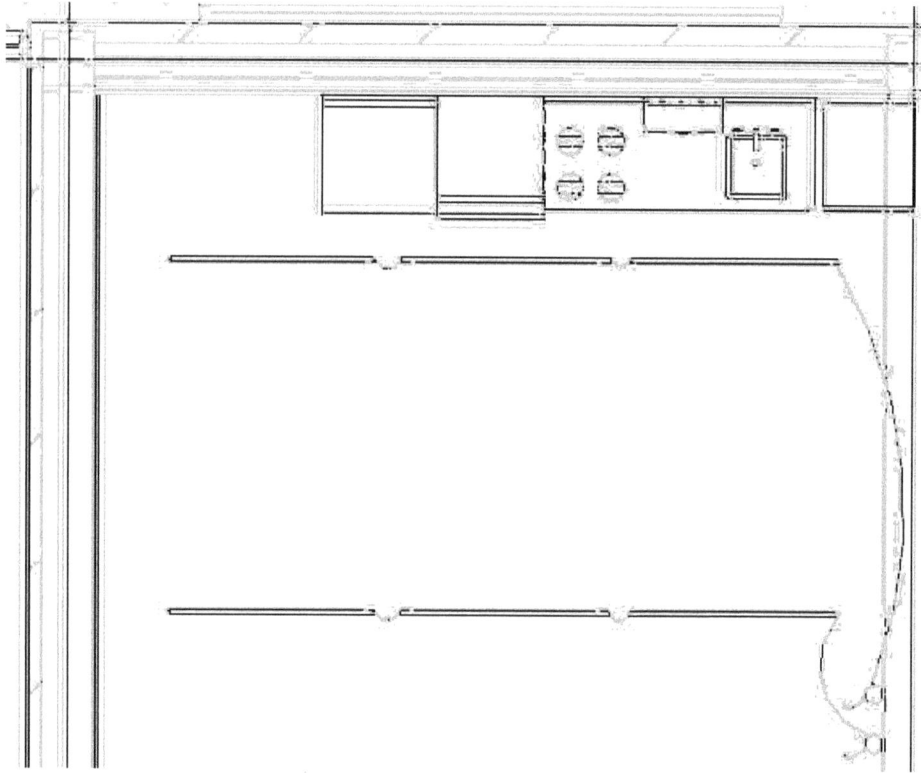

## 8.3 MODELADO DE BANDEJAS DE CABLE

Revit permite modelar bandejas de cable de diferentes tipos, el procedimiento es prácticamente el mismo que empleamos al trazar tuberías o conductos.

Las bandejas son familias de sistemas totalmente personalizables en cuanto a tipos de uniones derivaciones transiciones etc… para que se generen de una forma automática.

Al igual que en los casos de tuberías y conductos existen por defecto varios tipos de familias.

Para acceder a la herramienta iremos a la Ficha Instalaciones, Grupo Electricidad, Herramienta Bandeja de cables.

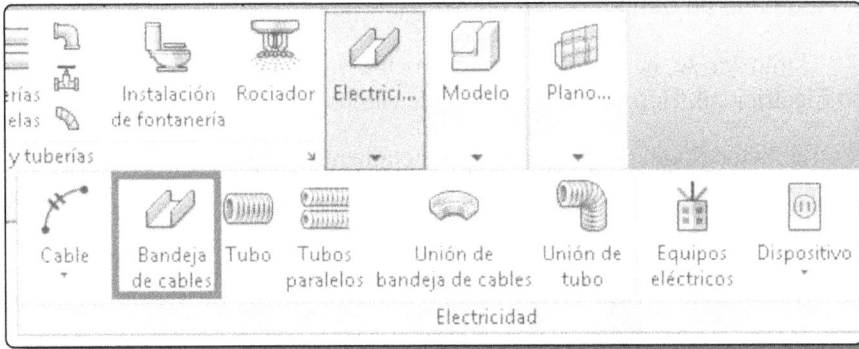

Desde la tabla de propiedades podremos ver las diferentes familias que tiene una plantilla por defecto de electricidad.

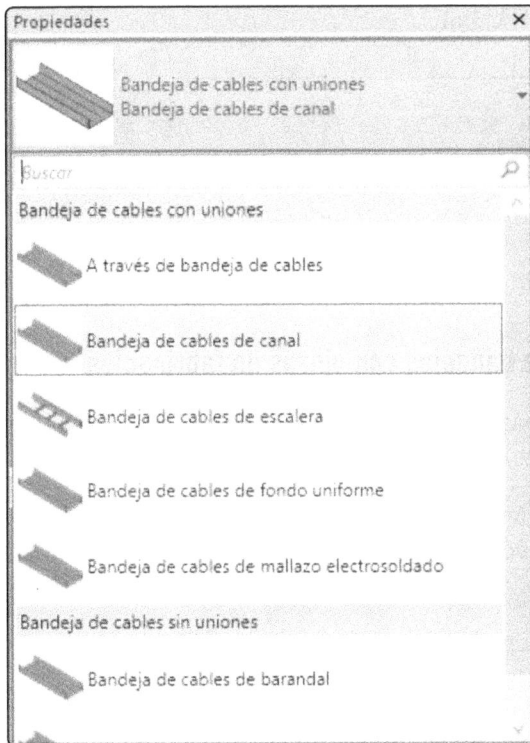

Existen dos formas de modelar las bandejas de cables, una utilizando las familias de sistema y otra las piezas de fabricación.

## 8.3.1 Modelado de bandejas con piezas genéricas

Como ya se ha descrito anteriormente iremos a la Ficha Instalaciones, Grupo Electricidad, Herramienta Bandeja de cables.

La metodología de modelado es exactamente igual a la de conductos.

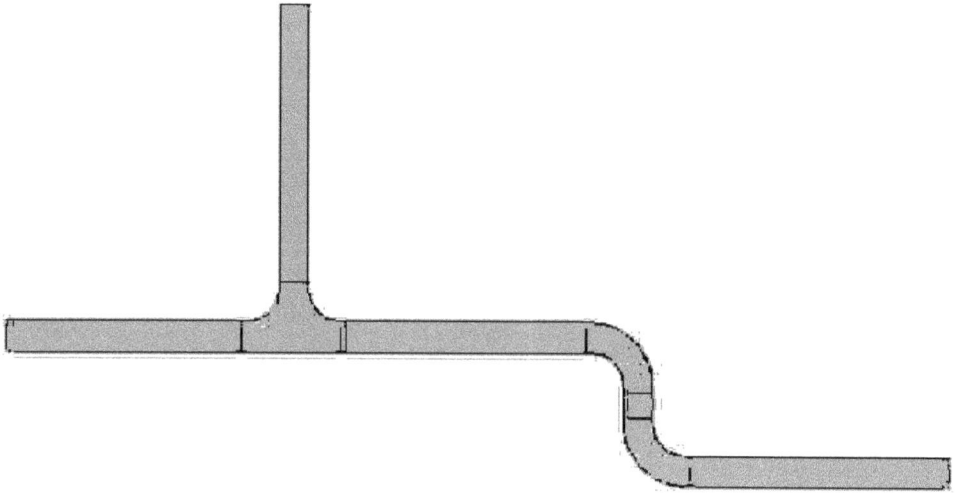

## 8.3.2 Modelado de bandejas con piezas de fabricación

El primer paso para modelar siguiendo este procedimiento será cargar las piezas en el proyecto.

Para ello iremos a la herramienta de piezas de fabricación e iremos a la configuración, tal y como se explico en el tema de modelado de conductos con piezas de fabricación.

Una vez abierta la ventana de configuración cargaremos las siguientes piezas.

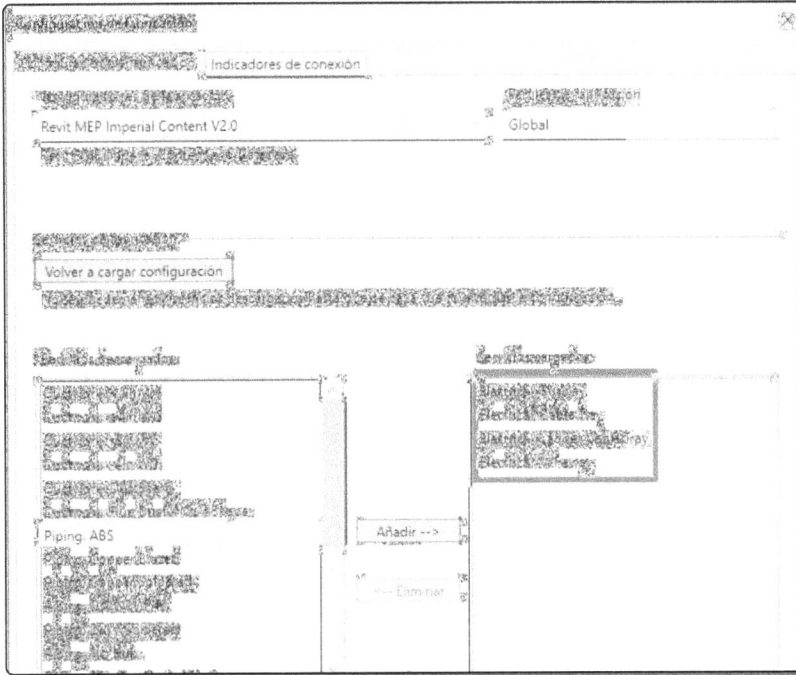

En el selector de tipos de piezas seleccionaremos las que muestra la imagen.

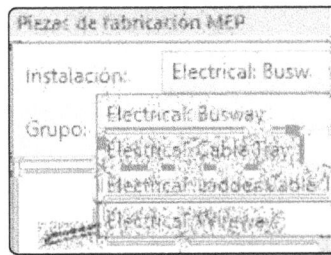

Con el tipo de piezas chanel activo podremos modelar de la misma forma que se explicaron los conductos.

Si cargamos la plantilla métricas veremos que los tipos de piezas cambian.

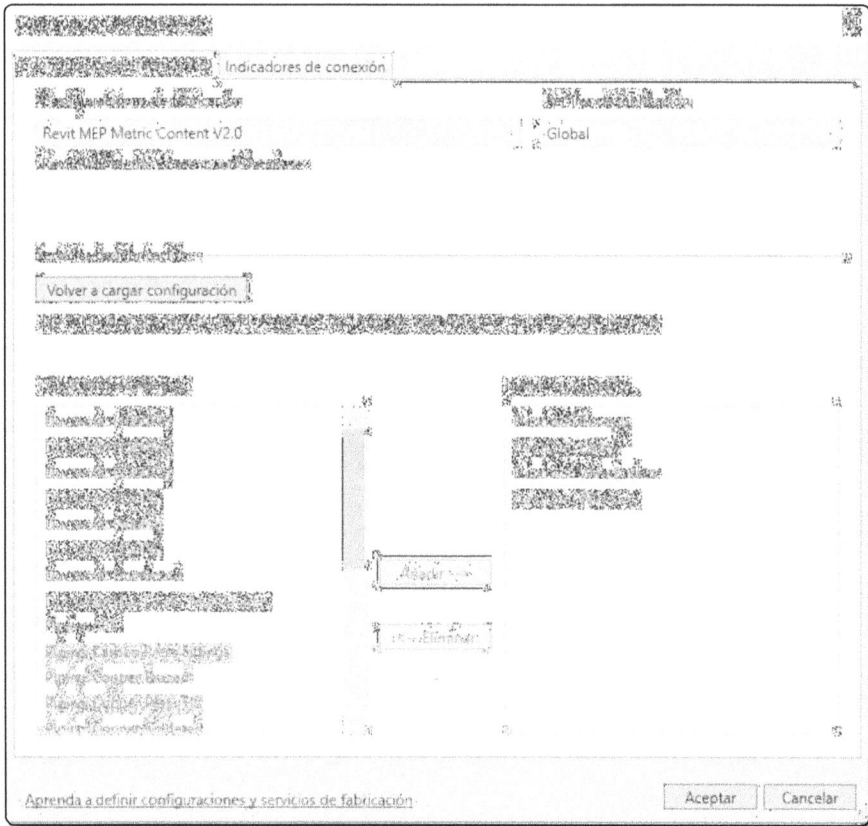

Desde este tipo de configuración podremos acceder a piezas como las que muestra la imagen.

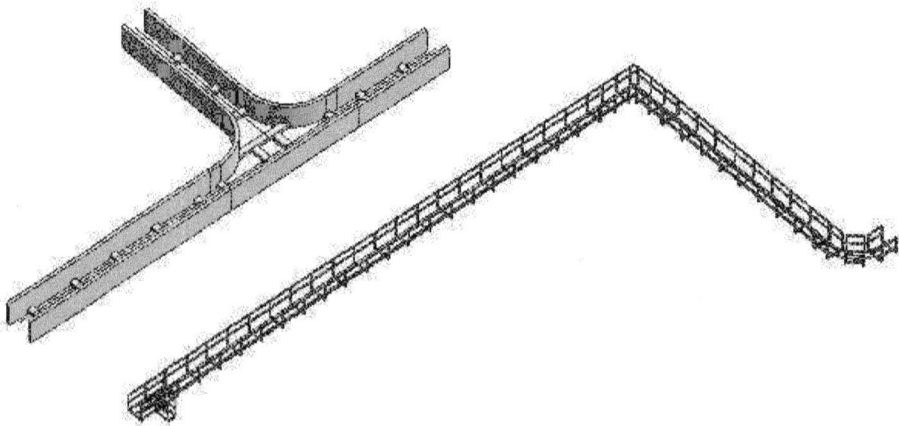

# 9

## DISEÑO DE INSTALACIONES ESPECIALES

Una de las grandes ventajas de cualquier software BIM reside en la precisión con la que podemos llegar a modelar y representar fielmente la realidad que posteriormente se va a ejecutar.

Revit MEP permite crear modelos industriales excelentes para realizar ingeniería de detalle.

Posiblemente Revit no sea el software más sencillo para crear las familias de tipo industrial como bridas, equipos de bombeo, depósitos, etc., pero sí es el mejor programa para gestionar los proyectos y, posteriormente, tener cuantificado y calificado cada elemento dentro del modelo.

En este tema realizaremos un ejemplo de un cuarto con un depósito de agua (o podría ser de cualquier otro fluido) con sus correspondientes tuberías, valvulería y los equipos de bombeo y vaso de expansión necesarios para el correcto funcionamiento de la instalación.

Partiremos de un proyecto con una sala de instalaciones modelada donde se ubicarán los diferentes equipos principales.

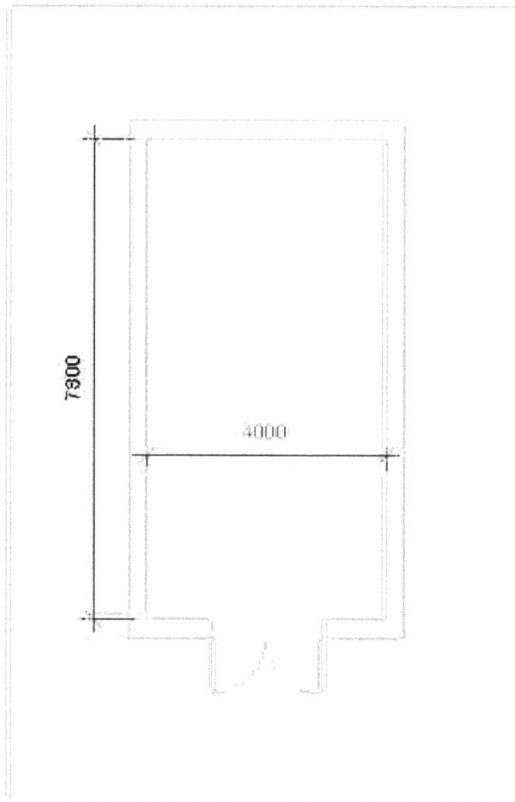

En el proyecto que se aportan además de la arquitectura base modelada también se encuentran todas las familias cargadas para completar el ejercicio.

Las familias que encontraremos cargadas son:

▼ Equipos principales.
- Depósito agua de 12.5 m3
- Vaso de expansión de 500 L
- Grupo de bombas (obtenidas de la página *https://www.mepcontent.eu/* , sobre la que se han realizado algunas modificaciones)

▼ Valvulería, accesorios y complementos:
- Brida de acero DN_50 y 80
- Filtro bridado DN_50
- Llave bridada DN_50 (obtenida de *www.stabiplan.com*)
- Válvula de bola DN_50 (*http://www.nibco.com*)
- Sujeción de tubería

Lo primero que haremos será posicionar los equipos principales, para ello abriremos la vista de planta de fontanería de nivel 1.

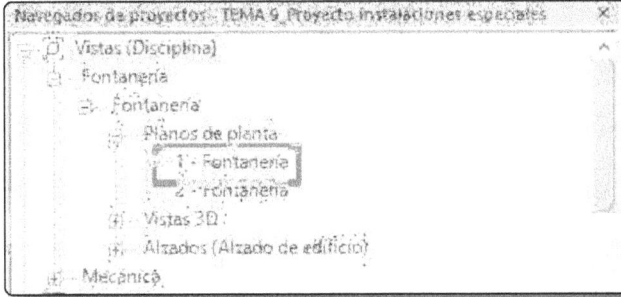

Iremos a la Ficha Instalaciones, Grupo Mecánica, Herramienta Equipos mecánicos.

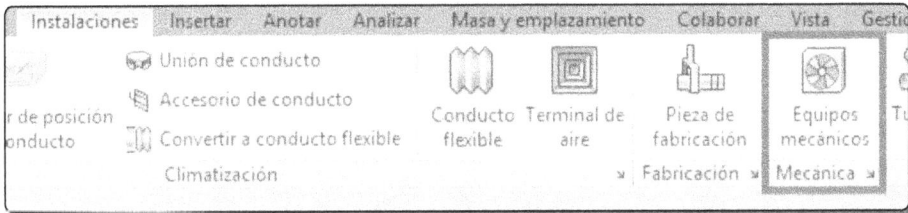

Colocaremos en primer lugar el depósito, por ser el elemento de mayores dimensiones.

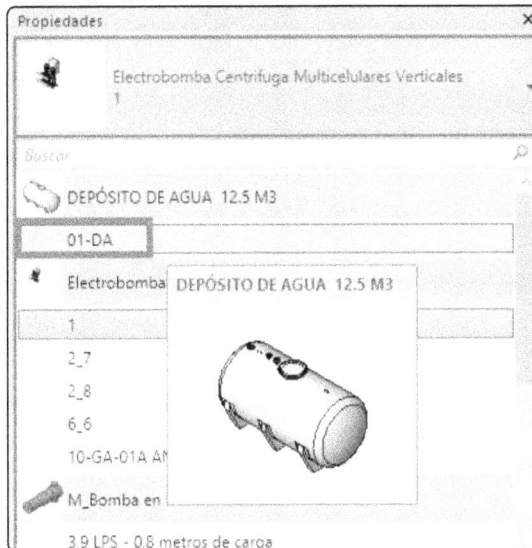

Se colocará en el centro de la sala respetando las siguientes dimensiones.

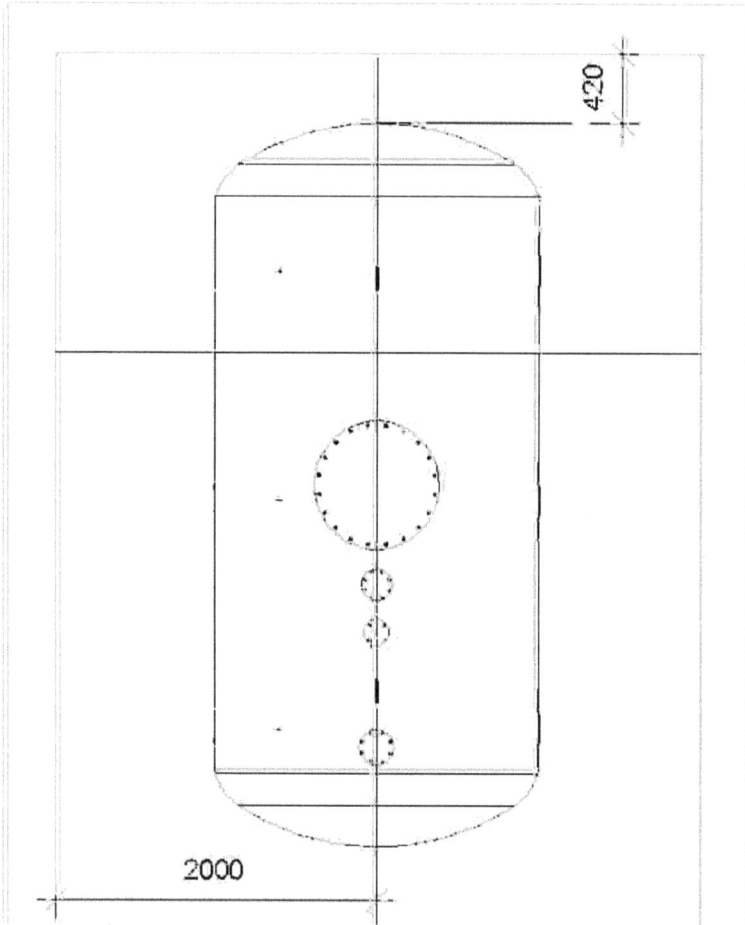

Para girar el equipo pulsaremos en la barra espaciadora.

Podemos usar líneas de detalle para como guía y posteriormente borrarlas.

Colocaremos, siguiendo el mismo procedimiento, el equipo de bombeo y el vaso de expansión.

Nos aseguraremos que el nivel de detalle de la vista siempre sea alto.

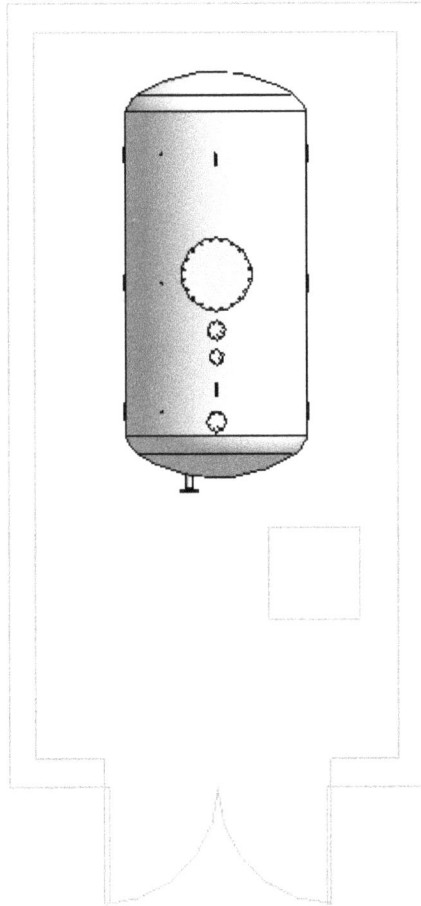

---

> ⓘ **NOTA**
>
> Existen muchas webs de productos donde podremos encontrar muchas familias MEP del tipo industrial.

Seguidamente modelaremos el sistema de tuberías.

Primeramente, colocaremos la brida DN 80 en la parte superior del depósito.

Para ello seleccionaremos la herramienta componente y buscaremos la familia citada anteriormente.

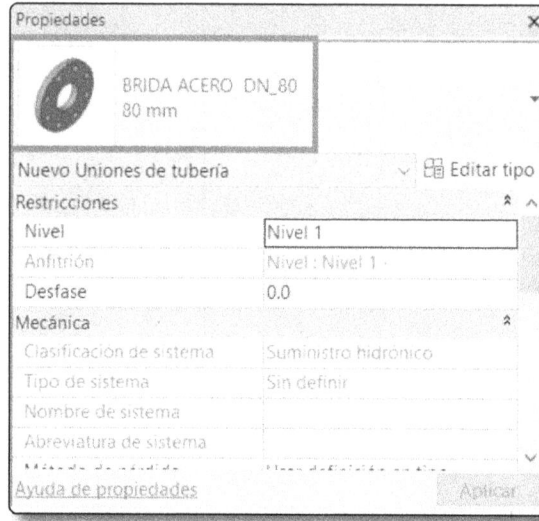

Acercaremos la familia al conector superior del depósito y haremos un clic para que se coloque de forma automáticamente.

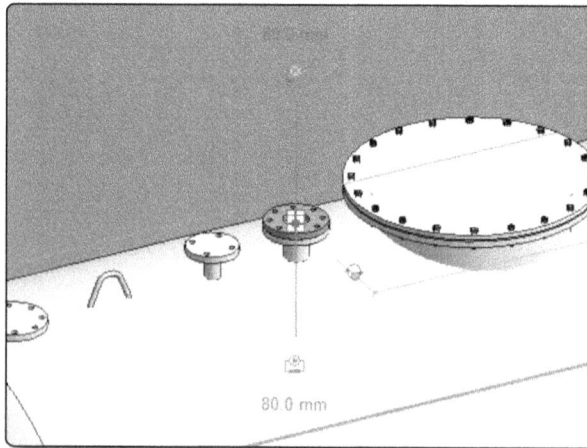

De la conexión de la brida sacaremos el primer tramo de tubería.

La forma más sencilla es crear una sección y desde allí dibujar la tubería que sale de forma vertical del depósito, el tipo de tuberías utilizadas son de acero inoxidable, que han tenido que ser creadas para este proyecto.

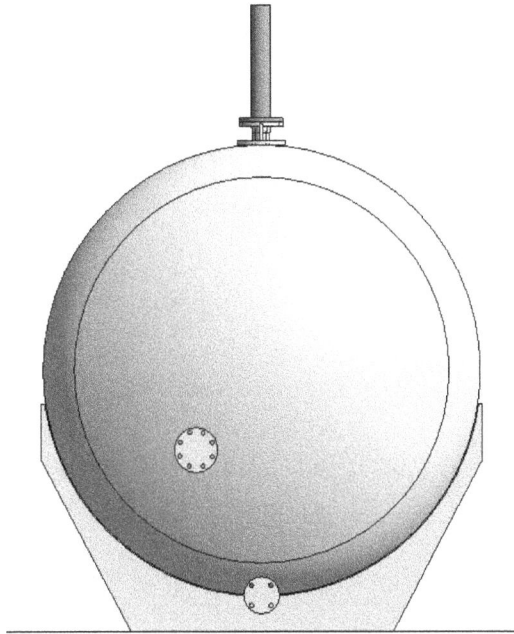

Dibujaremos desde la misma vista de sección u tramo que se dirija hacia la pared de la izquierda.

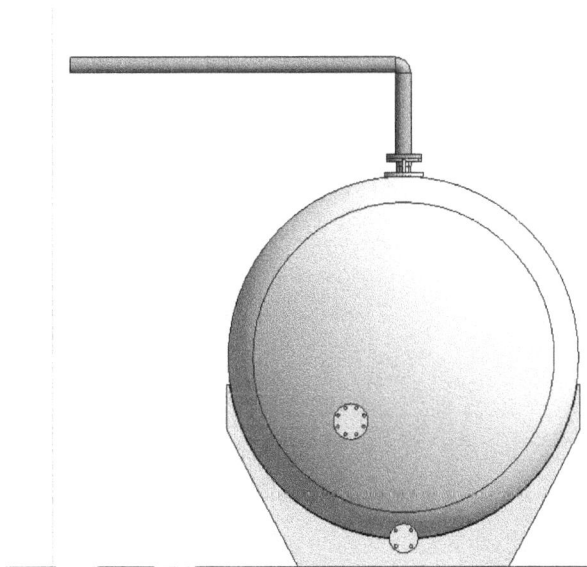

Abriremos la vista de planta de mecánica, ya que el sistema de tuberías es el de suministro hidrónico, para dibujar el tramo en dirección hacia la puerta.

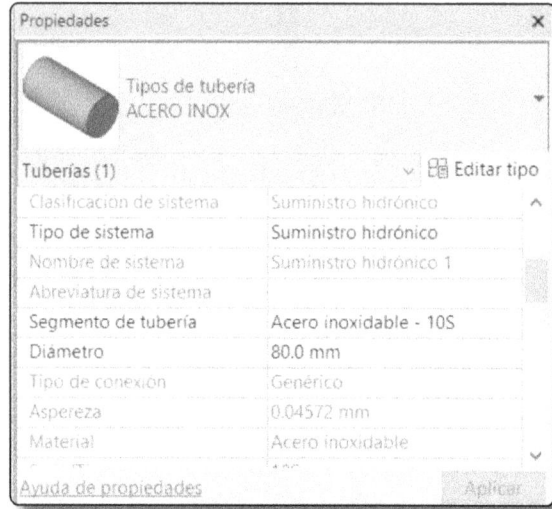

Trazaremos el tramo que se comentó anteriormente, obteniendo algo como muestra la imagen.

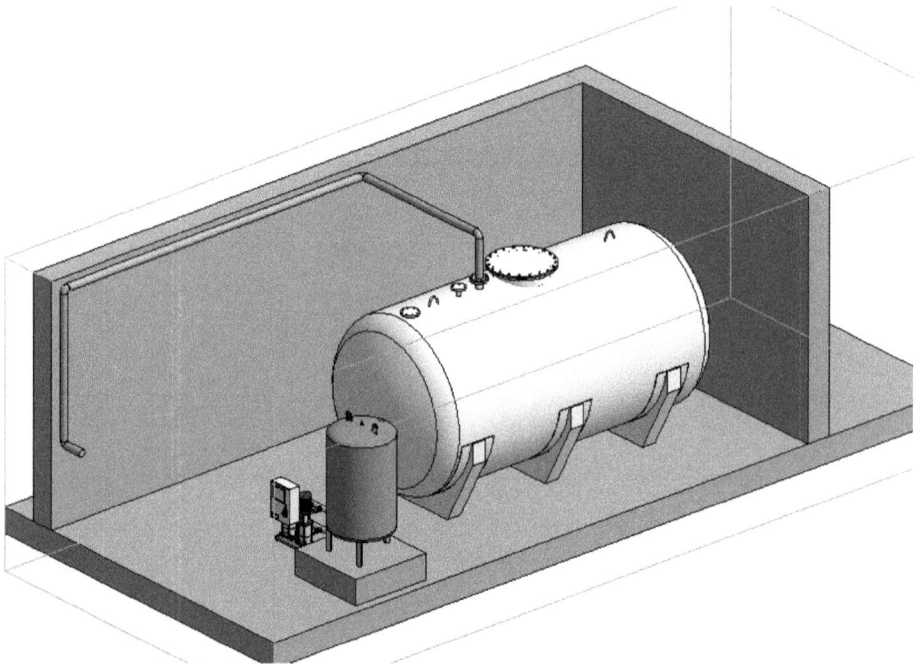

Colocaremos la llave que se muestra en la imagen en el extremo de tubería ubicado a una cota de 1.00 m respecto del nivel 1.

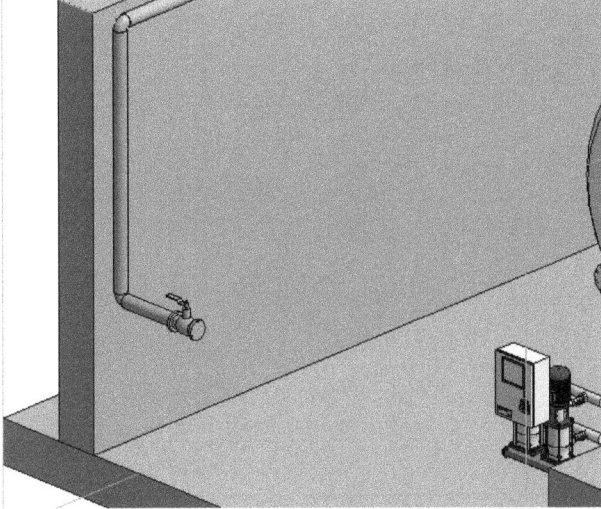

A continuación haremos la unión entre el depósito y la bomba, para ello colocaremos a la salida del depósito la llave bridada DN_50 y el filtro bridado DN_50.

Para ello seleccionaremos la primera familia y desde un 3d la acercaremos al conector del depósito y haremos un clic con el botón izquierdo del ratón para insertarla.

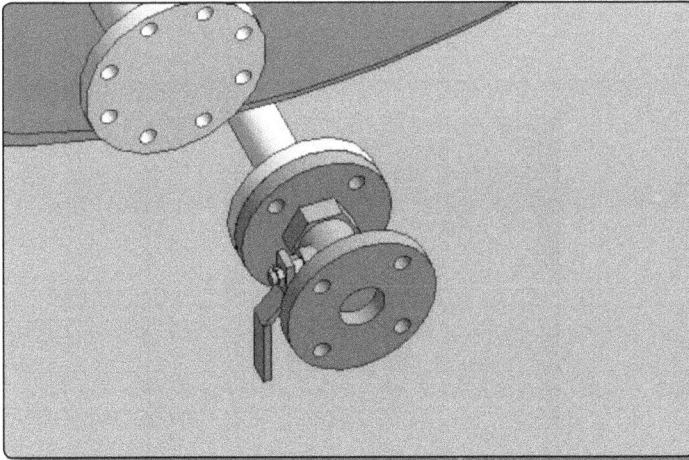

A continuación colocaremos el filtro de la misma forma que la familia anterior.

Por último uniremos con el grupo de bombas y crearemos las tuberías de salida del fluido.

Usaremos la herramienta unión de tuberías para colocar la brida DN_50.

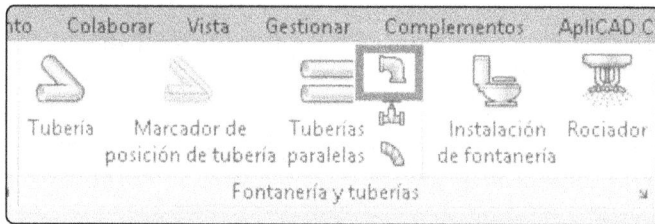

Tras crear la red de tuberías deberemos obtener algo similar a lo que muestra la imagen.

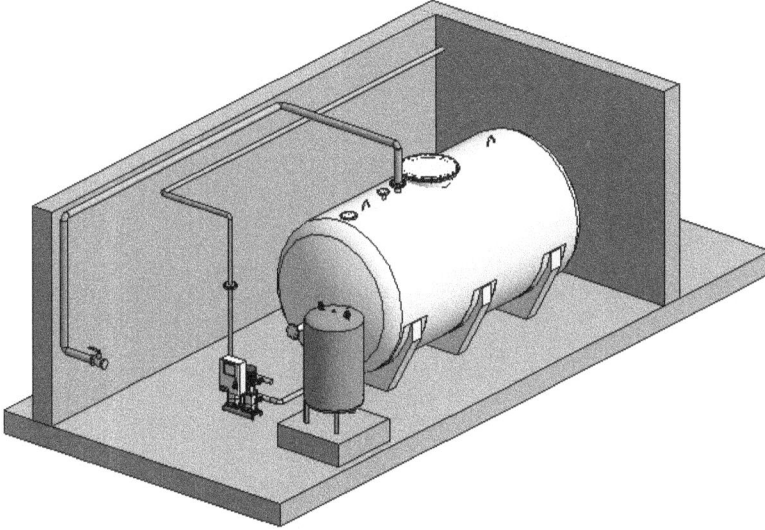

Por último, conectaremos el grupo de bombas con el vaso de expansión mediante una tubería flexible, la tubería flexible solo puede dibujarse desde una vista de planta, una vez trazado un segmento, podremos ajustarla desde una vista de sección, usando unos marcadores en forma de burbuja que aparecen al seleccionar la tubería.

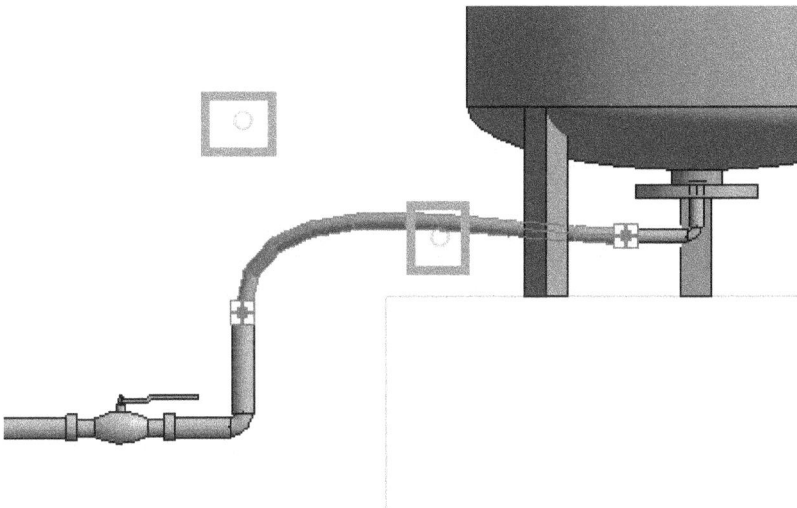

Después de esto únicamente quedará insertar las sujeciones y dar los parámetros de segmento de tubería con la designación que estimemos oportuna.

Las sujeciones pueden colocarse desde una vista de planta y después desde una sección con las propiedades de la vista (disciplina) en modo coordinación ajustarla a la medida necesaria.

Para insertar la familia de sujeciones al tratarse de un modelo genérico podremos acceder a ella desde la herramienta de colocar componente.

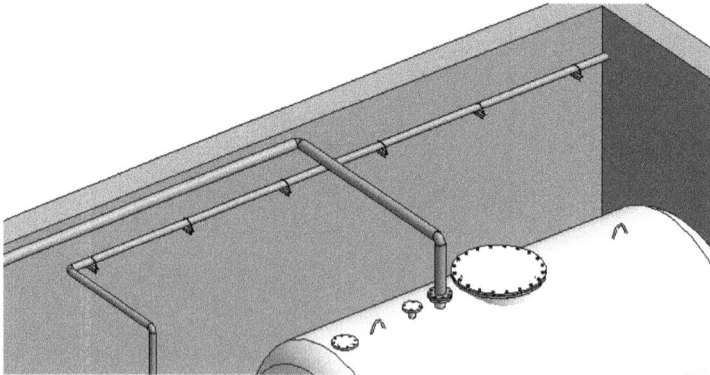

Con la herramienta copiar múltiple se colocarán espaciándolas 1 m entre ellas.

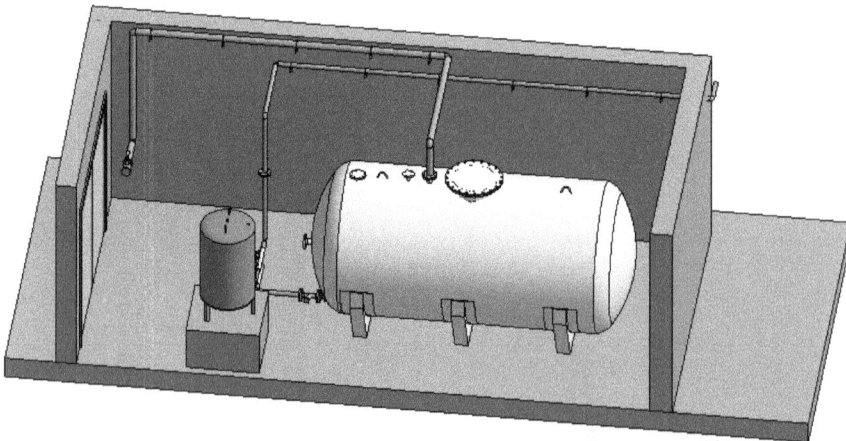

Añadiremos el parámetro compartido de tramo de tubería y designaremos con números cada segmento.

Esto será fundamental para la posterior documentación del proyecto y filtrado en tablas.

# 10

# DOCUMENTACIÓN Y OBTENCIÓN DE DATOS DEL MODELO

La redacción de proyectos en BIM no tiene otra finalidad que convertir archivos de proyecto únicos en grandes contenedores de información, para poder realizar la ejecución y mantenimiento de cualquier tipo de obra y poder gestionar el activo a lo largo de todo su ciclo de vida.

Como los modelos BIM contiene toda la información del proyecto, que se ha ido introduciendo paulatinamente, la fase de documentación y obtención de datos, es algo sumamente rápido y eficaz, ya que de no ser así, estaríamos realizando erróneamente la fase de proyecto y modelado.

## 10.1 DOCUMENTACIÓN Y OBTENCIÓN DE DATOS DE INSTALACIONES DE FONTANERÍA

A continuación veremos como la forma de modelar las instalaciones de fontanería de forma correcta nos llevaran a ganar gran cantidad de tiempo a la hora de documentar un proyecto, en las siguientes hojas veremos como obtener tablas de planificación de elementos, con los datos ordenados de la forma que más nos convenga, creación de vistas de isométricos y finalmente la presentación de los datos en un plano para su posterior impresión.

## 10.1.1 Creación de tablas de planificación

Desde un archivo abierto con elementos de fontanería modelados, por ejemplo el que se explicó en temas anteriores, iremos a la Ficha Vista, Grupo Crear, Herramienta Tabla de planificación / Cantidades.

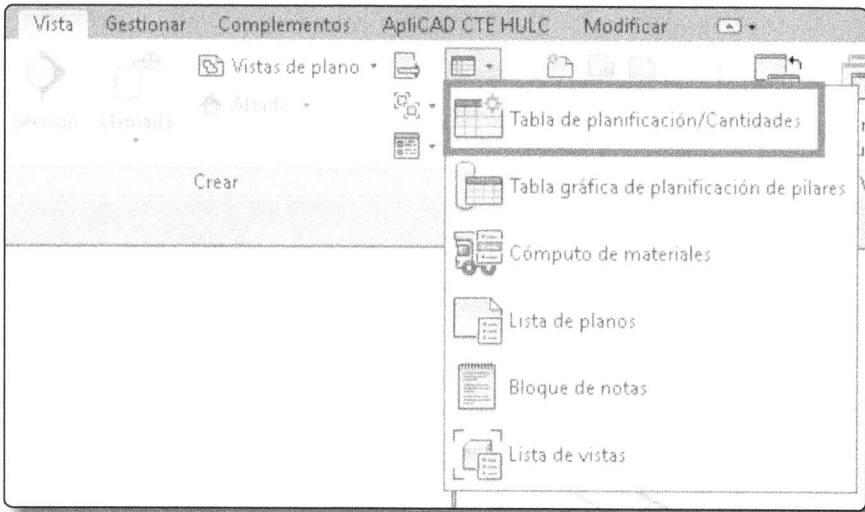

Se abrirá una ventana en la que escogeremos el tipo de tabla que queremos elaborar.

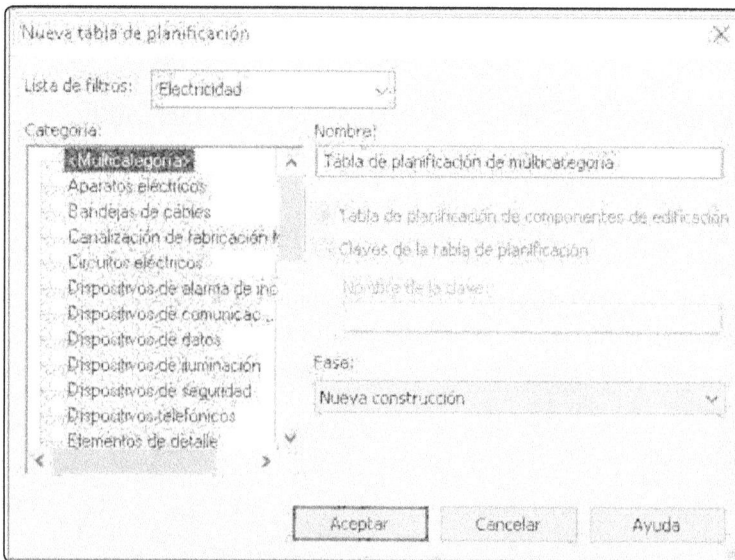

Desde la lista de filtros seleccionaremos únicamente la disciplina de fontanería.

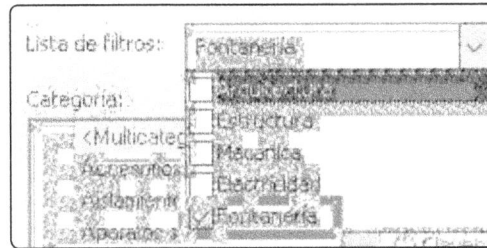

Y desde la ventana de categoría escogeremos la tabla de Tuberías con los parámetros que se muestran en la imagen.

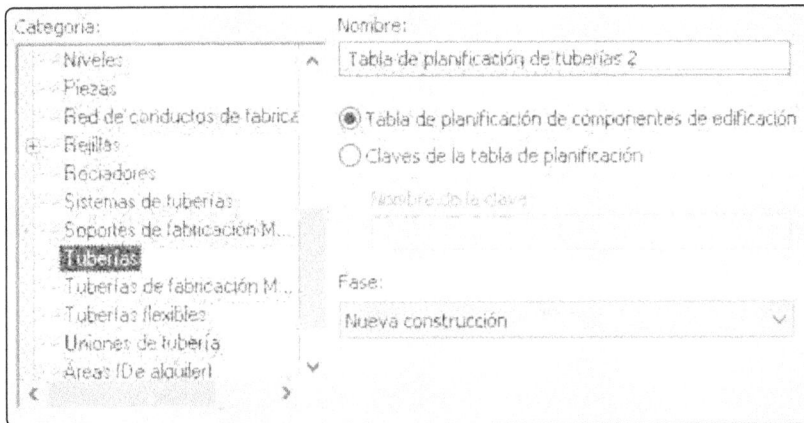

Al pulsar en aceptar automáticamente aparecerá la ventana donde podremos insertar los campos que queremos que aparezcan en la tabla, seleccionaremos los siguientes, incluido el parámetro compartido que se creó en temas pasados.

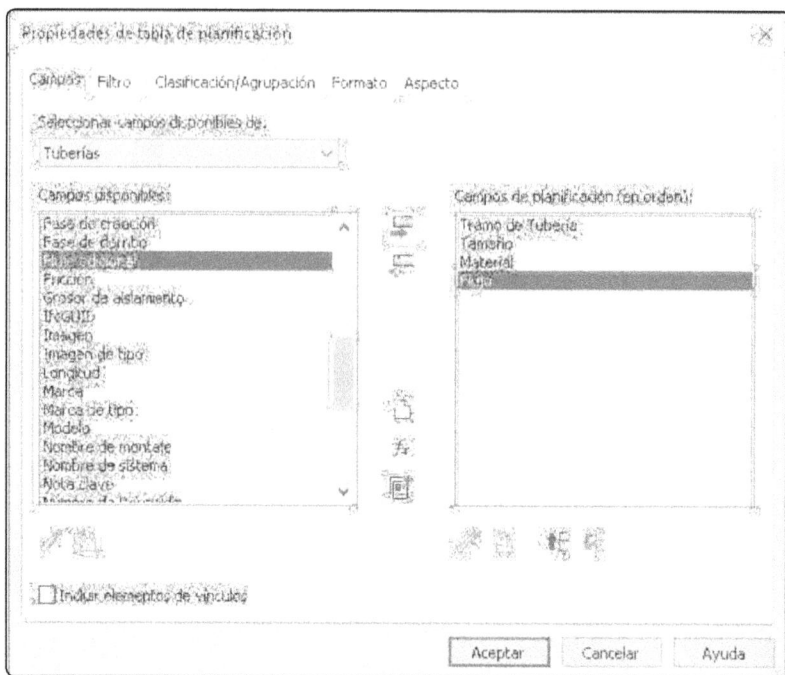

Pulsaremos en aceptar y entraremos en la vista de la tabla.

Desde esta vista podremos ordenar y ajustar la tabla según nos convenga desde la tabla de propiedades

Desde la tabla de propiedades abriremos el parámetro Clasificación / Agrupación.

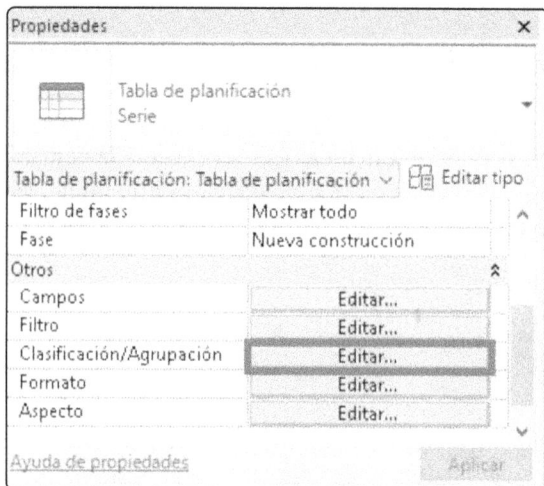

Se asignarán las siguientes características.

Obtendremos un resultado similar a este.

| <Tabla de planificación de tuberías 2> | | | |
|---|---|---|---|
| **A** | **B** | **C** | **D** |
| Tramo de Tubería | Tamaño | Material | Flujo |
| | | PEX - Polietileno Reticulado | |
| AB | 32 mmo | PEX - Polietileno Reticulado | 1 830 L/s |
| BC | 25 mmo | PEX - Polietileno Reticulado | 0 600 L/s |
| CD | 15 mmo | PEX - Polietileno Reticulado | 0 100 L/s |
| CE | 25 mmo | PEX - Polietileno Reticulado | 0 500 L/s |
| EF | 15 mmo | PEX - Polietileno Reticulado | 0 100 L/s |
| GH | 15 mmo | PEX - Polietileno Reticulado | 0 100 L/s |
| GI | 20 mmo | PEX - Polietileno Reticulado | 0.300 L/s |
| Total general 75 | | | |

Desde la tabla de propiedades pulsando en el icono campos podremos introducir cualquier parámetro que sea necesario o eliminar alguno sobrante.

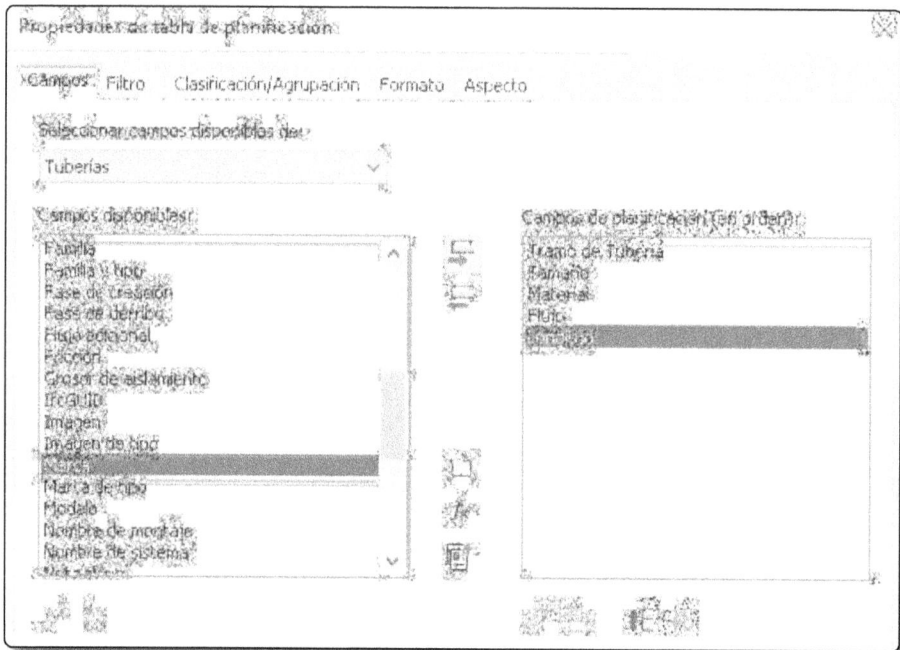

Al introducir el parámetro de longitud es posible que en los tramos que tengan más de un segmento de tubería no aparezca el recuento.

| A | B | C | D | E |
|---|---|---|---|---|
| Tramo de Tubería | Tamaño | Material | Flujo | Longitud |
|  |  | PEX - Polietileno Reticulado |  |  |
| AB | 32 mm | PEX - Polietileno Reticulado | 1 830 L/s |  |
| BC | 25 mm | PEX - Polietileno Reticulado | 0 500 L/s |  |
| CD | 15 mm | PEX - Polietileno Reticulado | 0 100 L/s |  |
| CE | 25 mm | PEX - Polietileno Reticulado | 0 500 L/s | 0 095 m |
| EF | 15 mm | PEX - Polietileno Reticulado | 0 100 L/s |  |
| GH | 15 mm | PEX - Polietileno Reticulado | 0 100 L/s |  |
| GI | 20 mm | PEX - Polietileno Reticulado | 0 300 L/s |  |

Total general: 75 :

Para resolver esto iremos a la tabla de planificaciones y pulsaremos en formato.

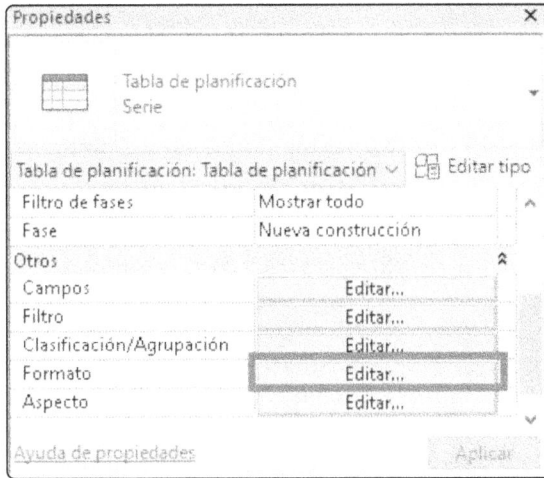

Seleccionaremos el campo longitud y en el desplegable inferior seleccionaremos la opción calcular totales, aceptaremos las ventanas,

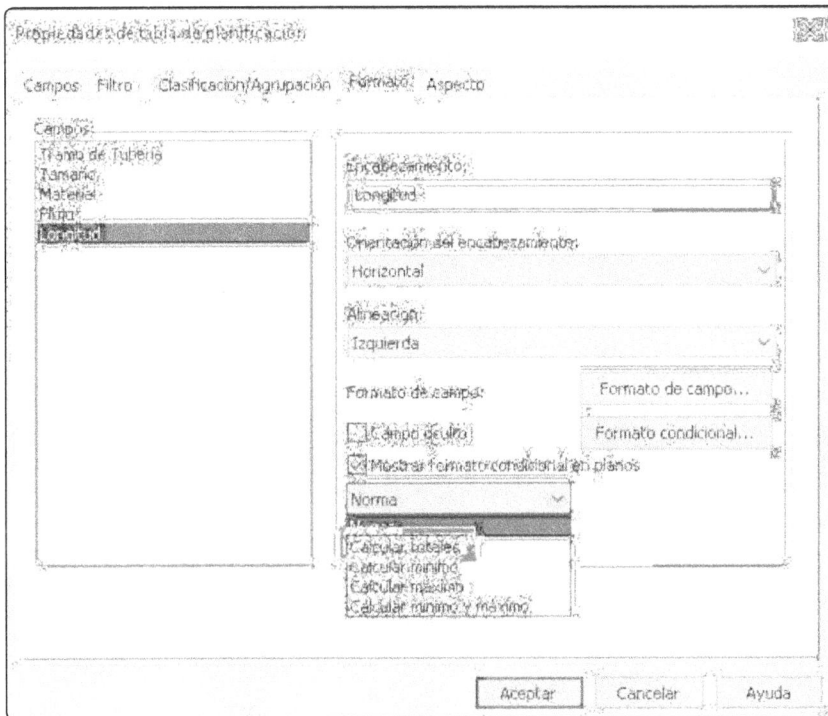

El resultado final será similar al siguiente.

Las tuberías que al modelarse no se les asignaron tramos, no aparecen en la tabla desglosadas. Por eso es sumamente importante planificar el modelado correctamente ya que de lo contrario será muy complicado gestionar la información una vez terminado el proyecto.

## 10.1.2 Creación de vistas isométricas

Las vistas isométricas son simplemente vistas 3D orientadas de determinada manera.

Crear nuevas vistas es sumamente sencillo, en este caso partiremos de una vista de planta y seleccionaremos los elementos que queremos que aparezcan en el isométrico.

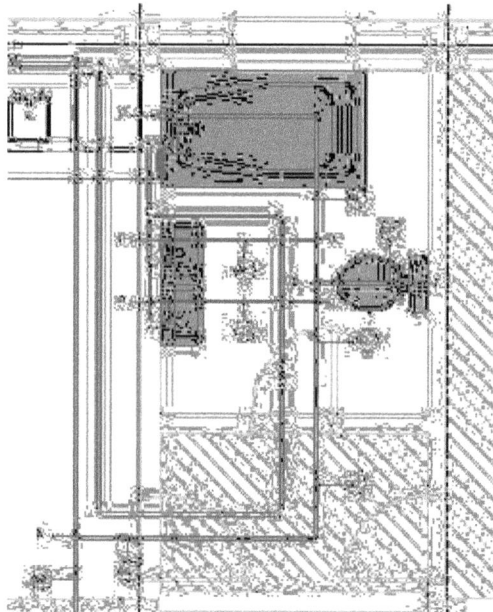

Seguidamente pulsaremos en la herramienta Cuadro de selección.

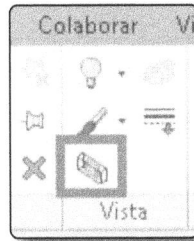

Obtendremos algo similar a la imagen, podremos ajustar el isométrico usando la caja de sección.

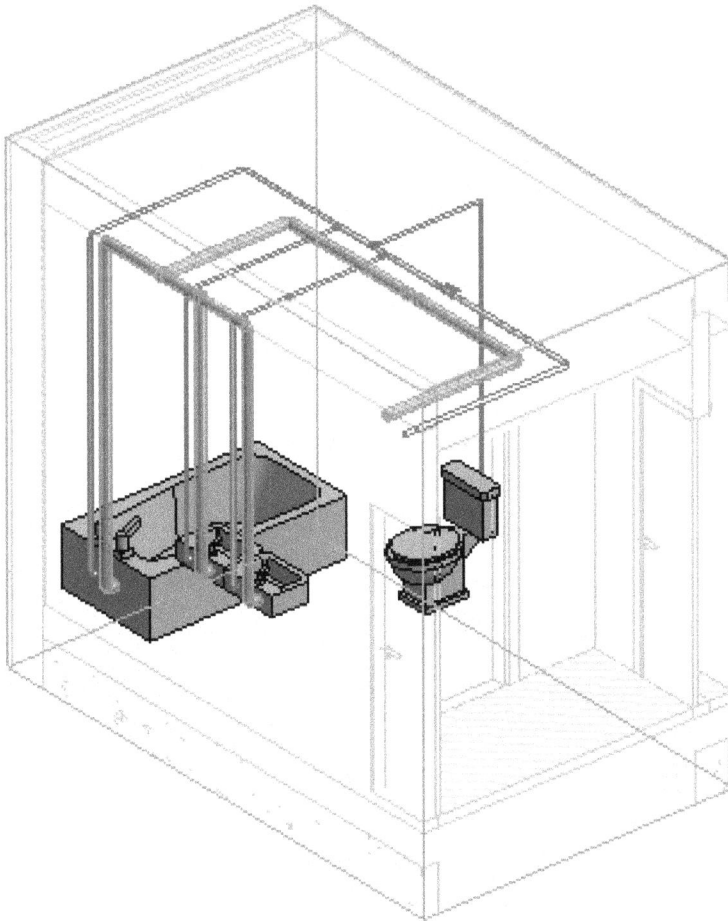

Por defecto se situará en el navegador de proyectos en la disciplina de mecánica y deberemos cambiarla a fontanería.

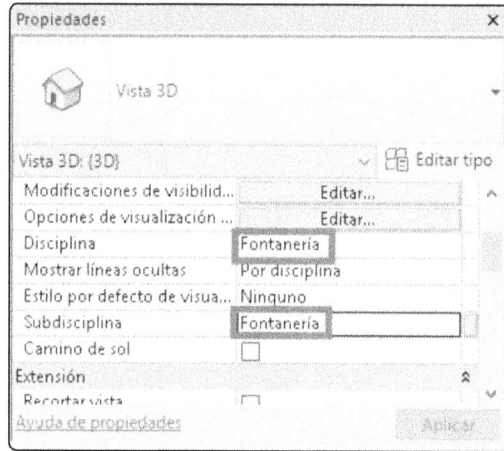

En el view cube de la vista en 3D presionaremos sobre el vértice más próximo a nosotros, para que la vista tridimensional se convierta automáticamente en un isométrico y que los ejes formen 120º entre sí.

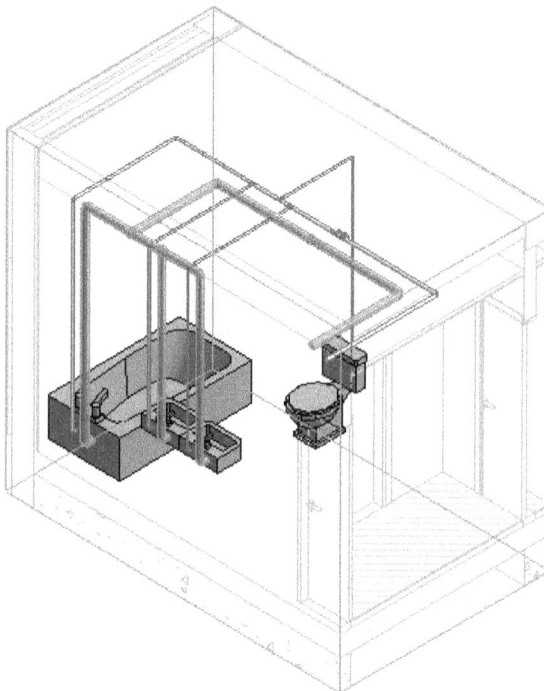

Bloquearemos la vista para poder realizar anotaciones y para asegurarnos de que no cambia la cámara de posición, para ello pulsaremos sobre el icono del la casa con un candado.

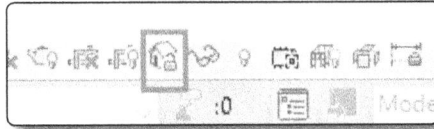

## 10.1.3 Anotación de elementos mediante etiquetas

A lo largo del modelado hemos ido introduciendo diferente información sobre a que tramo corresponde cada segmento de tubería, que puntos críticos hay etc… ahora podremos visualizar esos datos utilizando las siguientes familias de anotación preparadas para ello.

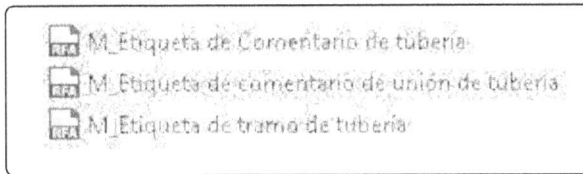

Estas son familias de etiquetas creadas expresamente para usarlas con la metodología de trabajo tal y como se ha explicado a lo largo del libro.

Cargaremos las familias en el proyecto desde la Ficha Anotar, Grupo etiqueta, Herramienta Etiqueta por categoría.

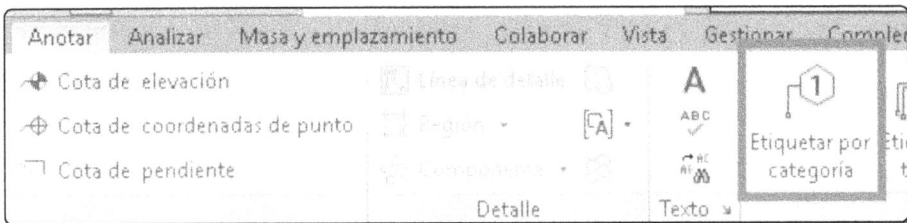

Iremos etiquetando de tal forma como muestra la siguiente imagen.

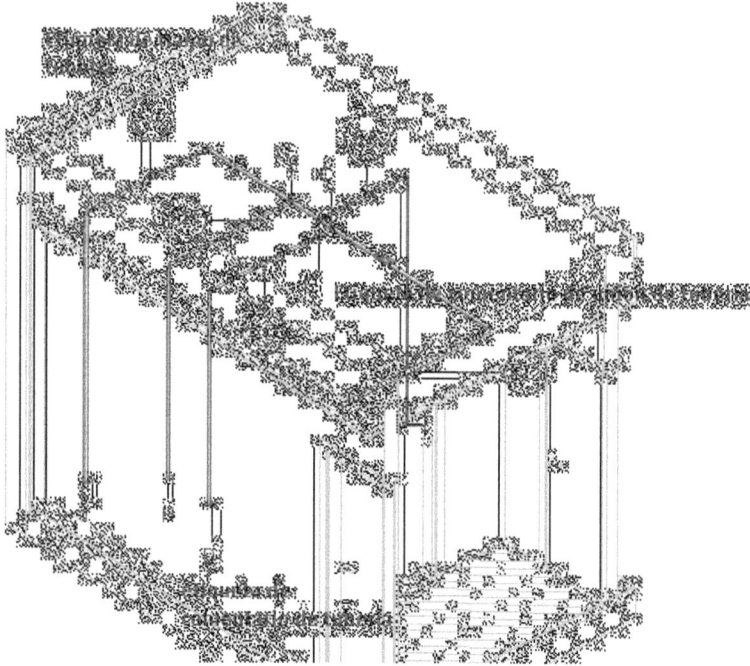

Estas anotaciones también pueden realizarse en vistas de planta.

## 10.1.4 Creación de detalles constructivos

Todas las empresas con una cierta trayectoria en el mercado laboral disponen de grandes bibliotecas repletas de información en CAD.

En este apartado aprenderemos a adaptar un detalle constructivo en CAD a un proyecto en Revit.

Esta metodología nos permitirá reutilizar gran parte de la información y documentación generada en una empresa o de forma particular, ahorrando mucho tiempo al cambiar a la metodología BIM.

Partiremos de una plantilla de instalaciones sin nada modelado, para que veamos que un proyecto de Revit puede contener información sin necesidad que esta venga ofrecida con elementos tridimensionales.

Iremos a la Ficha Vista, Grupo Crear, Herramienta Vista de diseño.

Al pulsar sobre la herramienta aparecerá una ventana que completaremos con los siguientes datos.

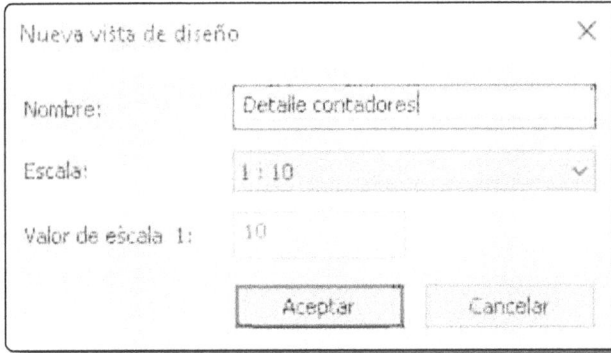

Automáticamente se abrirá la vista de diseño y se creara en el navegador de proyectos.

Iremos a la Ficha Insertar, Grupo Importar, Herramienta Importar CAD.

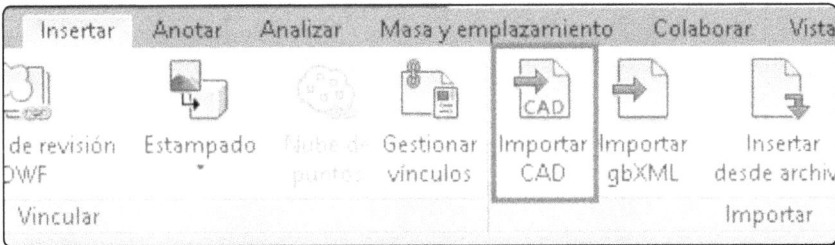

Seleccionaremos el archivo para crear el detalle y pulsaremos en Abrir.

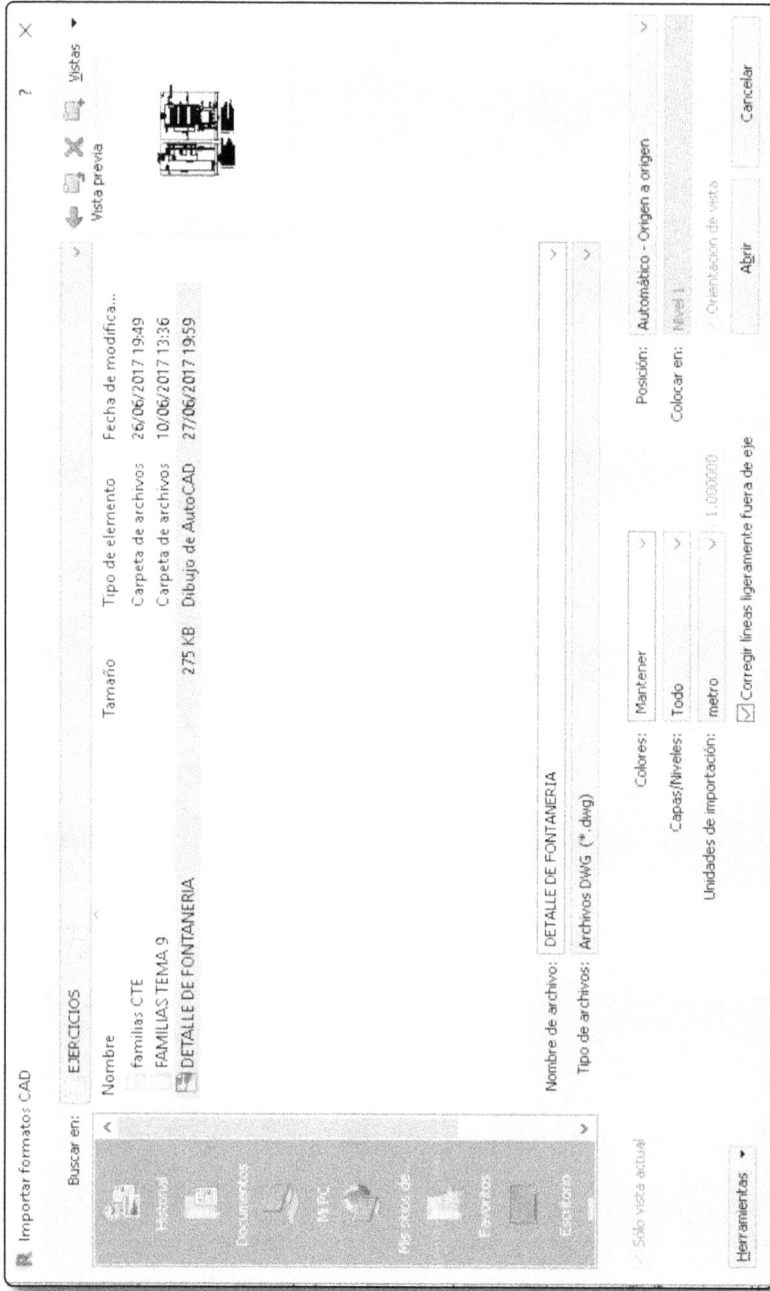

Es muy importante que el detalle se encuentre a escala 1:1 y sepamos en que unidades ha sido dibujado, ya que de lo contrario habría que escalarlo o las medidas no corresponderían con la realidad.

Finalmente, podremos obtener algo similar a lo que muestra la imagen.

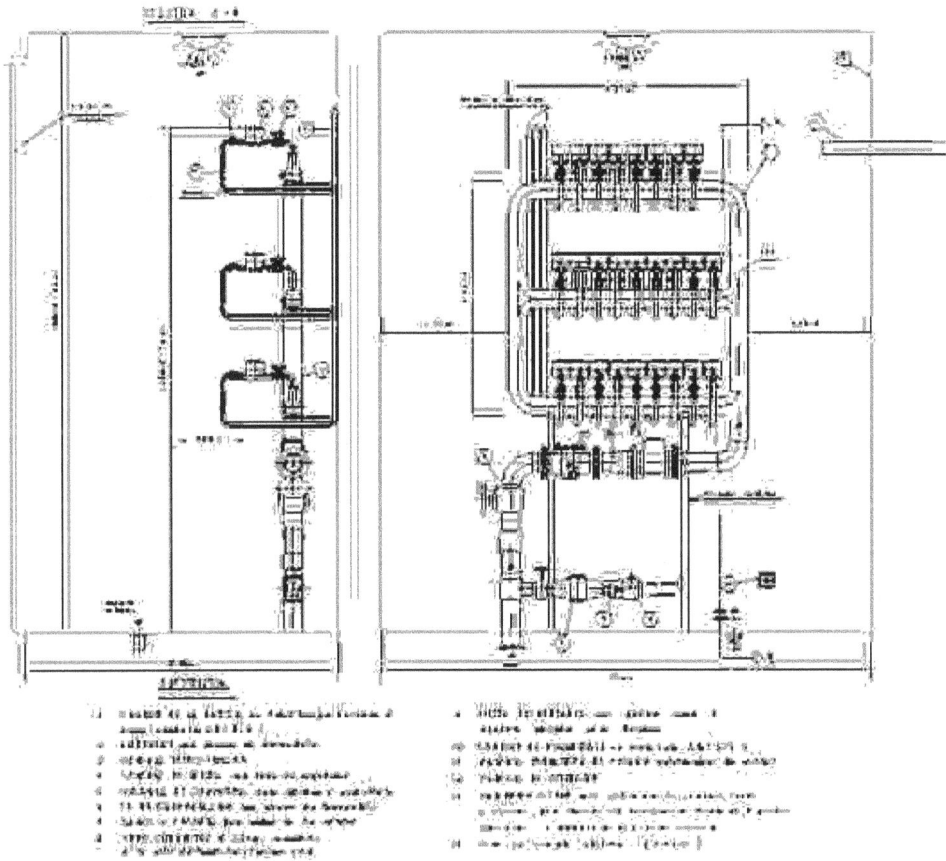

El dibujo puede explotarse y los elementos se convertirán en textos y líneas nativas de Revit, aunque debemos tener cuidado ya que en ocasiones puede perderse lago de información al realizar este procedimiento.

Para explotarlo seleccionaremos el archivo importado desde la vista y usaremos la herramienta descomponer parcialmente.

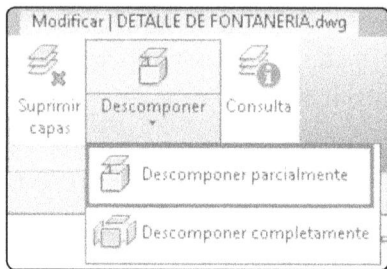

## 10.2 DOCUMENTACIÓN Y OBTENCIÓN DE DATOS DE INSTALACIONES MECÁNICAS

Cuando modelamos diferentes tipos de instalaciones a la larga podemos ir viendo que todas ellas acaban teniendo un denominador común, por lo tanto, la exportación de información y obtención de datos también acaba siendo similar.

En este caso veremos cómo obtener datos propios de las instalaciones de climatización.

### 10.2.1 Creación de tablas de planificación

Partiremos de un archivo con conductos modelados e iremos a la Ficha Vista, Grupo Crear, Herramienta Tabla de planificación / Cantidades.

En la ventana que se abrirá desde la lista de filtros seleccionaremos únicamente la disciplina de Mecánica y en la categoría Conductos, después pulsaremos en Aceptar.

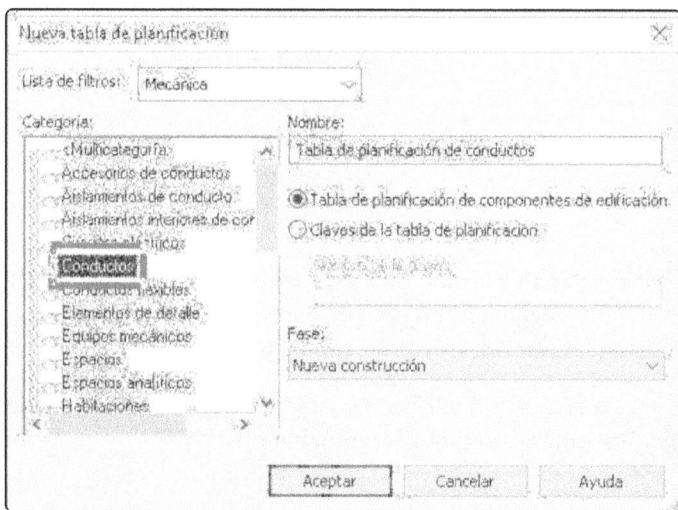

Al abrirse la ventana de selección de parámetros a incorporar en la tabla de planificación seleccionaremos los siguientes.

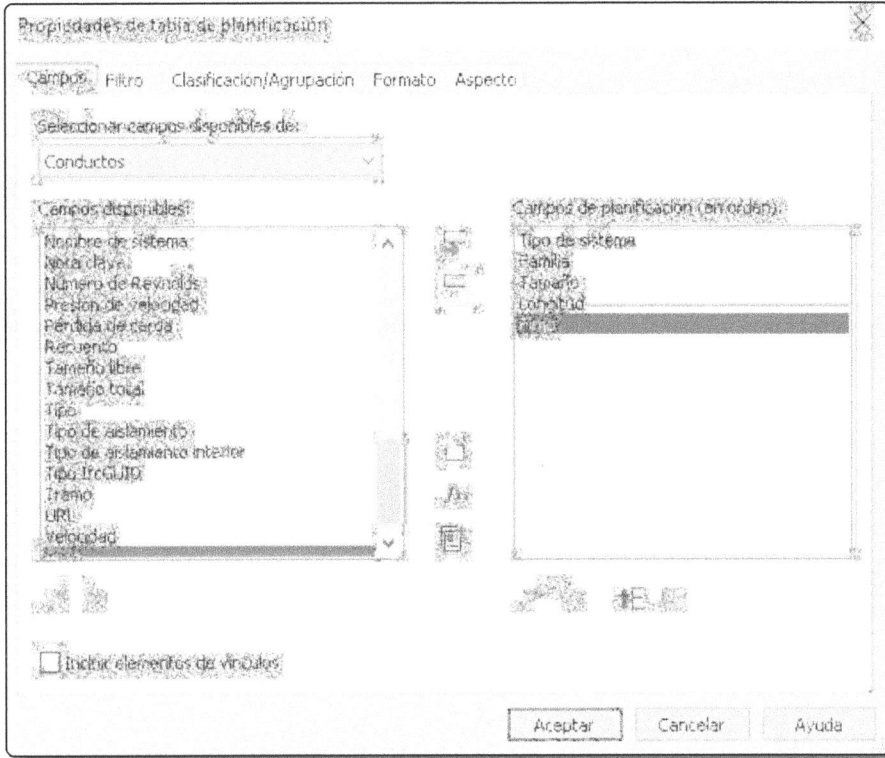

Obtendremos una tabla similar a esta.

| <Tabla de planificación de conductos> | | | | |
|---|---|---|---|---|
| **A** | **B** | **C** | **D** | **E** |
| Tipo de sistema | Familia | Tamaño | Longitud | Flujo |
| | | | | |
| Suministro de aire | Conducto rectangular | 350×280 | 3972 | 470.0 L/s |
| Suministro de aire | Conducto rectangular | 300×300 | 1944 | 235.0 L/s |
| Suministro de aire | Conducto rectangular | 300×300 | 148 | 235.0 L/s |
| Suministro de aire | Conducto rectangular | 300×300 | 1713 | 235.0 L/s |
| Suministro de aire | Conducto rectangular | 300×300 | 148 | 235.0 L/s |
| Suministro de aire | Conducto rectangular | 300×300 | 1944 | 235.0 L/s |
| Suministro de aire | Conducto rectangular | 300×300 | 148 | 235.0 L/s |
| Suministro de aire | Conducto rectangular | 300×300 | 1713 | 235.0 L/s |
| Suministro de aire | Conducto rectangular | 300×300 | 148 | 235.0 L/s |
| Suministro de aire | Conducto rectangular | 450×450 | 4631 | 940.0 L/s |

## 10.2.2 Creación de leyenda de conducto

Las leyendas de conducto asocian determinados colores a parámetros propios de los conductos.

Para asignar una leyenda iremos a la Ficha Anotar, Grupo Relleno de color, Herramienta Leyenda de conducto.

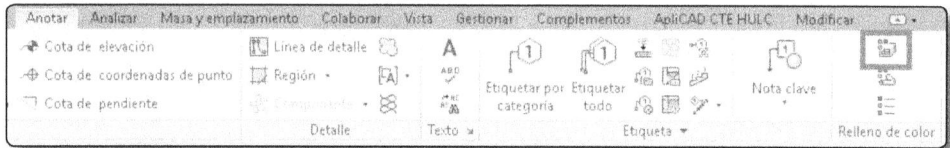

Aparecerá un rótulo siguiendo al cursor como este.

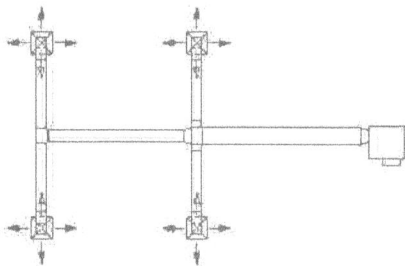

Haremos clic con el botón derecho del ratón y aparecerá la siguiente ventana.

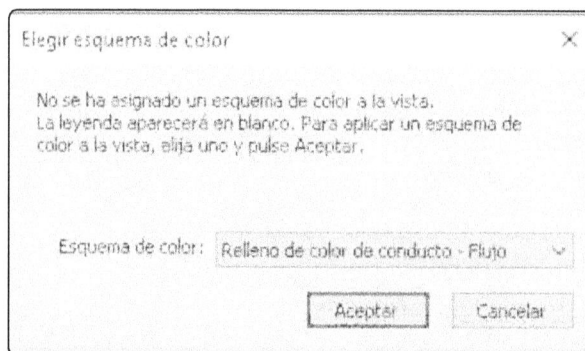

Podremos seleccionar entre un par de esquemas de color predefinidos, pero en este caso usaremos el de flujo.

Pulsaremos en Aceptar y el programa calculará el flujo de cada tramo, (es un valor asociado a los difusores). Otorgará un color a cada tramo con un flujo diferente.

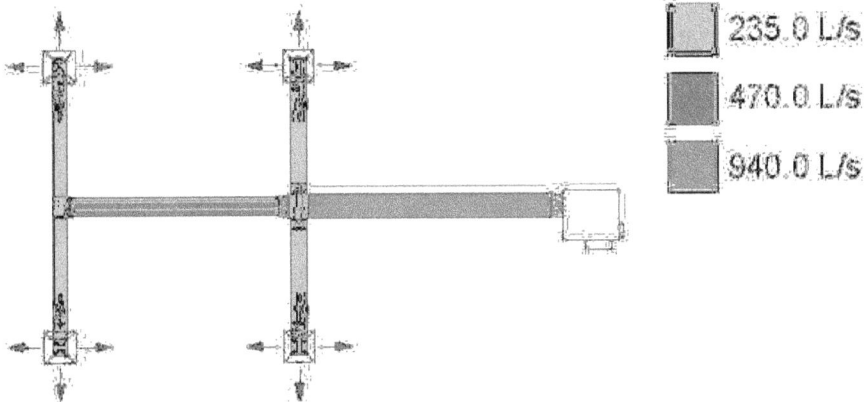

Para comprobar que el funcionamiento es correcto podremos seleccionar un difusor y desde la barra de color verde otorgaremos el valor de 300 l/s.

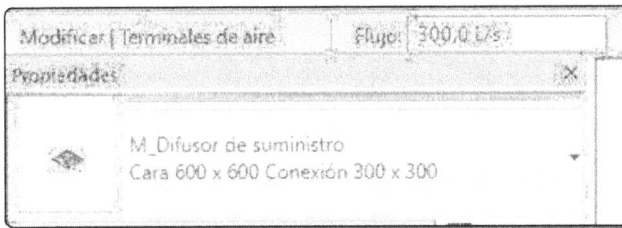

Automáticamente la leyenda y el relleno de color cambiarán.

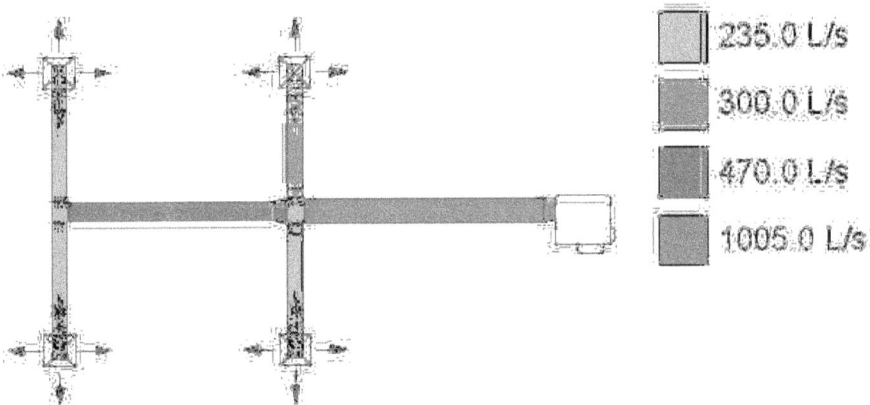

En el caso que queramos cambiar el color o seleccionar otros parámetros de los conductos para crear leyendas personalizadas, desde la vista de planta iremos a la tabla de propiedades.

Es importante no tener ningún elemento seleccionado, desde la tabla de propiedades iremos al parámetro Esquemas de color de sistema.

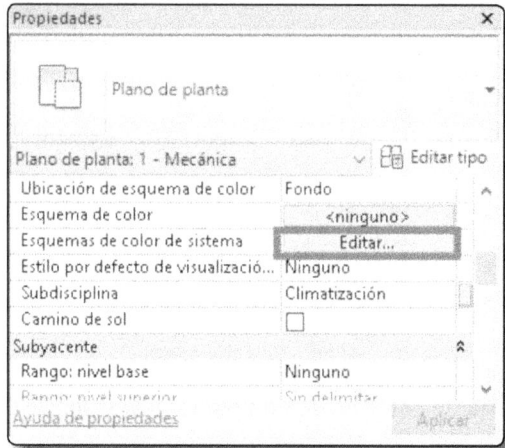

Se abrirá la siguiente ventana donde seleccionaremos la categoría de conductos y pulsaremos en Aceptar.

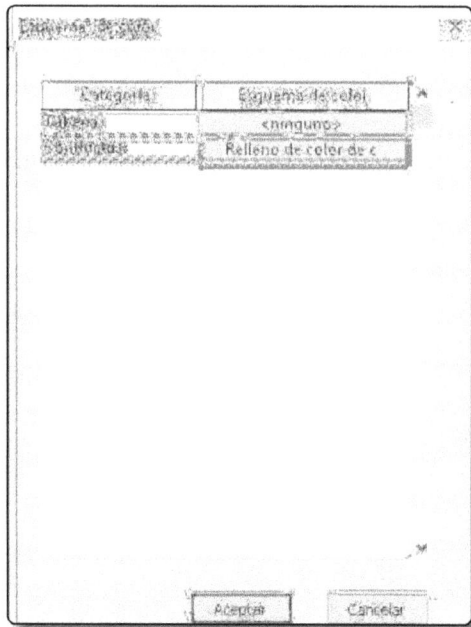

Se abrirá el gestor para editar las leyendas de color.

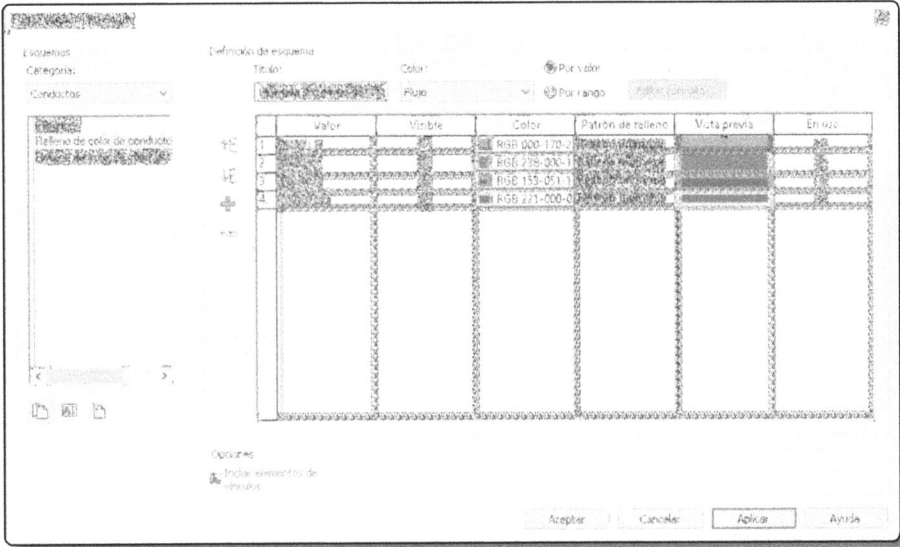

En el caso que se quiera crear un esquema de color nuevo pulsaremos en el icono de duplicar, después otorgaremos un nombre para la nueva leyenda y desde el selector escogeremos el nuevo parámetro.

Icono duplicar.

Selector de parámetros.

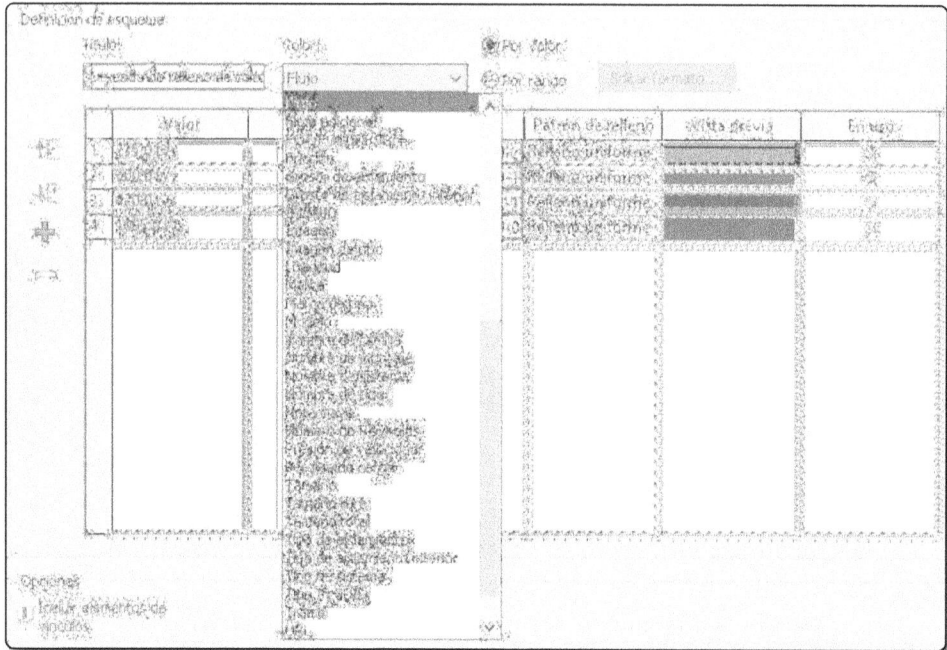

## 10.3 DOCUMENTACIÓN Y OBTENCIÓN DE DATOS DE INSTALACIONES ELÉCTRICAS

Las instalaciones eléctricas pueden ser modeladas dentro de Revit con un LOD y una definición muy alta, dado que en nuestro caso se ha realizado de una forma simplificada, obtendremos información de los elementos modelados y además introduciremos otros 2D para mejorar la definición del proyecto.

### 10.3.1 Creación de tablas de planificación

Partiremos del archivo donde se modelaron los componentes eléctricos.

En este ejemplo veremos cómo obtener tablas de las tomas de corriente insertadas.

Iremos a la Ficha Vista, Grupo Crear, Herramienta Tabla de planificación / Cantidades.

En la ventana que se abrirá desde la lista de filtros seleccionaremos únicamente la disciplina de Electricidad y en la categoría Aparatos eléctricos, que es la categoría que le corresponden a las tomas de corriente, después pulsaremos en Aceptar.

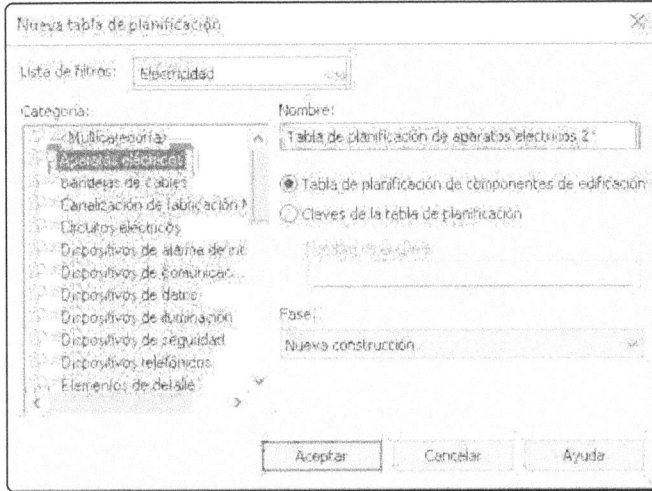

Al abrirse la ventana de selección de parámetros a incorporar en la tabla de planificación seleccionaremos los siguientes.

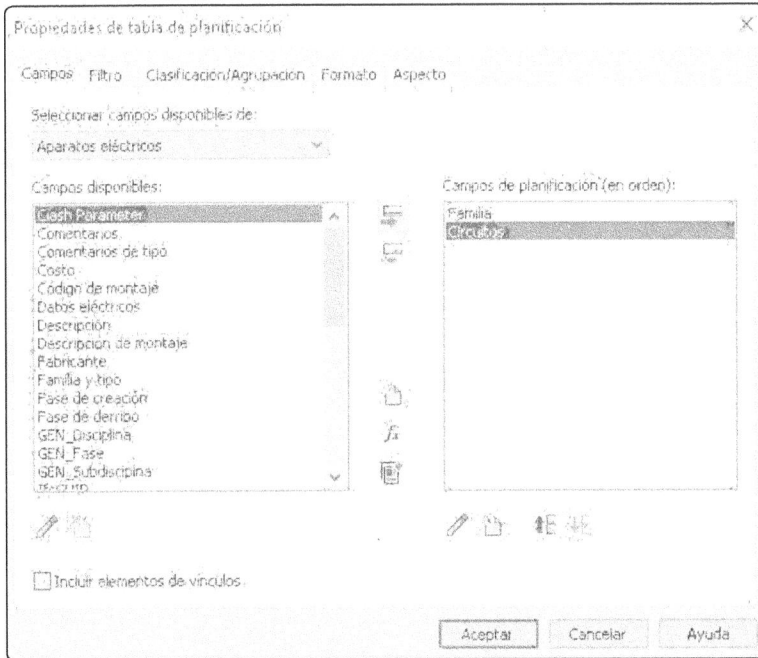

Obtendremos una tabla similar a esta.

| A | B |
|---|---|
| Familia | Circuitos |
| Base 16A 2p + T | C8 |
| Base 16A 2p + T | C2 |
| Base 16A 2p + T | C2 |
| Base 25A 2p + T | C3 |
| Base 16A 2p + T | C4 |
| Base 16A 2p + T | C4 |
| Base 16A 2p + T | C4 |
| Base 16A 2p + T | C5 |
| Base 16A 2p + T | C5 |
| Base 16A 2p + T | C5 |

*Tabla de planificación de aparatos eléctricos*

Podremos agrupar y ordenar los elementos siguiendo el siguiente criterio.

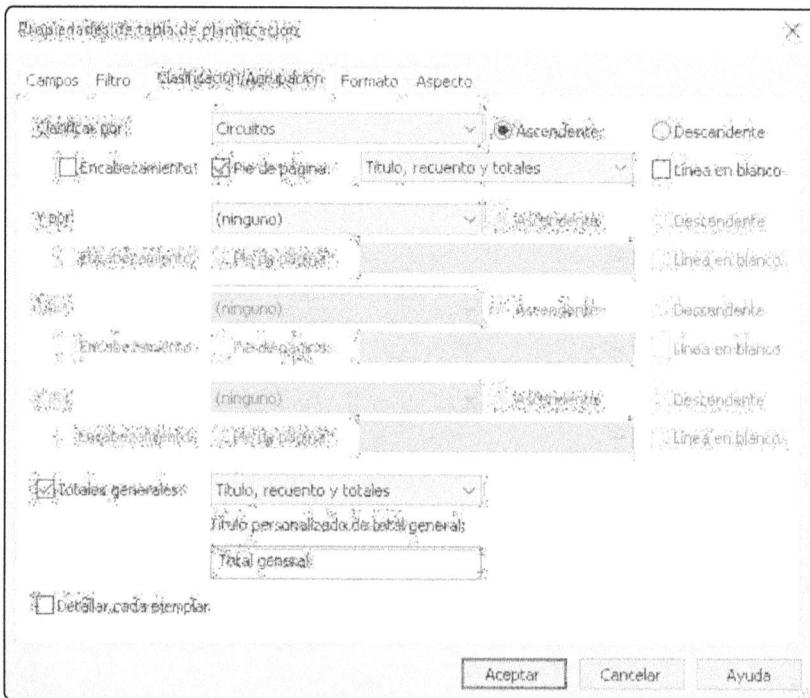

Con estos ajustes la tabla adquirirá el siguiente aspecto.

## 10.3.2 Creación de esquemas unifilares

En este apartado veremos como Revit puede aportar información 2D directamente modelada en el programa. En el caso que dispongamos de esquemas unifilares adaptables al proyecto en formato CAD podremos hacer uso de ellos importándolos directamente en una vista de diseño de Revit.

Para dibujar en Revit en 2D iremos a la Ficha Vista, Grupo Crear, Herramienta Vista de diseño.

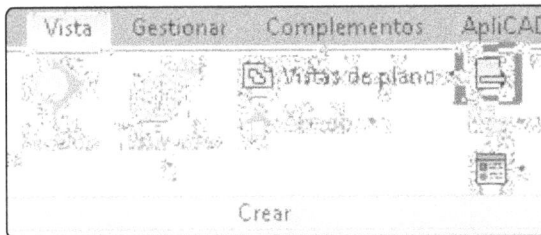

En la ventana que se abrirá automáticamente tras pulsar en el icono escribiremos Esquema unifilar y lo dejaremos a la escala de 1:10, esto dependerá de en qué formato queramos introducir el esquema.

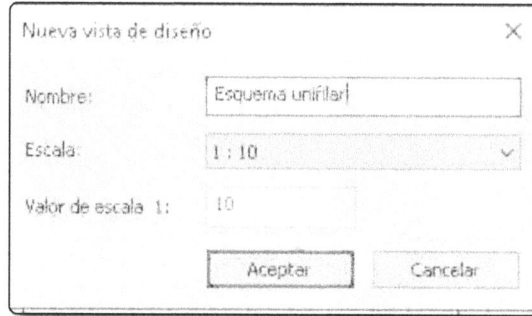

La mejor forma para saber si cabrá o no, será abriendo un formato, en este caso un A3, e introducir la vista con una línea y un texto ya modelado.

Para dibujar las líneas del esquema unifilar utilizaremos la herramienta de Línea de detalle.

Para ello iremos a la Ficha Anotar, Grupo Detalle, Herramienta Línea de detalle (para este caso se ha escogido el tipo de línea fina).

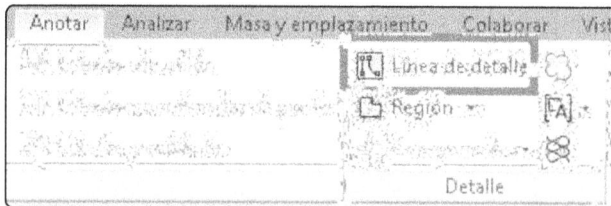

Tras terminar el dibujo con las herramientas que Revit aporta.

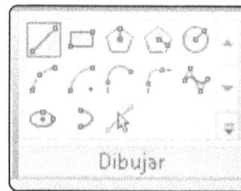

Podremos obtener algo similar a la siguiente imagen.

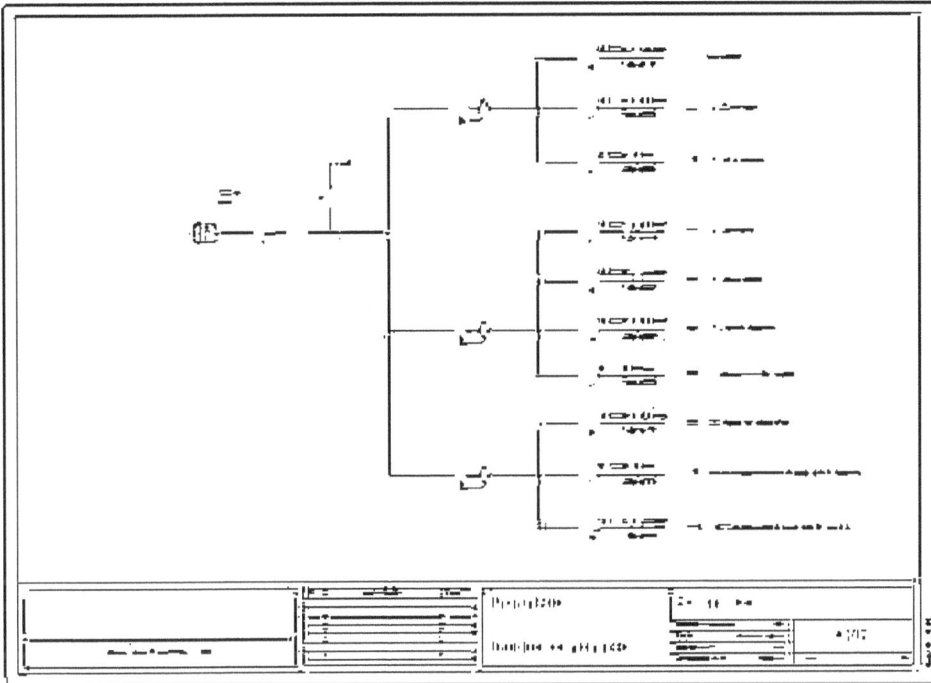

## 10.3.3 Presentación y gestión de vistas

Dada la forma en la que hemos modelado las instalaciones, utilizando el mismo proyecto para electricidad y fontanería al menos, al abrir una vista es posible que se visualicen elementos que no nos interesa mostrar en ese plano.

En este caso otorgaremos las propiedades necesarias de visualización para obtener vistas donde solo se muestren los componentes de electricidad.

Abriremos la vista de planta designada como 1-Tomas de corriente.

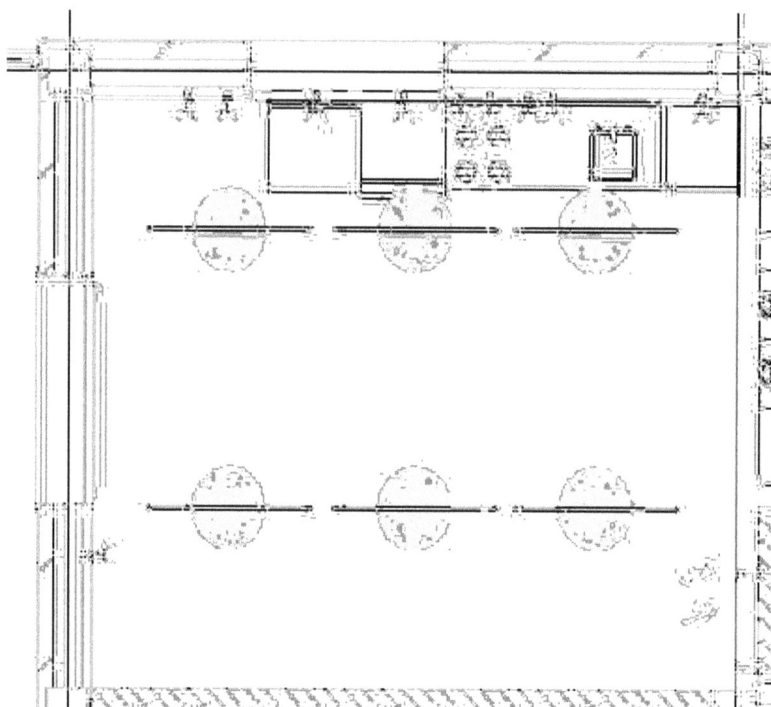

Es posible que, al igual que en la figura anterior, muchos elementos no queremos que aparezcan como las luminarias e interruptores.

Para ocultarles seleccionaremos una luminaria y pulsando el botón derecho del ratón seleccionaremos Ocultar categoría.

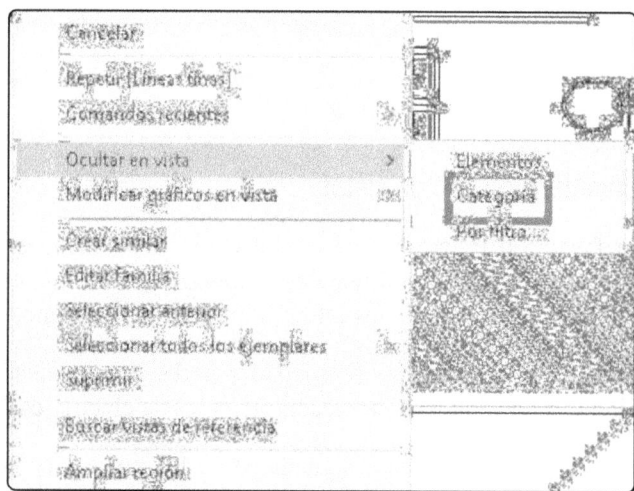

Haremos lo mismo con los interruptores y obtendremos algo similar a la imagen.

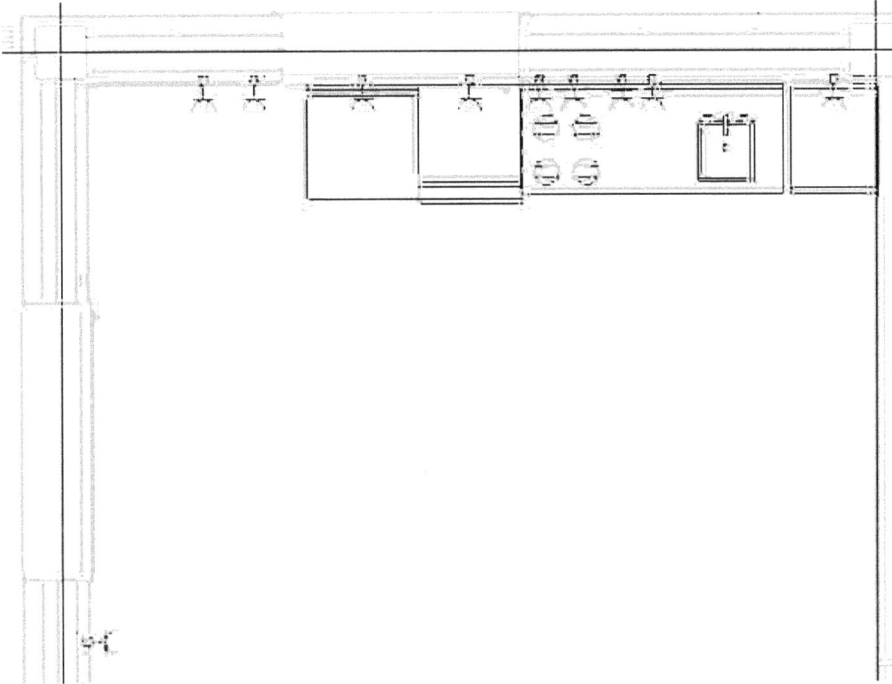

Desde esa misma vista podremos trazar una sección.

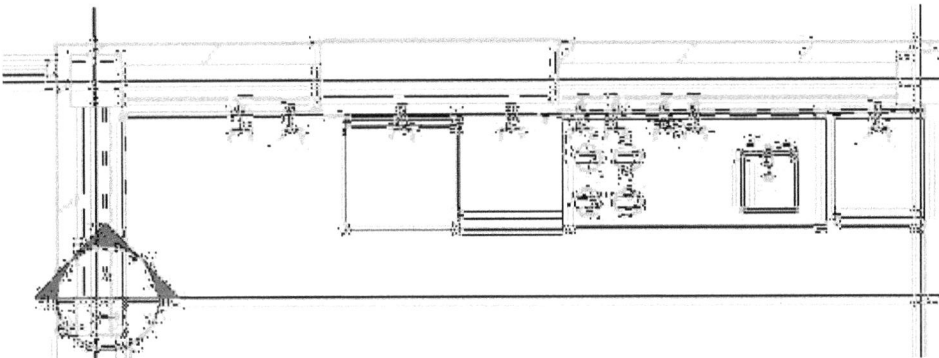

Al abrirla por primera vez observaremos que toda la red de tuberías aparece visible.

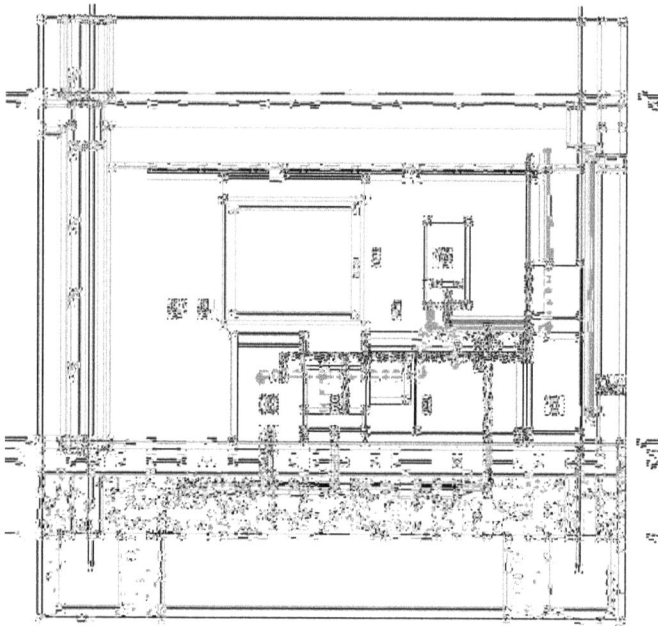

Ocultaremos la categoría de tuberías, de codos y transiciones, además podemos usar el filtro del aislamiento para ocultarlo más rápidamente. Para ver las tomas de detrás de los aparatos podemos otorgar a la vista el estilo visual inalámbrico y un nivel de detalle alto.

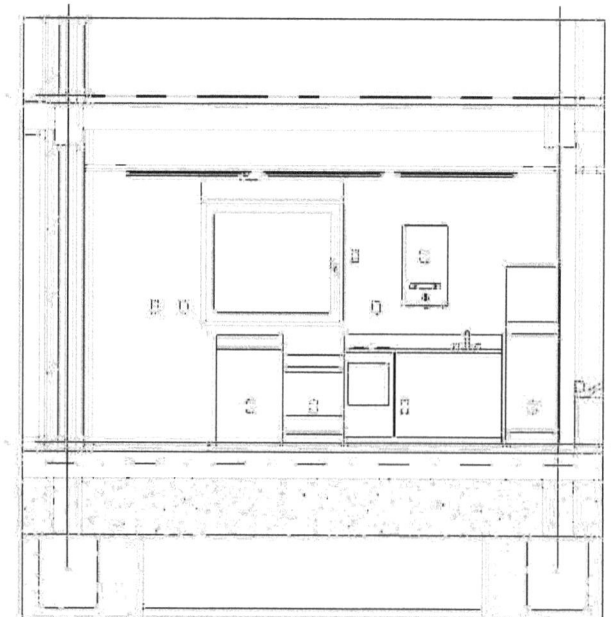

Al tener la vista con la visualización deseada podemos crear una plantilla utilizando los parámetros recién otorgados.

Para ello iremos al navegador de proyectos con el botón derecho del ratón pulsaremos sobre el nombre de la vista de la sección correspondiente, es posible que aparezca en un desplegable con tres interrogantes ???

Seleccionaremos la opción Crear plantilla de vista a partir de esta vista…

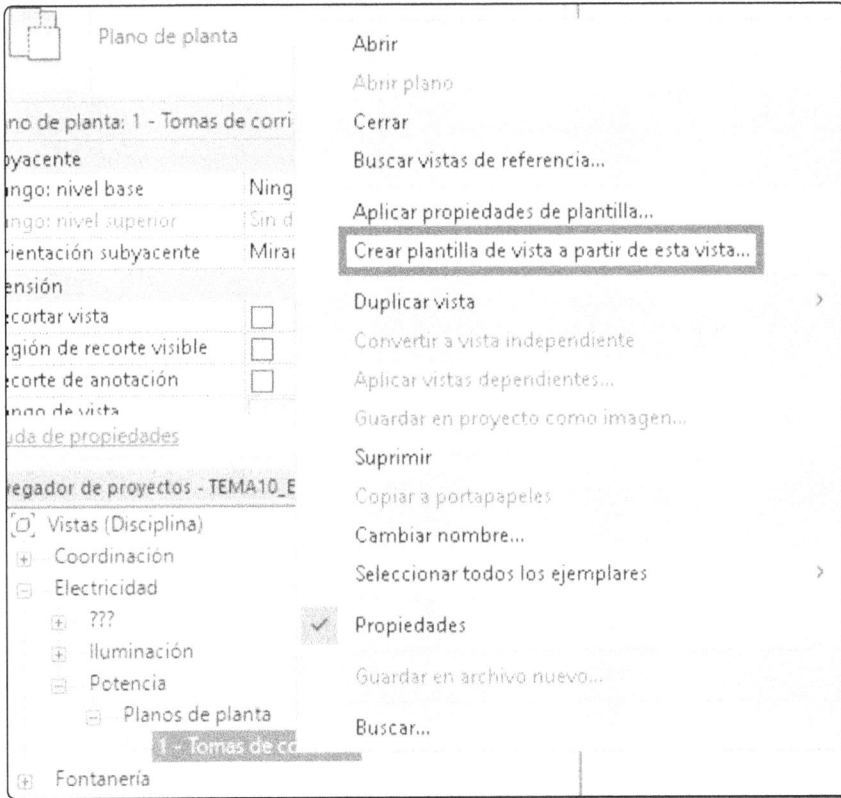

Otorgaremos el siguiente nombre a la plantilla.

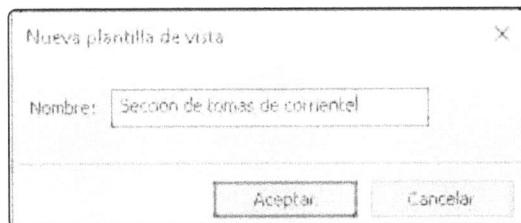

A partir de ahora desde la tabla de propiedades opción plantilla de vista podremos seleccionar la que acabamos de crear.

Por último utilizando la herramienta acotar que se accede desde la Ficha Anotar, Grupo Cota, Herramienta Alineada

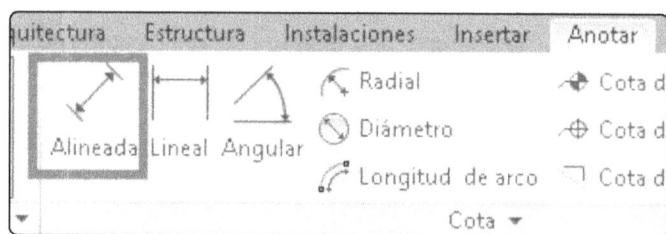

Podremos acotar la altura de las diferentes tomas.

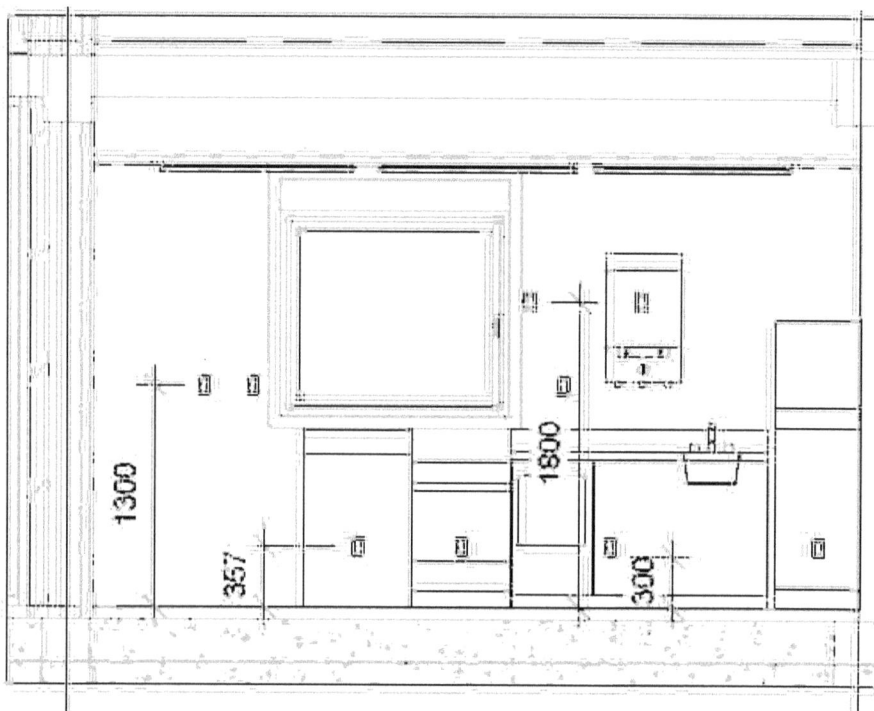

## 10.4 DOCUMENTACIÓN Y OBTENCIÓN DE DATOS DE INSTALACIONES ESPECIALES

En este último apartado aprenderemos a acotar líneas de tubería desde un isométrico y componer un plano con las diferentes vistas además de crear explosiones muy útiles en la ingeniería de detalle.

### 10.4.1 Acotado de tuberías en 3D

En Revit acotar vistas de planta, secciones o alzados es una tarea sencilla y cotidiana.

Pero en ocasiones en determinados proyectos puede ser interesante y necesario realizar acotaciones de líneas de tubería en isométricos.

Para ello abriremos una vista en 3D de la disciplina en la que veamos correctamente las líneas de tuberías y la duplicaremos dando el nombre de Línea1.

Partiremos de una vista similar a la de la imagen.

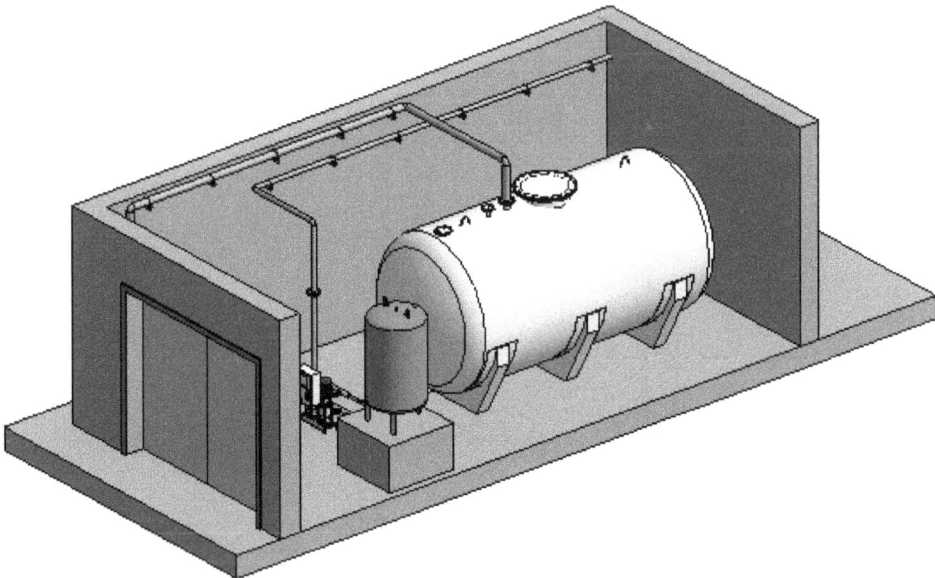

Ocultaremos todos los elementos hasta dejar la línea de tubería que se muestra a continuación.

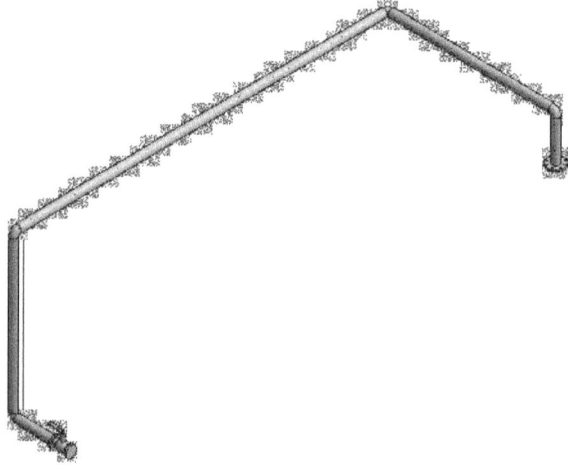

Para poder acotar las tuberías colocando cada cota en su plano correspondiente, primeramente deberemos abrir un plano de planta.

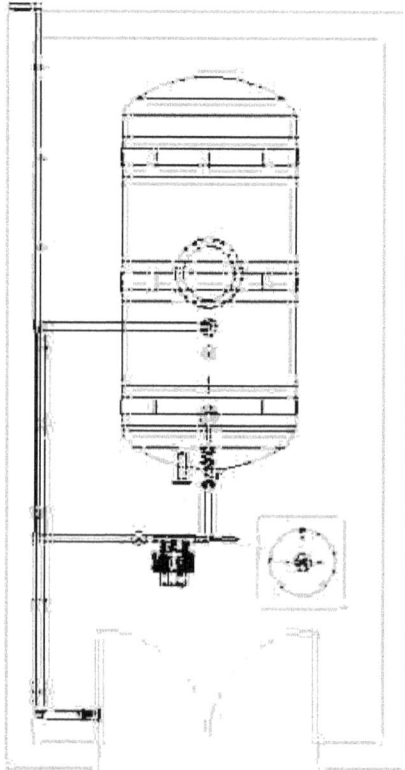

Crearemos los planos necesarios nombrándolos con números en los ejes de cada tramos de tubería que queramos acotar, obteniendo algo similar a lo siguiente.

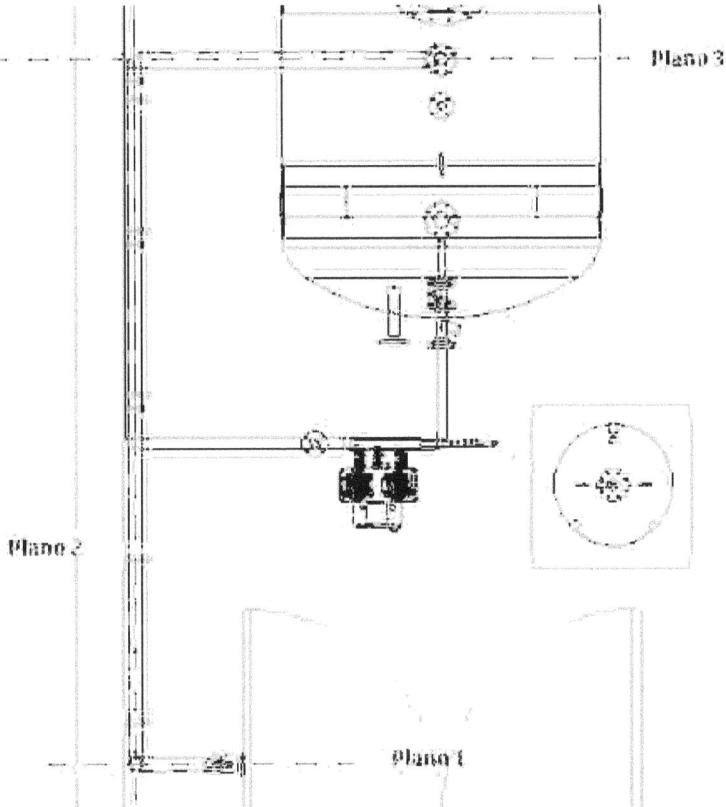

Volveremos a la vista en 3D y bloquearemos la vista para que no pueda cambiar de posición por error.

Acotaremos el primer tramo de la línea, para ello primeramente definiremos el plano de ubicación de lá cota, iremos a la Ficha Arquitectura, Grupo Plano de trabajo, Herramienta Definir.

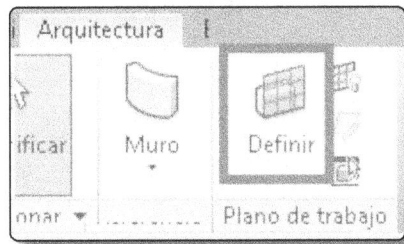

Seleccionaremos el plano nombrado como 1 ya que es el correspondiente al primer segmento de tubería.

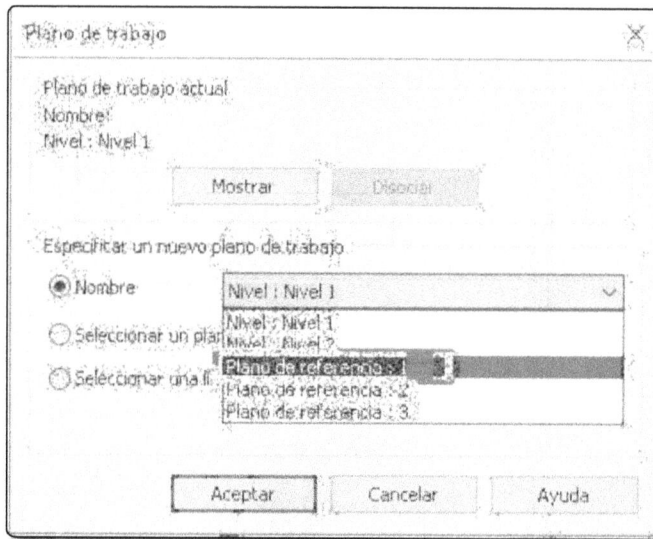

Iremos a la Ficha Anotar, Grupo Cota, Herramienta Alineada y acotaremos el segmento.

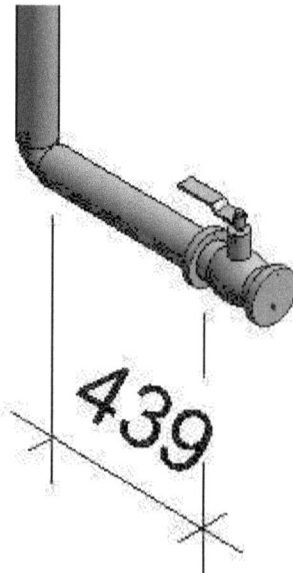

Siguiendo el mismo procedimiento acotaremos el resto de tramos.

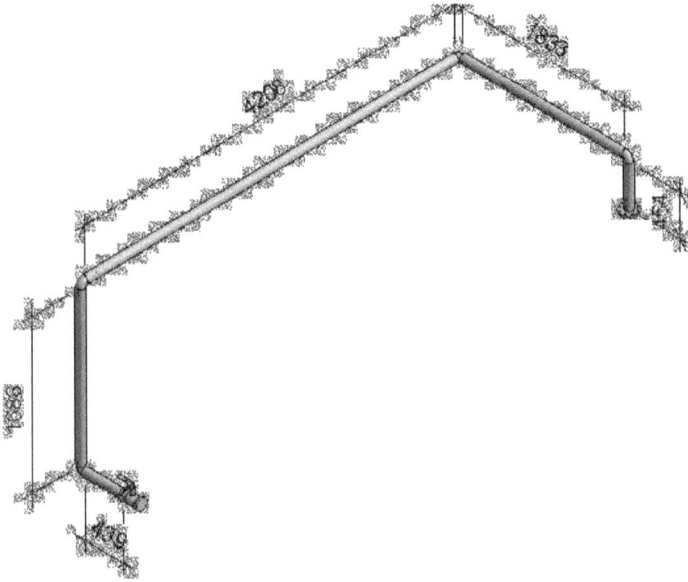

Podemos utilizar la familia de etiqueta de anotación para tramo de tubería, ya que al modelar cada segmento se le fue asignando un número.

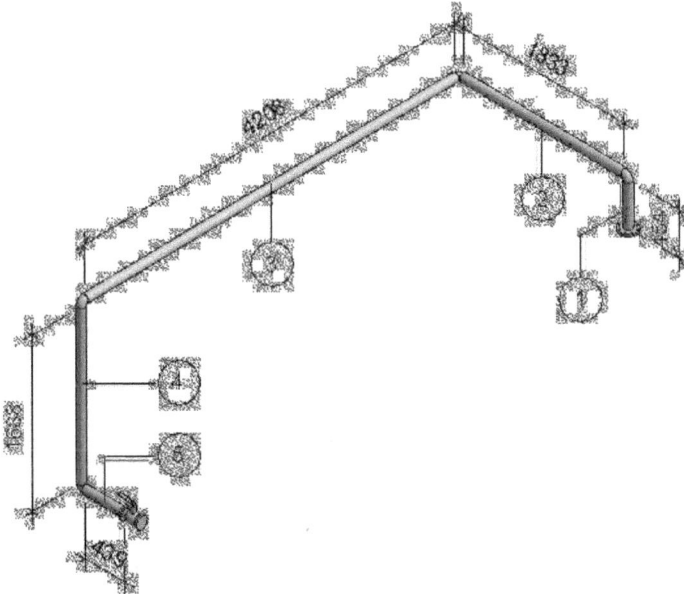

Haremos lo mismo para la línea 2.

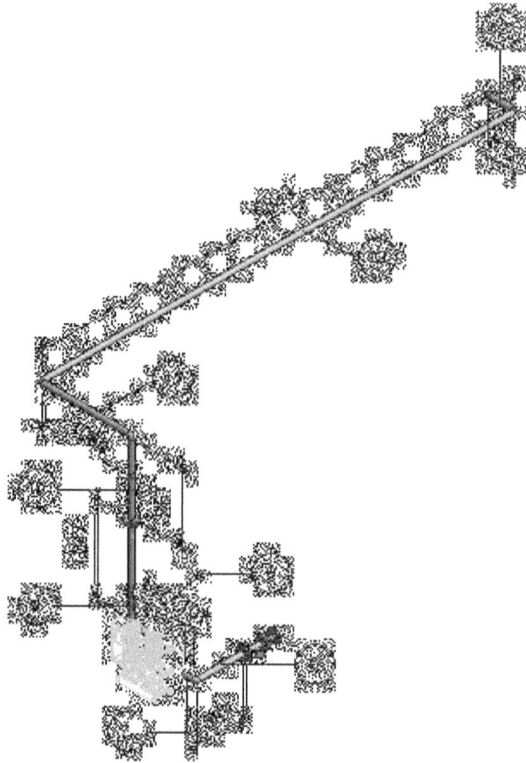

## 10.4.2 Creación de explosión en 3D

Duplicaremos una vista en 3D y la designaremos como Explosión 1

Ocultaremos todos los elementos hasta quedarnos con lo que muestra la imagen.

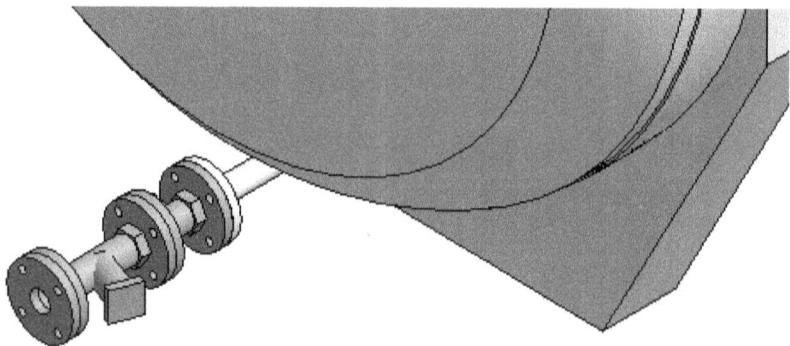

Seleccionaremos la primera brida y pulsaremos en el icono de desplazar elementos.

Aparecerán alrededor de la pieza anteriormente seleccionada unos ejes.

Si seleccionamos el eje verde y desplazado hacia a tras podremos mover la pieza únicamente en esta vista sin que se altere en el resto del proyecto.

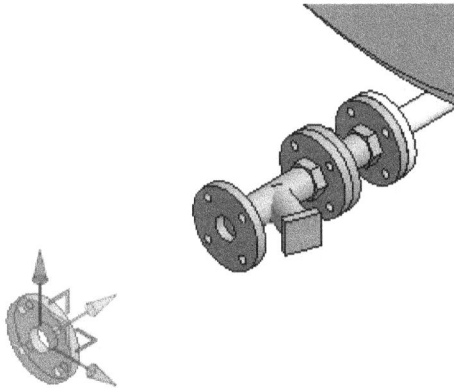

Desplazaremos el resto de piezas.

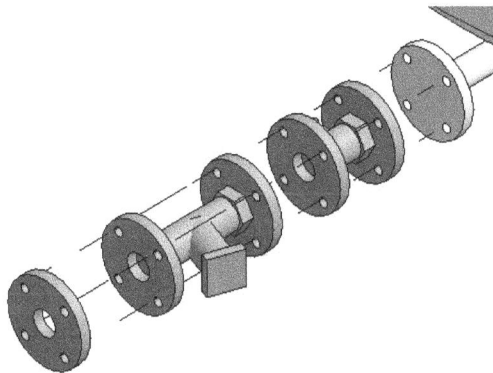

### 10.4.3  Creación de tablas de planificación

Iremos a la Ficha: Vista, Grupo: Crear, Herramienta: Tabla de planificación / Cantidades.

En la ventana que se abrirá desde la lista de filtros seleccionaremos únicamente la disciplina de Fontanería y en la categoría Tuberías.

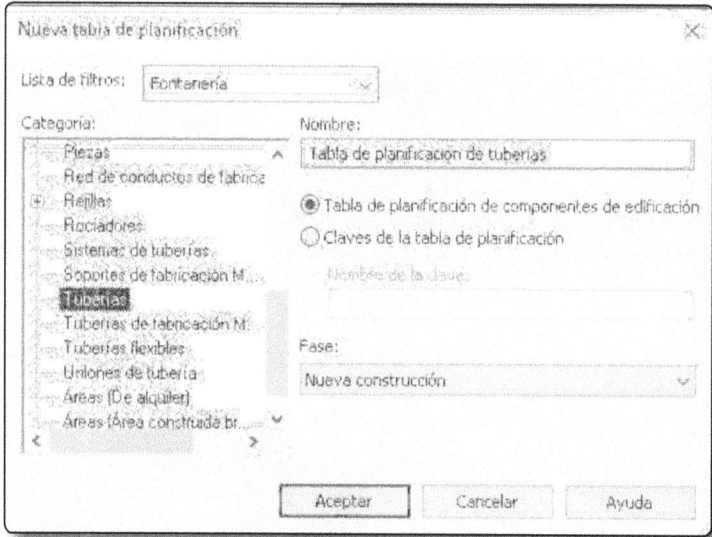

Al abrirse la ventana de selección de parámetros a incorporar en la tabla de planificación seleccionaremos los siguientes.

Obtendremos algo similar a esto.

Estas tablas son muy útiles para asegurarnos que las cotas se han realizado de forma correcta.

## 10.4.4 Inserción de vistas en un formato

Una de las formas para transmitir toda la información para la posterior ejecución de un proyecto es mediante el uso de documentación gráfica (planos).

Durante todo el apartado hemos ido dando la forma y el formato deseado a cada vista por lo que lo único que queda es insertar cada vista en un plano.

Para este caso se ha realizado la siguiente composición.

# MATERIAL ADICIONAL

El material adicional de este libro puede descargarlo en nuestro portal web: *http://www.ra-ma.es*.

Debe dirigirse a la ficha correspondiente a esta obra, dentro de la ficha encontrará el enlace para poder realizar la descarga. Dicha descarga consiste en un fichero ZIP con una contraseña de este tipo: XXX-XX-XXXX-XXX-X la cual se corresponde con el ISBN de este libro.

Podrá localizar el número de ISBN en la página IV (página de créditos). Para su correcta descompresión deberá introducir los dígitos y los guiones.

Cuando descomprima el fichero obtendrá los archivos que complementan al libro para que pueda continuar con su aprendizaje.

## INFORMACIÓN ADICIONAL Y GARANTÍA

- ▶ RA-MA EDITORIAL garantiza que estos contenidos han sido sometidos a un riguroso control de calidad.

- ▶ Los archivos están libres de virus, para comprobarlo se han utilizado las últimas versiones de los antivirus líderes en el mercado.

- ▶ RA-MA EDITORIAL no se hace responsable de cualquier pérdida, daño o costes provocados por el uso incorrecto del contenido descargable.

- ▶ Este material es gratuito y se distribuye como contenido complementario al libro que ha adquirido, por lo que queda terminantemente prohibida su venta o distribución.

# GLOSARIO DE TÉRMINOS

▶ **.nwc:** Tipo de formato de archivo de Navisworks, se crea cuando se abre un modelo de forma independiente para cargar el modelo más rápidamente la próxima vez que se abre. No se pueden guardar con el formato de archivo NWC.

▶ **.nwd:** Tipo de formato de archivo de Navisworks. Cuando se guarda en un archivo de Navisworks (NWD), todos los modelos cargados, el entorno de la escena, la vista actual y los puntos de vista favoritos (como anotaciones y comentarios) se guardan en un solo archivo. Esto se conoce como la publicación de un archivo de Navisworks, que crea una "instantánea" del proyecto. Un archivo NWD se considera un archivo completo y se puede abrir en cualquier producto Navisworks y en el visor de Navisworks Freedom.

▶ **.rte:** Tipo de extensión de archivo correspondiente a las plantillas de Revit.

▶ **ACS:** Iniciales correspondientes a los términos Agua, Caliente, Sanitaria.

▶ **AFS:** Iniciales correspondientes a Agua Fría Sanitaria.

▶ **Anfitriones:** Dentro de Revit muchas familias necesitan ser ubicadas en determinados elementos arquitectónicos, por ejemplo, una familia de Interruptores normalmente siempre deberá estar asociada o colocada en una pared, pues bien, en este caso la pared sería el anfitrión del interruptor.

▶ **BIM:** Iniciales en inglés de building Information Modeling.

▶ **Brida:** Reborde circular en el extremo de los tubos de metal que sirve para ajustarlos unos con otros.

▼ **Caja de sección:** La caja de sección es un elemento que nos permite realizar cortes en el modelo por donde estimemos oportuno.

▼ **Circuito (Eléctrico):** El circuito eléctrico es el recorrido establecido de antemano que una corriente eléctrica tendrá. Se compone de distintos elementos que garantizan el flujo y control de los electrones que conforman la electricidad. Los circuitos eléctricos están presentes en toda instalación que haga uso de energía eléctrica.

▼ **Codos:** Pieza de climatización o fontanería utilizada para cambiar la dirección de un flujo de aire o líquido, siguiendo un ángulo concreto.

▼ **Comprobación de interferencias:** Detecte intersecciones no válidas entre elementos de un proyecto. La herramienta Comprobación de interferencias puede encontrar intersecciones en un conjunto de elementos o en todos los elementos del modelo.

▼ **Conector:** Los conectores son elementos que se añaden a las familias MEP para crear continuidad en un sistema de tuberías o conductos, es decir, que al colocar una familia que interrumpiría el flujo esta pueda conectarse al sistema sin problemas.

▼ **Confort:** Condiciones materiales que proporcionan bienestar o comodidad.

▼ **CTE:** Iniciales correspondientes a Código Técnico de la Edificación.

▼ **Difusores:** Salida de aire generalmente localizada en el techo que permite difundir la corriente de aire desde un conducto a un espacio cerrado.

▼ **Esquemas unifilares:** El esquema unifilar es una representación gráfica integral y sencilla del sistema eléctrico, en la cual se indican las subestaciones, transformadores, tableros, circuitos alimentadores y derivados, así como la interconexión entre ellos.

▼ **Familias de sistemas:** Las familias de sistema contienen tipos de familia que se utilizan para crear elementos básicos del modelo de construcción, tales como muros, suelos, techos y escaleras. Las familias de sistema tienen también parámetros de configuración de sistema y de proyecto que afectan al entorno del proyecto e incluyen tipos para elementos como niveles, rejillas, planos y ventanas gráficas.

▼ **Filtro:** Los filtros en Revit permiten modificar de una forma rápida la visibilidad de elementos dentro del proyecto.

▼ **IFC:** El formato IFC es un formato de archivo que facilita la interoperabilidad entre software, son las iniciales de Industry Foundation Classes.

▼ **Ingeniería de detalle:** Es la etapa posterior a la ingeniería básica y los nuevos estudios de costos que se hayan derivado de esta. Normalmente se desarrolla el proyecto teniendo como fin último la etapa de construcción, por lo tanto los pormenores de planos o documentos deben permitir fabricar o hacer el montaje final en terreno.

▼ **Inspector de Sistemas:** Cuando el Inspector de sistema está activo, las herramientas le permiten modificar, inspeccionar y ver las propiedades de un sistema de conductos o tuberías seleccionado.

▼ **Interruptores:** Dispositivo para abrir o cerrar el paso de corriente eléctrica en un circuito.

▼ **Línea de detalle:** Las líneas de detalle proporcionan información adicional a la geometría del modelo en las vistas de detalle y de diseño, es decir, únicamente en vistas 2D.

▼ **Líneas nativas de Revit:** Al realizar importaciones de software de CAD dentro de Revit, normalmente son integradas como bloques completos, pero podemos explotar dichos bloques y obtener diferentes fragmentos, los cuales son entendidos como líneas propias del programa.

▼ **MEP:** Iniciales en inglés de mechanical, electrical, and Plumbing.

▼ **Metodología:** Conjunto de métodos que se siguen en una investigación científica, un estudio o una exposición doctrinal.

▼ **Modelo genérico:** Las familias en Revit siempre que son creadas se introducen dentro de una categoría, cuando la categoría no es tan clara o no queremos asignarla a ninguna en concreto otorgamos la de modelo genérico.

▼ **Nivel de detalle:** Las escalas de vista se organizan en los encabezamientos de nivel de detalle Bajo, Medio o Alto. Cuando se crea una vista en un proyecto y se define su escala de vista, su nivel de detalle se establece automáticamente según la disposición en la tabla.

▼ **Parámetro compartido:** Los parámetros compartidos son definiciones de parámetros que se pueden añadir a familias o proyectos. Las definiciones de parámetros compartidos se almacenan en un archivo independiente de cualquier archivo de familia o proyecto de Revit, lo que permite acceder al archivo desde familias o proyectos distintos. Un parámetro compartido es una *definición* de un contenedor para la información que se puede utilizar en varias familias o proyectos. La *información* definida para una familia o proyecto mediante un parámetro compartido no se aplica automáticamente a otra familia ni proyecto que utilice el mismo parámetro compartido.

▼ **Parámetro:** Los parámetros son los componentes que añaden la información al modelo BIM.

▼ **Piezas de fabricación:** Son familias de elementos de construcción reales como conductos accesorios tuberías, etc.

▼ **Plantilla (Revit):** Las plantillas son proyectos vacios pre-configurados y preparados para empezar a utilizarlos como punto de partida para un proyecto específico.

▼ **Proyecto vinculado:** La vinculación de modelos sirve principalmente para vincular edificios separados.

▼ **Rango de vista:** El rango de vista es un conjunto de planos horizontales que controlan la visibilidad y la visualización de los objetos en una vista de plano.

▼ **REBT:** Iniciales de Reglamento Electrotécnico para Baja Tensión.

▼ **Sistemas hidrónicos:** Conjunto de aparatos y tuberías que transportan un fluido (fundamentalmente agua) para su correcto funcionamiento.

▼ **Toma de corriente:** Dispositivo o enchufe que está unido a una red eléctrica y al que se puede conectar un aparato.

▼ **Transición:** Pieza que conecta dos conductos o tuberías de secciones diferentes sin cambiar la dirección de los mismos.

▼ **Vaso de expansión:** Un vaso de expansión o depósito de expansión es un elemento utilizado en circuitos de calefacción de edificios para absorber al aumento de volumen que se produce al expandirse, por calentamiento, el fluido calo-portador que contiene el circuito y devolverla cuando se enfría.

▼ **Vista isométrica:** La perspectiva isométrica es una técnica de representación gráfica de un objeto tridimensional en dos dimensiones, donde los tres ejes coordenados ortogonales al proyectarse forman ángulos iguales de 120° cada uno sobre el plano.

www.ingramcontent.com/pod-product-compliance
Lightning Source LLC
Chambersburg PA
CBHW082136210326
41599CB00031B/5996